創見文化，智慧的銳眼
www.book4u.com.tw　　www.silkbook.com

阿米巴稻盛經營學

The Best Manage Method : AMOEBA

阿米巴首席顧問 **邱東波** ——— 著

企劃 **陳仲竑**、編製 **聞若羽**

邁向事業成功之道的一盞明燈

　　孟洛川之師引言：「大商之道其經商之道法有如伊尹、管仲、姜子牙之治國；孫子、吳起之用兵；商鞅、李悝之變法。其學問之精深、道法之奧妙、境界之高明，實非吾輩所能及也！」

　　稻盛和夫經營哲學之奧妙在於將「管理心理學」與「經營會計」經由系統性、可執行性的步驟、方法、專業知識巧妙地結合，形成二十一世紀最具影響力的經營哲學。

　　經營會計實為整體經營模式的核心之一，它提供一個將管理成效視覺化的功能。使管理者及團隊更清楚發掘問題，並透過目標管理及 P-D-C-A 快速且系統性的調整公司戰略、戰術，猶如現今高端武器「巡弋飛彈」之自動導航、自動校準系統，能於千里之外精準命中目標。

　　「會計」是許多管理者嗤之以鼻的科目，因創業者大多是由「研發」及「業務」兩大系統崛起，對「會計」的認知是為了報稅、節稅之用，有些人更是懼怕「會計」，就好比對蛇會不由自主的感到害怕。因此，許多企業將會計交由外包單位完成報稅、節稅等公司目的。對內，公司只願意支付低階的薪資聘請會計人員。如此，企業主捨棄企業指南針、衛星空拍圖等情資系統，在這商戰中失去準確、快速的情資反應，實屬可惜！孫子曰：「善戰者在九天之上、善藏者在九地之下。」會計系統中的經營會計尤其具有戰略性之地位，可以讓你在決策時選擇「戰」或「藏」。

　　會計分類為財務會計、成本會計、政府會計、經營會計、戰略會計等。當這些財務數據產出時，你或是你的財會專人甚至是專屬會計師，是否能提供有價值且精準的預測報告，助企業在訊息萬變的商戰中取得關鍵的勝利。這也說明世界管理潮流 CFO 的興起，尤如美國蘋果企業之賈伯斯

CEO 交棒於庫克 CFO。

　　紙上得來方覺淺、絕知此事要躬行。知行合一，實踐是唯一驗證理論的標準。邱東波先生為我在擔任文化大學會計系系主任時的學生，看到當時的青蔥少年如今有如此非凡成就，將會計專業與管理專業融合的如此巧妙，甚感安慰。書中作者豐富的實戰經驗融合戰略會計及中國豐富的文化與西方的管理心理學、經營策略的新觀念，引領全球華人企業革命性的經營模式，系統結構紮實實屬不易，尤其本書皆以實例講解，更是不易多見的好書。根據本人對會計五十多年的專業素養，相信本書是能提供讀者們邁向事業成功之道的一盞明燈。共勉之！

文化大學會計系 系主任

冠恒會計師事務所 所長　張進德 博士

【學歷】

商學背景	法律背景
• 美國聯邦國際大學會計博士 • 美國奧克拉荷馬市大學會計碩士 • 文化大學經濟研究所碩士 • 東吳大學企管系學士	• 國立中正大學法律學博士 • 國立中正大學法律學碩士 • 高雄市立空中大學法政系法律組畢

【經歷】

現任	曾任	著作
• 冠恆聯合會計師事務所所長（創立於民國 70 年） • 亞洲大學會計系暨財法系講座教授 • 國立中興大學法律系、逢甲財稅所兼任教授 • 中華民國仲裁協會、台灣營建仲裁協會仲裁人 • 稅捐訴訟代理人、財團法人企業大學董事長 • 金融監督管理委員會訴願審議會委員	• 文化大學會計系主任（民國 69 年） • 中華民國會計師公會第一屆理事長（民國 79 年） • 財政部稽核組稽核、台灣省政府訴願審議委員會委員 • 台北大學企管所兼任副教授 • 朝陽科技大學管理學院院長、講座教授 • 台北中興扶輪社社長（民國 102～103 年）	• 新租稅法與實例解說等計有二十七本著作、譯著及學術論文六十餘篇 • 策略管理會計一書獲 88 年度金書獎 • 大法官釋字 705 號違憲代理聲請人

助你找到突破現狀的線索

　　從企業設立開始，創辦人的人格特質，就像一粒種子般深埋其中；隨著不斷吸收養分，企業開始成長發芽，在良好的環境及一定的「幸運」下，獲得快速成長的機會。企業能孕育出來的東西很多，諸如：產品、服務、專利、技術、商譽……等，在眾多產出，有一個東西叫做「企業文化」，我認為這對企業而言是最初、也是最重要的「企業基因」。

　　觀察不同的企業，其實存著迥異的企業文化，有些企業偏好目標管理至上、雷厲風行，有些企業信奉溫良恭儉讓，相對重視過程；由於企業文化的差異，企業經營的哲學也出現豐富的面貌。

　　隨著時間的經過，企業經營途中不斷出現新的挑戰；新的競爭者、新的技術、新的材料、新的製程等，為因應這些問題，企業可能衍生出新的目標。與公司初創立篳路藍縷的情境不同，面對新的局勢立基點不同，要貫徹始終還是靈活調整？亦或是大破大立？一切的問題都是大哉問。

　　本書從企業管理的角度切入，協助讀者快速掌握企業管理的基礎知識與發展脈絡，談及經營系統與經營元素；彙整許多系統性方法外，也適度佐以案例作為輔助說明，由淺入深。對初次接觸企業管理實務的讀者來說，相當值得反覆咀嚼；對於從業中之經營管理者，現企業正處於迷惘時，則可透過此書找到突破現狀的線索，進而擬定組織調整的策略與方法。

台灣經濟研究院 六所

副研究員 / 兼任組長　徐慶柏

★ 推薦序 ★

阿米巴是企業的最佳選擇

管理是什麼？簡單來說就是召集一群人，在有限的資源下透過機制與工具的運作來達成目標。管理無所不在，從一個人到十個人、百人甚至幾萬人，從私人部門到政府的行政體系、從 NGO 到以追求利益為目標的團體、機構、組織，都必須透過妥善的管理才能達到預設目標。

管理學的發展已有很長的歷史，撇開西方管理發展歷程，早至中國的諸子百家思想就已不斷在談管理，不論是談個人管理的論語；管理邏輯的道家、儒家及法家；甚至強調工具的墨家。真是一個管理問題，迎來百花齊放，每個讀書人都想實踐其理想，換取榮華富貴。

那「管理」到底哪裡難？為何幾千年來，吸引那麼多人的關切、投入研究，但實務面上還是有處理不完的問題？

從系統分析的角度來看，系統的運作是：外在環境（變數主要包括社會層面、科學技術層面、環境層面、經濟層面、政府政策層面）的改變，會產生各種需求。組織（包括個人、團體、營利及非營利）如何透過運作提出方案來滿足需求，並在這過程中獲得報酬，且此報酬必須滿足組織的需求，並建構下一次提出解決方案的能力。

如何把一群人轉變為能夠提出解決方案、執行解決方案、提供售後服務並能夠獲得足夠報酬的組織？這就是困難所在。

⊛ 滿足什麼需求？賺什麼錢？如何賺？

⊛ 如何找能力合適及數量足夠的人？

⭐ 如何透過機制運作讓一群人變成一個組織？

⭐ 如何讓每個人都能積極主動並能與他人合作？

　　以上這些問題會在公司生命周期的不同階段陸續浮現，若你想讓企業、組織獲利，以上四個問題都必須處理。若是想從「小康階段」走向偉大階段，那第四個問題則是關鍵。

　　阿米巴管理法便是針對第四個問題所形成，當組織具有一定規模，想從小康走向偉大，就必須透過阿米巴的管理制度與會計工具之融合、價值鏈的梳理，找出公司成長的瓶頸，藉由各單位之間的溝通，共同找出一起努力向前的方法。

　　適逢俄烏戰爭，西方對中國的看法從合作夥伴轉為競爭對手，外在環境非常有利台灣企業的發展，台灣企業如何透過此一機會「轉大人」，阿米巴會是一個好的選項。

台灣經濟研究院 三所

顧問 陳金榮

★ 作者序 ★

經營者的初心：
創業藍圖中最欠缺的一塊拼圖

　　筆者自參與三十五年前經濟部中小企業處的顧問師訓練班，後來又擔任經濟部中小企業處的榮譽顧問專家，到獨立經營企業管理顧問公司，前前後後深入瞭解至少三千多位企業家。

　　如果用一句話來形容創業的情境，那便是「創業不難，活下去很難」，尤其是個人小資本創業，不到四年陣亡的比例就超過一半；反之，資本雄厚、規模更大的創業公司，存活比例就高出許多。從財政部稅籍登記資料可以得知創業失敗的比例，近二十年間的創業者有近二百萬家，迄今仍在營業中的卻只有約一百萬家。總比例來說，還存活的只剩下四成（含大、中、小型），存活十年之企業更不到 2%。若再把歇業中的企業涵蓋進來，那麼存活率就更低了。而新創公司在五年內存活率甚至只有 1%，且超過一半在四年就面臨到收攤的局面。

　　許多創業者都是該行業中非常專精的佼佼者，其技術層面及業務能力都可說是高手，但怎麼變成自己經營後，就落到這個境地呢？除詹姆・柯林斯《為什麼 A+ 巨人也會倒下：企業為何走向衰敗，又該如何反敗為勝》書中談及的企業衰敗五階段解釋外，根據筆者多年輔導企業的經驗來看，可以從案例中彙總出下列原因。

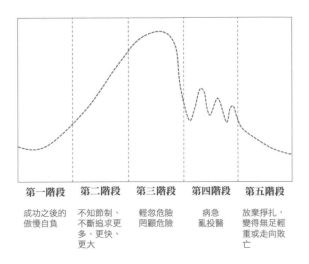

第一階段	第二階段	第三階段	第四階段	第五階段
成功之後的傲慢自負	不知節制、不斷追求更多、更快、更大	輕忽危險罔顧危險	病急亂投醫	放棄掙扎，變得無足輕重或走向敗亡

企業衰敗五階段圖

★原因1

　　絕大部分的技術創業者與業務高手創業者，其憑藉著個人高超的技術及業務人脈和手段，都能順利跨越創業初期進入成長期。但也有許多對其技術相當自豪的企業主，在創業初期因為欠缺行銷能力而孤芳自賞，以致在新創階段就因營運資金不足（或短缺）而死在半途。然，當生意做大必須聘請員工後，就會因欠缺管理能力導致效率不彰，不是製造或營運成本過高而失去市場競爭力，就是因為失敗成本過多致使經營失敗，甚或部屬把客戶帶走而敗亡。

★原因2

　　由於不懂得管理，所以從一開始就沒有釐清自己的經營管理思維（即經營管理哲學），而至從企業八痛之第一痛——帶不動人開始，慢慢地衍生八疾、八痛（如下表所示），數病齊發而致不堪長久虧損，最後忍痛收山。

企業八疾、八痛	
八 疾	八 痛
1. 企業的腦病：「經營者能力及人格特質病症」	1. 帶不動：人
2. 企業的神經疾病：「管理制度失調症」	2. 拿不定：主意
3. 企業的心臟病：「資金脈搏不規則症」	3. 辦不成：事
4. 企業的骨骼病：「慢性組織膠著症」	4. 做不好：產品（品質）
5. 企業的胃腸病：「收益本能失落症」	5. 走不了：貨
6. 企業的肝病：「收益結構脆弱症」	6. 省不了：費用（成本）
7. 企業的腎臟病：「高級幹部機能慢性麻痺症」	7. 算不清：帳、績效
8. 企業的肺病：「業務改善窒礙症」	8. 賺不到：利潤

★原因 3

　　根據探討，在企業八疾、八痛中，一切的病根皆始於人，就像一些管理前輩說過「經營是一個系統工程」，筆者從三十年的實務經驗及輔導經驗中，再結合稻盛和夫與松下幸之助的經營哲學，不論「以人為本」或「成敗由心」，其實企業所欠缺的都是系統元素，其中包含哲學、戰略、組織、管理技術、目標管理循環、管理才能，最重要的是人才的欠缺與經營者領導風格。

　　值此，筆者將從這些角度切入，以如何建設屬於自己企業的經營模式為出發點，在書中做進一步的討論，希望能為中小企業的未來與突破能有個人棉薄之力的貢獻。而本書能順利完成，也要特別謝謝公司顧問團隊（陳仲竑顧問、聞若羽特助、邱禹辰先生及邱尉瑄先生）以及我的好太太，謝謝他們在製作整理過程中的協助，由衷感謝。

作者 邱東波

通往成功之道的經營模式——
戰略型模式系統落地成功的關鍵

　　成功並非只有一個方法，更不是單一因素。但成功有著一定的邏輯可以遵循，追索其思維的來龍去脈，進而尋找其所使用方法的差異之處。尤其一個企業家在經營管理企業的過程中，必定會有不同的思維與方法。

　　本書藉由探究一個企業成功背後的哲學思維與使用管理方法的因果之處，提供學者一個建構出通往成功的大道，即「戰略型經營模式系統」的有效方法。

The Best Manage
Method AMOEBA

Chapter 6

經營模式之系統元素五：
人才培育

Chapter 7

阿米巴經營模式的運營控管

Index

附錄：
輔導案例〈○○陶瓷〉

管理學 ———

基於企業發展與生存需要而生

The Best Manage
Method AMOEBA

 **Chapter 1** 管理學：基於企業發展與生存的需要而生

👍 資本論的認識

經濟利益是社會經濟發展的動力，發展是硬道理，任何解決社會經濟問題的關鍵在於總體經濟的發展。而發展的動力是什麼？這個說法不一，但根據馬克斯先生經濟學的基本原理中《資本論》的啟示和社會經濟建設的現實面來看，認為經濟利益的分配是社會經濟發展的動力；是經濟利益推動勞動者積極勞動；是經濟利益推動企業積極發展生產；是經濟利益推動不斷改革。因此，經濟利益可謂社會經濟發展的推動力。

經濟利益是經濟改革得失的測量器，經濟改革實際上是經濟利益關係的調整，而經濟改革的過程則是經濟利益關係調整與過程的一切工作。包括經濟利益創造的改善及經濟利益分配的改善，必須符合廣大人民的利益，才是成功的經濟改善；反之，不符合廣大人民的利益，就不是成功的經濟利益分配改革。所以說，經濟利益的分配是社會經濟制度鞏固和完善的穩定器。

從以上資本論的說法，套一句古人所說「治大國如烹小鮮」，治理一個企業不也是一樣的道理嗎？例如「經濟利益推動勞動者積極勞動；經濟利益推動企業積極發展生產，使經濟利益推動不斷改善」。同樣地，企業的經濟發展與員工經濟利益分配的關係不也就是如此？

👍 資本論對企業管理的詮釋

在《資本論》中，馬克斯認為「企業是一個行動單位，企業是資源與

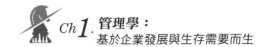

利益交換的行動，這種交換的技巧將決定企業的存續與否，而這個交換行動可分為被動和主動。例如開發新事業、擴展行銷活動、改變市場定位、被迫必須調降交換的價格，才能換取自己所欲換取的物質或資源……等。

因此，企業是生存在環境中的組織，而企業在環境行動中的管理則稱為「環境管理」；另外，因企業是由許多人所構成，是由群體一致達成個體所無法完成之事的組織，故組織需要分工與人員配置及負責，並進行有效的個體溝通與協調。

所以必須從顧慮到員工行為動機與行為效益來加以檢討，此即為組織管理；而這個環境管理與組織管理，會因情勢而有所衝突，這個衝突對企業來說雖是一項威脅，卻也是企業發展的基礎。主導這些管理的人就是經營者，但努力於達成這種衝突與發展管理且達成目標使命的人，才算是真正的「企業家」。如同下圖所示。

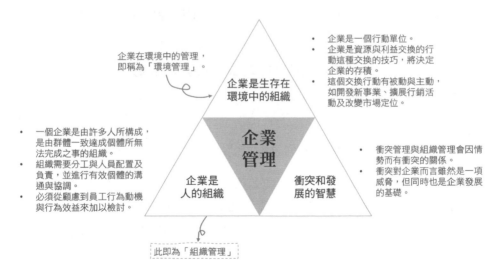

👍 企業管理的學術範疇與發展史

企業管理屬社會科學的範疇，管理學的產生以泰勒《科學管理原

理》、法約爾《工業管理和一般管理》為標準。綜觀管理思想史演變的過程中，不難發現在企業管理思維變革和管理學派創生的過程中，方法的更新始終是重要的推動力。其中不論哲學方法和科學方法論，都對管理學知識增長和變革有著重要影響。所以，我們先來對管理學發展的歷程來做回顧與反思。

首先，筆者必須對管理下個定義，這樣才能對管理學的演進（發展歷程）有明確探討的對象。所謂「管理」，就是透過組織、計畫、用人、指揮、監督、控制與考核，來促使管理者能採取最高效益的方法，將企業的七大資源（甚或是八大資源）發揮最高效益，進而達成企業管理的目標。從以上定義，將管理的幾個關鍵要點整理如下：

⭐ **管理的程序：** 組織、計畫、用人、指揮、監督、控制與考核。
⭐ **管理的對象：** 管理的七大資源（甚或八大資源，同時也是企業內部五大功能的管理）。
⭐ **管理的方法：** 管理資源最高效益的方法（又稱管理技術）。
⭐ **管理的目標：** 獲取利潤。

從上論述，可以延伸出下列幾點問題：

⭐ **問題一：** 管理程序的七個程序步驟具體要怎麼做才正確呢？如果沒有正確有效的方法，那又怎麼會有效呢？所以組織為何乎？計畫為何乎？用人為何乎？指揮為何乎？監督為何乎？控制為何乎？考核為何乎？
⭐ **問題二：** 管理對象中的七大資源或八大資源，指的又是什麼呢？

| 七大資源 | 1. 人：人力資源
2. 機：設備資產
3. 料：原材、物料
4. 法：技術、方法、工藝、作業標準
5. 時：時間
6. 資：訊息
7. 金：資金、費用、成本 | 八大資源 | 除七大資源外，另多一個「市場」，惟「市場」屬外部資源，因此它必須經過搶奪才能得到。值此我們也定義市場必須靠前述七大資源的最高效益，才能搶奪到。 |

⭐ **問題三**：管理的方法，所指為何？是指圍繞七大資源最有效的管理技術，其中又以人的管理最多、也最難。

👍 企業管理之管理學派的演進

　　管理學是一門有關人類行為的科學，管理人員和學者把管理經驗及現象，有系統地記錄下來，進行分析、找出因果，將關係、影響因素評估不同措施的效用，並建立理論加以描述、解釋或預測管理活動的過程及成果。既然管理是一種人類行為科學，那人的因素對於管理成效的影響就變得極為重要。

　　由於個人的經驗、成長背景及價值觀有別，因此在同一環境下受到同樣刺激時，每個人的反應可能不同，誠如管理心理學家莫利爾所說：「人是心理的動物，其情緒、價值觀、思考、意念和抉擇，莫不被環境、教育與經驗所左右。」

　　又誠如行為科學家李威特（Leavitt）所說：「一個人受到外部刺激所反映出來的行為，都隱藏著內在需求滿足的層次與內涵。」所以，有人認為管理理論不可能永遠正確，其受到經濟狀況、科技制度、社會風氣、政治因素的影響，在今天的真理、不同環境背景下，有可能變成謬論。總

的來說，管理是在研究每個人在某種環境下處理某件事情時可能產生的行為反應，管理者則針對這種可能反應，採取必要的措施加以因應，以改善或控制每個人的工作意願，從而發揮每個人的潛能，達到組織目標。

因此，要學習當一個好的管理者或經營者，就必須對管理學的發展歷史有所認識。瞭解管理思想的起源，以及這些管理思想與管理技術，因應組織的不同和社會變遷，以應用於現實管理活動中，才能把自己變成一個很好的管理者甚或經營者。

而談起管理理論的起源，我們必須從亞當・史密斯（Adam Smith）這位英國經濟學家談起，他在 1776 年所著的《國富論》一書中指出，分工可節省工人在轉換工序時浪費的時間，增加工人技術的熟練程度；同時，也可透過使用省力裝置及設備，令生產力大大提高。而後，隨著工業社會不斷發展，自十九世紀迄今已有許多不同的管理理論或學派相繼出現。

1 傳統古典管理學派

傳統的古典學派主要以下列三派為主：泰勒─科學管理、法約爾─管理程序（即一般行政管理理論）以及韋伯─層級結構模式（即官僚組織理論）三種。

❶ 泰勒《科學管理》

科學管理的觀點，是以理性及科學的態度研究員工的工作狀況，來改善員工的工作效率，這個理論來自美國的科學管理之父──泰勒（Frederick Winslow Taylor）於 1911 年所著的《科學管理原則》。泰勒是一名機械工程師，他發現自己任職的鋼鐵公司中，工人與管理人員對自己應負的責任沒有清晰的觀念，且缺乏明確的標準。管理人員在做出決

定或分派工作時，忽略了工人的能力、工作態度與被分派的工作是否契合。且管理層與工人都會認為己方的利益是建築在另一方的損失之上，所以雙方總處於不合作狀態，彼此不願共同謀求利益的分享，情況因此更為惡化。科學管理的中心概念就是把人當作機器，同時鑒於工人會受經濟激勵的影響，而縱觀泰勒科學管理的觀點取向，主要有四大科學管理原則如下。

⭐ **尋找最佳工作方法**：以取代過去完全由工作人員個人經驗，所決定的個別工作方式（標準化 / 科學化）。

⭐ **科學化的選擇工作人員**：明確每個工作人員之個人條件、發展可能，並給予必要訓練。

⭐ **生產獎金的激勵**：必須要有激勵系統，依每位工作人員的生產數量決定個人報酬的多寡。

⭐ **領班與作業員的區分**：將管理者與員工之間的工作加以區分，讓管理者從事規劃、調配人力及檢驗……等工作，而員工則從事實際生產之操作。

　　泰勒花了二十年以上的時間，來研究完成每項工作的最佳方法，也如他的追隨者吉爾布雷斯（Frank Bunker Gilbreth）致力於「動作與時間研究」。但他過分偏重工作本身，把人的工作視為一種機械式的運作，而忽略了人性。

❷ 法約爾《一般行政管理》的管理程序

　　被稱為管理程序學派之父的法約爾（Henri Fayol），在法國鋼鐵公司曾從事三十年的管理工作，研究出成功的管理必須從以下十四項管理程序原則，供為人們遵守。

⭐ 分工原則。

⭐ 權力與責任對等原則。

⭐ 紀律原則。

⭐ 統一指揮權原則。

⭐ 統一管理原則。

⭐ 個人利益小於團體利益原則。

⭐ 員工薪酬原則。

⭐ 集權化管理原則。

⭐ 階層連鎖原則。

⭐ 秩序原則。

⭐ 公正原則。

⭐ 員工穩定原則。

⭐ 主動發起原則。

⭐ 團隊精神原則。

❸ 韋伯《層級官僚結構模式》

　　德國傑出社會學家馬克斯・韋伯（Max Weber）認為「官僚組織」是理想的社會組織型態，在二十世紀初提出《層級官僚制理論》。此派之管理理論認為官僚是一種管理的方式，特點是組織內每個人的職位及權力，皆以公開及正式的規條定明。這樣的管理方式下，不會流於沒有客觀處事準則的人治，這也就是在企業管理中，尚適用到現今的「授權核決報告制度」，如下範例。

授權核決報告制度（節錄）										
□：經辦　　▲：審查　　○：核決　　⊙：備查										
區分	業務內容	經辦單位	權限							核決報告之方式及名稱
			經辦人	組長	課長	部門主管	事業群主管	總監	總部	
經營管理類	1. 經營理念的簽訂	管理部	分發各單位佈達					□	○	企劃書
	2. 企業文化塑造的釐定		會辦各單位			□	▲	○		計劃書
	3. 中、長期總體經營目標之擬訂							□	○	
	4. 短期（年度）事業群經營目標之擬訂		分發各單位佈達				□	▲	○	
	5. 各部門（年度）經營目標之編制					□	▲	▲	○	
	6. 各部門預控之審議	各部門	會議報告			□	▲		⊙	預控分析表
	7. 各機能經營管理策略之制度		分發各單位佈達					□	○	計劃書
	8. 事業體制管理制度基本制度之制訂及業務度之審議	總經理室	會辦各單位				□	▲	○	制度、公文或備忘錄
	9. 事業體制業務制度基本制度之制訂	各部門				□	▲	○		
	10. 各項稽查業務之進行與呈報 — 會辦各單位	管理部	會辦各相關單位			□	▲	○		計劃書、報告
	11. 綜合資訊管理之擬定 — 會辦各單位					□	▲	○		公文或備忘錄

韋伯的層級組織模式，被後世學者就其所謂的「層級化」或「官僚化」程度高低來評估是由六個構面可得，此即層級組織的六個構面。韋伯提出官僚組織理論與當時的社會背景有關，在十九世紀時，一般企業都是由個人或家族管理（也就是現在的家族企業），雇員受命於雇主多於企業本身，結果企業所賺取的利潤往往被用來滿足雇主私人的慾望，企業本身的目標反而被忽略。

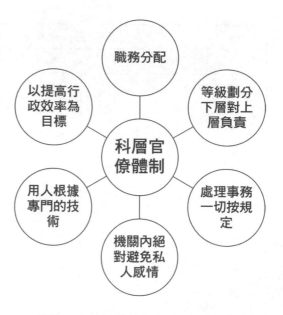

科層官僚體制的六個構面

後來因環境因素不斷快速變化（如下表），導致傳統古典管理理論產生改變，甚至被後來興起的「行為管理學派」所替代，而成為企業解決經營管理問題的主要依據，也因此變成該時期主要的經營管理模式。

古典學派改變的五大環境因素
1. 組織規模急速擴大，產、銷、研、管越加複雜，且都超過以前管理理論所能掌握的範圍。
2. 高科技技術不斷創新、應用到生產線及品管工作上，使產銷作業改變。
3. 工業化及資本主義結果，對社會、人與人及家庭結構也產生變化，人們有追求真情及反璞歸真的需求。
4. 由過去追求自我利潤與權威服從，改變成今日重視個人權益及代價問題。
5. 由於資訊化和統計調查技術的精進及普及化，使過去憑藉人判斷被迫必須改變，因而重現系統化、數據化來解決問題。

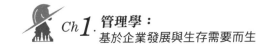

② ▶ 行為學派的管理哲學與方式（又稱人際關係學派）

誠如馬克斯在《資本論》中所說，一個企業是由許多人所構成，是由群體一致達成個體所無法完成之事的組織。所以，組織需要分工與人員配合，並進行有效個體的分工與協調，必須從顧慮到員工行為動機與行為效益（結果）來加以檢討，而人類的行為不外分為被動與主動兩種模式。

⊕ **被動行為模式**：刺激→反應。例如：天氣變冷時，會多穿衣服。
⊕ **主動行為模式**：慾望→滿足。例如：飢餓時，會想要吃飯。

❶ 孟士德堡《工業心理學》

德國心理學家孟士德堡開創了「工業心理學」的領域，他於 1913 年出版的《心理學與工業效率》，已成為今日甄選員工、設計工作及激勵員工的模範。以往管理人員只著重於工人的體力及技能，往往忽略了他們的智力及心理狀況，但他認為透過科學化的研究並認識人類的行為，有助於解釋個體行為的差異，主張透過工作分析及心理測驗兩種工具，來認識工作的性質及員工的潛能，可使兩者有效地配合。

❷ 霍桑研究

美國西方電氣公司邀請了來自哈佛大學的梅約教授，於 1927 年起在霍桑工廠進行「人際行為研究」。此項研究主要觀察工作環境、工作時數及休息時間……等因素對產量的影響。

實驗中發現人際關係、動機及管理方式型態因素等，都會產生重大影響。因此，此學派提出工人是「社會人」，而不是「經濟人」的觀點，在管理中應把人放在第一位，把物質化、機械化放在次位。

❸ 近代的管理思想

　　五〇年代後，由於企業組織日漸龐大、產品多樣化、市場全球化、事業版圖擴張化、科技迅速發展、電腦及網際網路普及以及競爭加劇，使得管理與決策的複雜度不斷提高。這才有因應時代趨勢的管理思維出現，其中以系統取向管理學為代表，一般稱之為「管理科學」或「作業研究」；另一種則是「權變取向」或是「情境理論」。

❹ 麥克雷戈《X、Y 理論》與西斯克《Z 理論》的管理哲學

⭐ **麥克雷戈《X、Y 理論》**：X 理論認為「人性好逸惡勞」，管理者必須注重控制；Y 理論認為「人性有自我成就慾望」，故重視激勵。

⭐ **西斯克《Z 理論》**：Z 理論認為「人性無善惡」，只是人們在未達經濟基本需求前會努力工作，一旦達到就會尋求一個可以發揮創造力及生產力或展現自己興趣及志向的工作場所，因此人性化的工作環境是時勢所趨。

　　以上是他們認為管理者會以個人對人性的假設認知，採取不同的管理方式，因而對管理結果產生不同的影響與結果。

❺ 其他功能性管理技術

　　上述的「管理理論」也好或是要說「管理技術」也罷，他們都是圍繞在解釋員工管理問題所產生的管理方法。當然，這其中也有管理其他資源，而產生一些管理理論與管理技術，如下表之彙整。

以人為中心的管理研究發展史	1. 1911 年：作業研究（Operations Research，簡稱 O/R） 2. 1913 年：工業心理學 3. 1914~1918 年：第一次世界大戰 　• 什麼樣的組織效率最好？ 　• 人與人之間要怎樣相處效果最好？ 　• 管理者與員工之間怎麼相處效果最好？ 4. 1918~1938 年：霍桑研究 5. 1920 年：行政管理論 6. 1926 年：官僚組織管理論 7. 1949 年：組織行為學 8. 1960 年：X、Y 理論 9. 1963 年：稻盛和夫《阿米巴經營模式》
品質管理發展史	1. 1911~1938 年：檢驗品管階段 2. 1939~1960 年：統計品質階段 3. 1960~1979 年：全面品質管制階段 4. 1980 年以後：全面品質管理階段
設備管理發展史	全面生產管理（Total Productive Management，簡稱 TPM）
生產管理發展史	全面生產管理（TPM）→全面品質管理（Total Quality Management，簡稱 TQM）→新生產技術（New Production Skills，簡稱 NPS。源於日本豐田汽車公司的豐田生產方式，即 TPS）
會計管理發展史	1. 盧卡・帕西奧利於十五世紀開始從單一簿記原理（流水帳）變成複數簿記原理 2. 我國會計準則從 2009 年 5 月 14 日之第一版 IFRS 到 2012 版
品質管理學說及品管學說代表人物	1. 泰勒：1911 年 2. 修華特：1923 年 3. 道奇：1925 年 4. 戴明：1950 年 5. 芝蘭：1951 年 6. 費堯：1961 年 7. 石川馨：1962 年 8. 赤尾：1966 年 9. 田中：1966 年 10. 六個 σ：1984 年 11. ISO：1987 年
品質是怎麼產生的五大階段	1. 品質是「檢驗」出來的 2. 品質是「製造」出來的 3. 品質是「統計」出來的 4. 品質是「管理」出來的 5. 品質是「習慣」出來的

二十一世紀以來的管理技術發展

　　世界上唯一不變的真理就是「變」；唯一確定的就是「不確定」。此種現象於二十一世紀中更形突顯，從麥克‧波特（Michael Eugene Porter）的核心競爭觀點來說，企業為了提升生產力，更是提出（發明）了許多管理工具，其中如 TQM、BPR、標竿學習、時機競爭、外包管理……等。

　　儘管有些企業在一時間獲得驚人的營運效果，但很多企業沒過多久便陷入慣性定律，產生疲態和老化的現象，改善效果無法長久，感到相當氣餒。因此，如何尋獲一種正確長效的經營模式，並與以往諸多的管理技術相結合，就成為現今企業持續增長的不二法門，這時總會想到 7S 的再造，以及保障企業持續成長的兩個發展策略，其一為「內部管理發展型策略」，其二為「外部交易擴張型策略」。

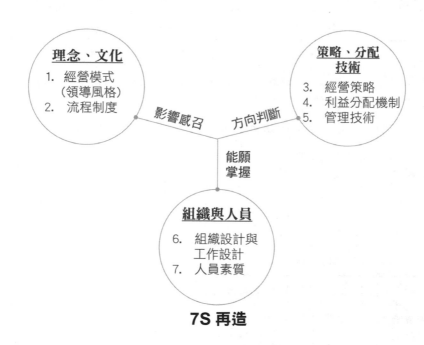

7S 再造

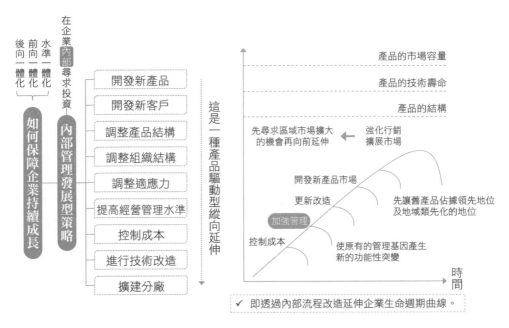

內部管理發展型策略

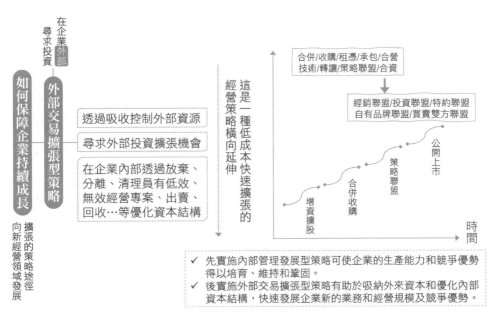

外部交易擴張型策略

　　值此，筆者就想到 2010 年時，在日本臨危受命出來解救日本航空公司，而在管理界名聲大噪的稻盛和夫先生，他所創造的「阿米巴經營模式」，也因此激發筆者對「經營模式」的探索。尤其在德國西蒙故和管理顧問公司創始人——赫爾曼‧西蒙（Hermann Simon）先生所著《隱形冠軍：21 世紀最被低估的競爭優勢》的啟蒙下，開始對國內隱形冠軍企業之成功的經營模式進行探討研究，希望能從中理出一條可供遵循的軌跡，以受惠後輩及現在經營狀況不佳的企業家們，作為改善今後經營管理之道的學習，更成為新創企業家們一條通往創業贏家的康莊大道。

稻盛和夫《阿米巴經營模式》

　　首先，我們要探討的是《阿米巴經營模式》之邏輯與特色，更著墨於如何讓《阿米巴經營模式》在台灣正確且有效地落地，才不會和中國大陸一樣，在引用《阿米巴經營模式》後，絕大多數的企業都是以 85% 的失敗告終。並幫助台灣中小企業轉型升級成功，以及大幅提升新創企業的成功率。

　　但不管是什麼經營模式，就像管理技術或管理制度一樣，明明別家公司運用時獲得很好的效果，但為什麼引進自家公司卻沒有這般效果呢？相同地，也經常聽到企業主對此感到疑惑，自己用得好好的制度或是管理技術，為什麼在別家公司卻顯得效果不彰呢？

　　其實這些現象都源自於不同企業背後各種不同的文化，以及經營者的經營管理思維，從長期研究與輔導的檢討中，更發現本質問題是因為絕大部分的公司都欠缺一套行之有效的經營管理「系統」。

　　因為沒有「系統」，就像我們人體的耳、鼻、口、眼一樣各管一方，彼此沒有太多的因果關係，所以無法達到「積因造得」的效果。甚至表現在企業內的

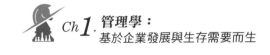

實際情況，產生一種言行不一的現象，因而沒有辦法引導員工形成一種行為標準及思想的依據。

因此本書的論述當中，會以系統結構與思維分析的方式，來討論所謂「通往成功之道的經營模式」，在其系統架構上應該具備什麼樣的元素，而這些元素又要怎麼配套，才能真正產生企業經營管理的效果。

為了讓認知落差短縮化，在探討各元素前，必須先跟各位讀者科普，什麼是「系統」？什麼是「系統結構」？什麼是「系統思維」？

所謂「系統」（System），泛指由一群有關聯的個體所組成，根據某種規則運作能完成原本各小群體所不能完成的目的，透過各元素的交互作用與關聯，促成整體任務的達成。而「系統結構」指的是構成系統的要素間相互聯繫、相互作用的方式和秩序，也可說是系統聯繫的全體集合，而聯繫就是系統要素之間的相互作用與相互依賴的關係。

至於什麼是「系統思維」？是指人們運用系統觀點，把對象（元素）的相互聯繫各方面的結構和功能，進行系統認識的思維方式。整體性原則是系統思維的核心、領導者（經營者）思考和處理問題的時候，必須從整體出發並把著眼點放在全局上，注重整體效益和整體結果，為一種邏輯的能力。

從以上認知中，在研究阿米巴經營模式的魅力前，要先以邏輯演繹系統圖來看，作為阿米巴經營模式在落地實施時該怎麼進行各項制度或體制，以及運作時又該如何掌握各個關鍵點的 KSF（Key Successful Factors，關鍵成功因素），企業在導入阿米巴經營模式時方能獲得成功。

同樣地，各位企業經營者在建構屬於自己成功的經營模式時，除有效掌握各個必要元素，還要讓各元素之間產生系統效應，最終才能獲得成功。

阿米巴經營哲學的邏輯演繹

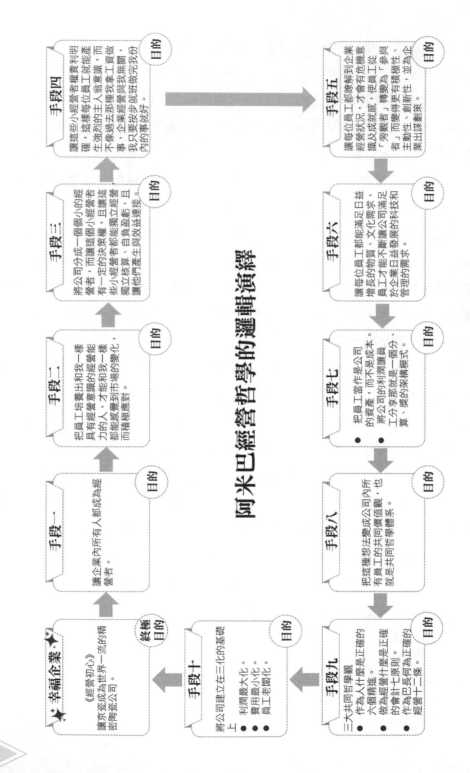

手段四

讓這些小經營者權責利明確，這樣每位員工就能產生強烈的主人翁意識，而不像過去那種我拿工資做事，企業經營與我無關，我只要按步就班做完份內的事就好。

目的

手段五

讓每位員工都瞭解到企業經營狀況，才會有危機意識及成就感，使員工從「旁觀者」轉變為「參與者」，而變得更有積極性、創新性，並主動為企業出謀劃策。

目的

手段三

將公司分成一個個小的經營者，而讓這個個小經營者有一定的決策權、自負盈虧，且獨立核算，讓他們產生效益與效益連接。

目的

手段六

讓增長的物質、文化需求滿足日益增長的需求，讓公司不斷讓員工才能滿足於企業日益發展的科技和管理的需求。

目的

手段二

把員工培養出和我一樣有經營意識的人，才能和我一樣都能感覺到市場的變化而能積極應對。

目的

手段七

- 把員工當作是公司的資產，而不是成本。
- 將公司的利潤讓員工分享那就是一個分紅、獎的架構模式。

目的

手段一

讓企業內所有人都成為經營者。

目的

手段八

把這種理想法變成公司內所有員工的共同價值觀，也就是共同哲學體系。

目的

★ 幸福企業 ★

《經營初心》

讓京瓷成為世界一流的精密陶瓷公司。

終極目的

手段十

將公司建立三化的基礎上。
- 利潤最大化。
- 費用最小化。
- 員工老闆化。

目的

手段九

三大共同哲學觀
- 作為人什麼是正確的
- 六個精進
- 做為經營什麼是正確的
- 會計七原則
- 作為巴阿米巴經營正確的經營十二條

目的

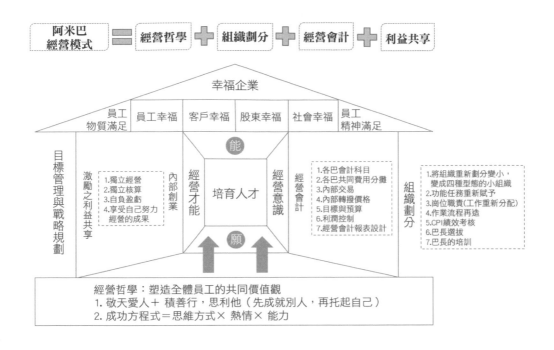

從以上的邏輯演繹及阿米巴經營模式的系統架構圖來看，整個阿米經營模式共有七大元素：①經營哲學；②組織設計；③內部領導者（巴長）的選拔；④經營人才的培育；⑤經營會計的運用；⑥利益的分享；⑦幸福企業的定義。

因此，本書就從這七大元素討論，加以詮釋企業經營者應該如何建構屬於自己企業的經營模式系統，促使自己企業經營的成功。

經營模式之系統元素一
經營哲學與幸福企業的定義

The Best Manage

Method AMOEBA

 Chapter 2 經營模式之系統元素一：
經營哲學與幸福企業的定義

👍 經營管理思維：成敗由心

誠如松下幸之助所說：「企業經營成敗在於心」？這個「心」是誰的「心」？松下幸之助說：「身為一個老闆，『心』就是他的『經營管理思維』，這個思維對了，企業就不會誤入歧途，能在正常的軌道上累積出自己的競爭力。」因此，企業經營必須先要有「經營自己思維」的心。

又誠如稻盛和夫所說：「阿米巴經營模式的經營哲學是阿米巴經營模式的根基。」稻盛和夫還說：「經營哲學是企業經營的指南針，是企業經營的靈魂。」所以，在探討經營模式的系統元素之際，得先從「經營哲學」開始研究。

👍 什麼是哲學？

簡單地說，哲學是以分析、思考、研究和反省有關生活、知識以及價值、經營、管理……等根本問題的學科。例如「道德是否為客觀標準？」、「萬丈高樓平地起嗎？」、「真的治大國如烹小鮮嗎？」、「民主是否是最好的經濟體制？」……等，便是常見的哲學問題。

哲學強調邏輯和分析思考的訓練，有助於邏輯演繹和表述能力，一個人成功與否，其實並不在於其所選修的學系或學歷，他的思考能力往往比學歷更重要。思考方式與哲學是對我們的日常生活做出反省，有助我們分辨對錯、思考人生的方向和意義。總的來說，哲學有以下意義。

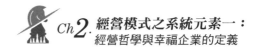
⭐ 是一種對經驗做反省的思索。

⭐ 是一種經營方式分析的方法。

⭐ 是一種價值的抉擇和判斷的依據或標準。

⭐ 是一種對待事、物的態度或行為準據。

⭐ 是一種精神象徵。

⭐ 是一種學習的方法與態度。

⭐ 李敖說：「是一種足以影響政治、經濟及社會風氣的氛圍。」

⭐ 管理大師說：「是一種決策（決策）價值選擇。」

　　因此，哲學百百種，有所謂人生哲學、兵法哲學、治國理政的哲學、經營哲學及管理哲學……等。而本書從探討哲學切入，探討管理哲學與經營哲學，再由探討經營哲學之餘，進而探討幾位優秀成功企業的經營哲學，促成其企業成功的緣由，與討論阿米巴之經營體系甚或其他企業。

👍 什麼是管理哲學？

　　管理學不同學派和管理學不同理論，都有其基本的立場、觀點和不同的信仰，而研究管理學的基本立場、觀點和信仰的科學就是管理哲學。美國哈佛管理叢書《企業管理百科全書》認為所謂的管理哲學，是指最高管理者為人處事的信仰和價值觀……等，而影響一個企業家決策品質優劣的因素，在於他本人管理哲學的進取或守舊程度。所以說，管理哲學是對管理內、外環境或團體關係所秉持的看法、態度和立場；是一個經營者或管理者的經營管理的觀念導向，並提供有效的思想系統，以解決經營管理上的特定問題。誠如西蒙認為決策應包括以下四個主要階段：

⭐ 找出決策的理由。

⭐ 尋找可能的描述。

⭐ 在各種措施中做一選擇。

⭐ 加以評估。

這四個主要階段又可分成兩個層次。

1 管理哲學層次

包括確定所要達到的目的，以及評估其是否最能達到此目的。

2 管理科學層次

包括找出幾種可行的途徑或可取的手段，以及抉擇打算採用其中哪一種方案。

👍 什麼是經營哲學？

要瞭解經營哲學與管理哲學的區別，首先我們必須先瞭解「經營」與「管理」的區別。

經營	管理
1.經營是「道」 2.經營是「哲學」的層次 3.經營是「戰略」層次 4.經營是「無中生有」，是「整合資源」，將資源變現為資本 5.經營是指看不見、摸不著的「意識形態」 6.經營是「形而上」的基礎，「智慧」的層次 7.經營是「方向性」的思考	1.管理是「術」 2.管理是「科學」的層次 3.管理是「戰術」層次 4.管理是對「既有事實」或資源利用科學技術，使資源發揮最高效益的方式 5.管理是一種「具體而明確」的管理制度和方法 6.管理是「形而下」的理論，「方法」（手段）的層次 7.管理是「方法性」的思考

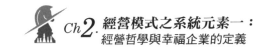

在瞭解經營與管理的差別後，再進一步來瞭解何謂「經營哲學」，經營哲學也稱企業哲學，是一個企業從事生產、銷售、管理活動時，一種特有的價值判斷方法論原則，亦是指導企業行為的基礎。

一個企業在激烈市場競爭環境中，面臨內部員工（組織管理）與外部環境（環境管理）的衝突與價值，在各種可能的方案中如何選擇，必須要有一套邏輯思維的程式，來決定自己的行為及決策的下達，這就是「經營哲學」。

1 松下幸之助的經營哲學

日本松下公司的松下幸之助在其經營過程中，理出一套其經營松下公司的價值判斷，並以最終決策作為決定的依據。

❶ 反哺式哲學

企業經營要懂得擔起社會貢獻的責任，舉例來說，大陸福耀玻璃工業集團董事長曹德旺先生，以捐獻之方式作為其對社會貢獻的表徵。台灣全拓工業吳崇讓先生，則是認為要把企業員工、供應商、股東及國家財稅收入照顧好，盡企業最大的能力讓他們得到物質和精神的滿足，獲得合理的利潤、繳納應繳的稅款，這就是「社會的貢獻」，各有不同。

❷ 自來水哲學

把大眾需要的物資做到像自來水一樣自然廉價，源源不斷的供給，且要質優、低價的供應給社會大眾。

❸ 玻璃式哲學

對員工做充分授權，使經營狀況像玻璃一樣透明，讓員工瞭解方能激

起員工的士氣，並建立起員工相當的信任。感受到分配的公平、公正、公開且無私的做法，才能激發員工的積極性、創造性、同理性、主動性，甚至視如己出地維護他。當經營損益皆透明公開，才能激發出員工的共同成就意識與危機感，員工才會為公司節省與減少各種失敗成本與浪費。

❹ 堤壩式哲學

建立預防式堤壩，即能保證安全又可創造價值，培養員工預防管理的習性。

❺ 端盤子哲學

要以服務的心感動你的員工，員工才懂得如何服務客戶，客人才會感動。因此，要用一顆虔誠的心對待員工，他也才能同等地讓客戶感動。

❻ 傾聽式哲學

要先耐心傾聽員工意見，並肯定員工的意見，如此才能激活員工真正的積極性、創造性與主動性，為公司的外部環境變化奉獻心力，積極、主動、創新的為公司出謀劃策，以因應外在環境變化所對公司帶來的衝擊。

❼ 造人式哲學

企業對待員工要「以人為本」，要想培育人才，只有員工變成人才，他才能幫企業創造佳績。試想如果員工本身能力就十分優秀，可以為企業創造佳績，這時員工內心的想法會是什麼？會不會認為他為公司創造佳績，所以公司理應感激他、並對他好，給他高職位、高報酬；如沒有，他便會認為公司對不起他。相反地，如果員工是受到公司看重，加以培養，才有為公司創造佳績的能力，也因而能取得比其他員工更好的職位與

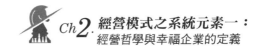
報酬，他會認為這是公司對他的栽培與貢獻，所以會懷著一份「感恩的心」。

⑧ 0 分哲學

產品質量有 0 分和 100 分的區別，我們必須提供 100 分的產品給顧客，顧客才會因為使用了我們的產品蒙受利益（好處），決定將我們的產品推薦給親朋好友，如此才能產生廣告效果；反之，顧客非但不會把我們的產品推薦給他的親朋好友，還可能奉勸他的親朋好友千萬不要購買我們的產品。

⑨ 70 分哲學

在用人上適合就好，人不是神，所以不要企圖追求 100 分的完人。如果你追求的是 100 分的完人，你不但沒有人可用；相反地，他會看不起自己，而無法讓好的人為我們所用。

⑩ 沉船式哲學

經營資訊透明化，員工才有危機意識，當他有了危機意識才可能保持不斷學習的心與態度，提升能力，把自己變成多能工。不僅如此，如果我們強烈灌輸員工一種觀念「能挽救這條船的只有你」，久而久之員工便能深刻體會他「工作的價值」與公司「同舟共濟」的心態。如此一來，老闆就更容易塑造出員工的同理心與共同價值觀。

除上述十點的經營哲學外，松下幸之助還提出二十條人生與經營之道，如「人生之路」、「素直的生活」、「當斷則斷，不斷其亂必至」……等二十條人生哲學，筆者不在此一一贅述。

2 稻盛和夫的經營哲學

　　稻盛和夫早於 1959 年創建京瓷公司，但一直到 1964 年，他為了維持公司的發展活力，才又創建了「阿米巴經營模式」。這個模式源於稻盛和夫早年創業所遭遇的困境，當時稻盛和夫對公司的事務事必躬親，從負責研發、生產再到產品營銷，抱持著「鞠躬盡瘁，死而後已」的精神，這種精神固然可嘉，但當公司發展到百人以上時，他深覺肩負重擔、苦不堪言，非常渴望有更多員工可以分擔各個重要的部門責任。

　　於是稻盛和夫分析、思考、探究和反省有關經營管理的根本問題，形成一套經營哲學的邏輯及經營模式，把公司細分成許多個「小小經營者」，即「阿米巴經營體」，各個阿米巴組織獨立核算、獨立經營，並從公司內部選拔阿米巴「巴長」，給予授權委以重任，從而培育出多個具經營意識及經營能力的小經營者，最終實現全員參與經營，其體系架構如下。

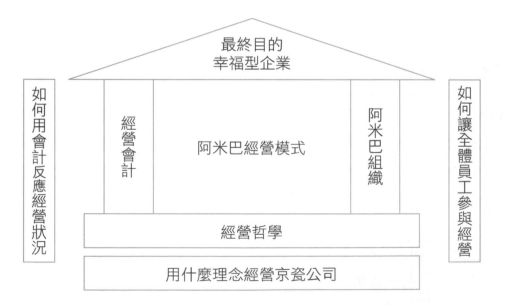

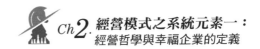

綜其體系架構所示，筆者逐一分析阿米巴經營模式體系架構中各元素的關聯與奧妙之處。

企業經營哲學首要討論的問題是，企業經營的意義及目的是什麼？所以企業經營哲學說的是「企業目標及經營理念」，它決定著企業的發展方向，是企業經營管理活動的基本指導思想，是決定一個企業能否做大、做強的根本。

以稻盛和夫當初創建阿米巴經營模式來說，其原動力來自阿米巴這種原蟲能隨著外部環境變化而改變自己型體的能力，使自己能適應環境的變化得以生存下去。因此，阿米巴經營模式可以說是來自稻盛和夫對於經營哲學的體認，也可以說阿米巴經營模式的原動力來自於經營哲學。所以，京瓷公司的經營哲學始於他把京瓷公司的經營目的與目標，把經營理念的使命定為「將京瓷打造成世界一流的精密陶瓷企業」，而經營願景則是「把京瓷公司打造成一家幸福的企業」，為了達到這個目標，必須有這樣的思維方式、方法模式，這種思考歸納就是經營哲學，如同我們所歸納整理出來的阿米巴經營哲學演繹系統。阿米巴經營模式強調經營哲學，是企業的根本所在，也是稻盛和夫經營企業的意義及理念目標。

鑒於上述京瓷公司稻盛和夫為明確其企業之根本所在，所以把他的經營模式利基於自己悟出的經營哲學之上。我們可以清楚認識到企業經營的過程中，要想找到一條通往成功之道，不論你整個模式的架構如何，把你（或企業）的經營哲學作為企業根本，是企業發展的首要之事，也是第一要素，應該已經不言而喻。

反觀台灣中小企業中，企業家數占 98% 的環境下，回顧過去四十年以前，台灣中小企業雖然曾創造出「亞洲四小龍」及「台灣錢淹腳目」的佳績，但在經過這三、四十年大陸改革開放後的衝擊，就筆者在兩岸中小企業輔導經驗的所見所聞中，徹底感受到台灣中小企業過去那種單純追求

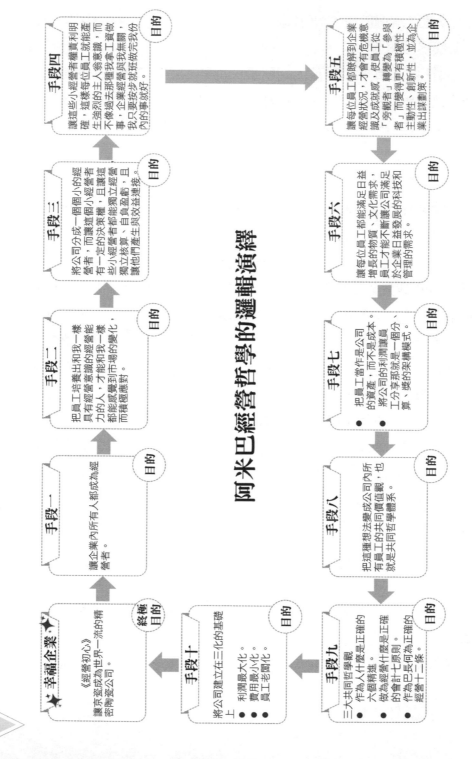

阿米巴經營哲學的邏輯演繹

手段四 | 目的
讓這些小經營者權責利明確，這樣每位主人翁意識產生強烈的主人翁意識，而不像過去那種讓我拿工資做事，企業經營與我無關，我只要按步就班做完份內的事就好。

手段五 | 目的
讓每一位員工都能瞭解到企業經營狀況，才會有危機意識及成就感，使員工從「旁觀者」轉變為「參與者」，而變得更有積極性、主動性、創新性，並為企業出謀劃策。

手段三 | 目的
將公司分成一個個小的經營者，而讓這個小經營者有一定的決策權，且讓這些小經營者都能獨立經營，且自負盈虧，獨立核算，讓他們產生效益與效益連接。

手段六 | 目的
讓每一位員工都能滿足日益增長的物質、文化需求，員工才能不斷讓公司滿足於日益發展的科技和管理的需求。

手段二 | 目的
把員工培養出和我一樣具有經營意識的經營能力的人，才能和我一樣都能感覺到市場的變化而積極應對。

手段七 | 目的
把員工當作是公司的資產，而不是成本，將公司的利潤讓員工分享那就是一個分算、獎的架構模式。

手段一 | 目的
讓企業內所有人都成為經營者。

手段八 | 目的
把這種理想法變成公司內所有員工的共同價值觀，也就是共同哲學體系。

★幸福企業★
《經營初心》
讓京瓷成為世界一流的精密陶瓷公司。

終極目的

手段十 | 目的
將公司建立在二化的基礎上
• 利潤最大化。
• 費用最小化。
• 員工老闆化。

手段九 | 目的
三大共同哲學觀
• 作為人什麼是正確的
• 六個精進。
• 做為經營什麼是正確的會計七原則。
• 作為巴阿為正確的經營十二條。

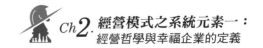

短期機會之經濟發展所帶來的負面影響，成為制約台灣中小企業永續發展的瓶頸。

因此，在今後全球經營的競爭中（尤其大陸興起、金磚四國興起、東協興起），無一不逼著台灣，再也沒有太多領先優勢了。尤其這種以低廉勞動力作為企業獲取利潤的經營模式，更是到了窮途末路之境。

除上述經營哲學邏輯外，筆者在研究過程中，另整理出稻盛和夫哲學的「心思維」，將經營哲學轉換成企業文化，並努力進行企業文化活動打造，建立起全體員工的「共同價值觀」及行為規範。在阿米巴經營模式中，明示出三個重點與一個方程式。

1 身為人，何為正確的六項精進

此為源於佛家六度波羅蜜，實為佛家六度之別名世，是六種人生修行的方法。

六項精進	六度波羅蜜
1.要付出不亞於任何人的努力	1.精進—可以無事不成
2.要謙虛，不要驕傲	2.持戒—可以三業清靜
3.要每天反省	3.忍辱—可以自他得益
4.活著，就要感謝	4.佈施—可以種一得十
5.積善行，思利他	5.禪定—可以身心安往
6.不要有感性的煩惱	6.智慧—可以洞察秋毫

① 付出不亞於任何人的努力

努力鑽研，比誰都刻苦，而且鍥而不捨、持續不斷、精益求精，有閒工夫發牢騷，不如前進一步，哪怕只是一寸，也能努力向上提升。

❷ 謙虛，不要驕傲

「謙受益」是中國古語，謙虛的心能換來幸福，還能提升心性；驕傲招人討厭，給人帶來懈怠和失敗；才能為上天所賜，將自己的才能用於為「公」是第一義，用來為「私」是第二義，這即是謙虛這個美德的本質所在。

❸ 每天反省

每天檢討自己的思想和行為，集中精神、反思自我是不是自私自利，有沒有卑怯的舉止，將動搖的心鎮定下來，真摯的反省，有錯即改。

❹ 活著，就要感謝

滴水之恩不忘相報，活著就已經是種幸福，「感謝之心」像地下水一樣滋潤著道德觀的基礎，只要活著就要感謝。

❺ 積善行，思利他

積善之家，必有餘慶，與人為善，言行之間留意關愛別人。真正為對方好，才是大善。

❻ 不要有感性的煩惱

不要煩惱、不要焦躁、不要總是忿忿不平，人生本就是波瀾萬丈。活著就會遭遇各種困難和挫折，絕不能被他們擊垮、不能逃避，正面迎擊、硬著頭皮撐著，不忘初衷，努力做好該做的事。

明白阿米巴經營哲學的第一個正確內容後，我們就必須深入瞭解其內涵是什麼？阿米巴經營哲學以「做為人何為正確」作為經營者原點，以「敬天愛人」為核心原則，強調企業管理者應該樹立「人人成為經營者」

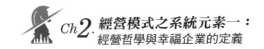

這一理念。

阿米巴經營的精隨是培育具有經營意識的人才，企業管理者在企業經營中要遵循客觀規律，以「利他」之心待人，並培養具有戰略意識的經營人才，透過經營哲學的植入改變員工以個人利益為先的思維，培養奉獻精神。

在如今這種「敬己愛錢」的物質社會，講究「個人自身主義」的世代下，「敬天愛人」就顯得尤其重要。企業不可能靠一、兩個人就支撐起來，要全體員工心連心共同經營，這就需要經營者轉變經營理念，遵循天理與天道做事。本著「敬天愛人」的心去經營企業，對員工有愛人之心、利他之心、心懷感恩，如此才能讓員工們感受到強烈的存在感與被信賴感，從而激發他們工作的動力、提高工作效率，為企業創造更多價值。

京瓷創業初期，稻盛和夫直接指揮著研發、生產、銷售與管理……等所有部門，時間久了變得難以兼顧，稻盛和夫意識到問題的嚴重性，他開始思考企業該以何種模式來開展經營？現實的經營方式是否正確？能否讓企業永續發展？如果不行，需用怎麼樣的經營方式才能突破瓶頸？

最終，稻盛和夫體悟到企業經營最重要的是「人心」，所以稻盛和夫力求全體員工物質和精神雙滿足，讓公司成為幸福企業的同時，也能為社會發展做出貢獻，並將「人人成為經營者」作為經營原則。

經營哲學引導企業重視培養員工的經營意識，重視人的合作，當企業追求與員工追求達到平衡一致時，全員齊心協力、團結一致，具有共同經營的願望，凡事皆從經營者的角度思考，這就是經營哲學的主要內容。

❷ 作為企業何為正確？（即作為巴長何為正確）

作為企業何為正確？為什麼要做企業？做一個什麼樣的企業？在創業階段和企業發展階段，策略應該如何？企業家們都要認真思考這些問題。

對於這些問題，現代管理學之父彼得・杜拉克（Peter Ferdinand

Drucker）的回答是「企業不是一個利益集團，而是一個道義團體」。對於「做企業何為正確？」、「做巴長何為正確？」，從稻盛和夫的經營十二信條中也得到了答案，即是「讓員工在獲得物質和精神雙重滿足的同時，也為世人、社會做出貢獻」。

而稻盛和夫的經營十二信條濃縮了「敬天愛人」思想精隨，其經營哲學影響深遠是不可替代的。在這樣的信條下，造就京瓷、KDDI 兩間世界五百強企業對社會的貢獻，起死回生的日航也對社會同樣做出貢獻。

經營十二信條超越國境、超越種族、超越行業，更超越語言的隔閡，是人生成功的鐵則、是經營者的生存智慧、是企業的最佳信條。且在筆者三十年顧問生涯中，認為它與團隊建設的十二條法則也有異曲同工之處矣！

稻盛和夫的經營十二信條	團隊建設十二條法則
1. 明確事業的目的意義	1. 建立共同價值觀
2. 設立具體的目標	2. 組織設計與策略規劃
3. 胸中懷有強烈的願望	3. 為團隊找一個領導人
4. 付出不亞於任何人的努力	4. 明確目標
5. 銷售最大化、經費最小化	5. 建規範、建標準、建流程
6. 定價即經營	6. 營造積極向上精神、使命必達
7. 經營取決於堅強的意志	7. 訓練團隊成員正面思維
8. 燃燒的鬥魂	8. 訓練團隊成員必要技能
9. 拿出勇氣做事	9. 利用 CIM❶ 化解衝突
10. 不斷從事創造性工作	10. 設計好一套使人害怕又興奮的考核機制
11. 以關懷坦承之心待人	11. 做對、做好各種考核與激勵
12. 始終保持樂觀向上的心態	12. 不斷提高目標、工作標準及資源整合

❶ CIM 係指 Communication（溝通）、Influence（影響、說服）、Motication（改變行為動機）之黃金三角關係。

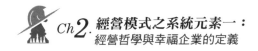
3 作為會計何謂正確之會計七原則

⭐ 以現金為基礎經營。

⭐ 一一對應的原則。

⭐ 筋肉型的經營原則。

⭐ 完美主義原則。

⭐ 雙重確認原則。

⭐ 提高核算效益的原則。

⭐ 玻璃般透明的原則。

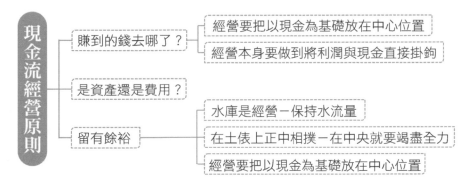

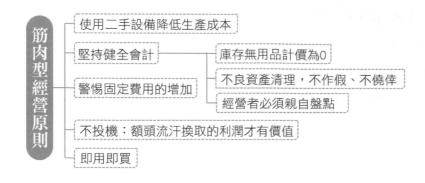

筋肉型經營原則
- 使用二手設備降低生產成本
- 堅持健全會計
  - 庫存無用品計價為0
  - 不良資產清理，不作假、不僥倖
  - 經營者必須親自盤點
- 警惕固定費用的增加
- 不投機：額頭流汗換取的利潤才有價值
- 即用即買

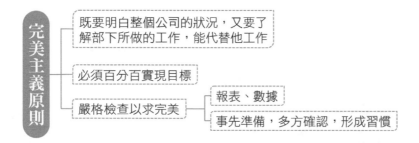

完美主義原則
- 既要明白整個公司的狀況，又要了解部下所做的工作，能代替他工作
- 必須百分百實現目標
- 嚴格檢查以求完美
  - 報表、數據
  - 事先準備，多方確認，形成習慣

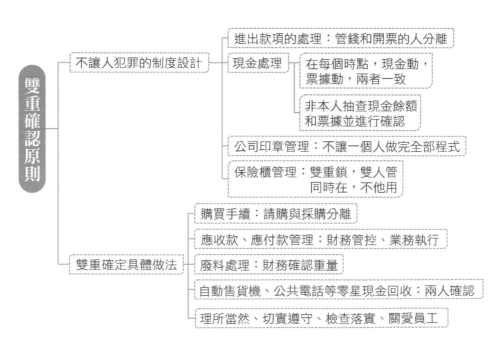

雙重確認原則
- 不讓人犯罪的制度設計
  - 進出款項的處理：管錢和開票的人分離
  - 現金處理
    - 在每個時點，現金動，票據動，兩者一致
    - 非本人抽查現金餘額和票據並進行確認
  - 公司印章管理：不讓一個人做完全部程式
  - 保險櫃管理：雙重鎖，雙人管同時在，不他用
- 雙重確定具體做法
  - 購買手續：請購與採購分離
  - 應收款、應付款管理：財務管控、業務執行
  - 廢料處理：財務確認重量
  - 自動售貨機、公共電話等零星現金回收：兩人確認
  - 理所當然、切實遵守、檢查落實、關愛員工

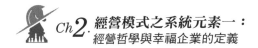
4 人生「成功的方程式」

人生・工作成果	=	思維方式	✕	熱情	✕	能力
		-100～100分		0～100分		0～100分

在稻盛和夫的人生方程式中，「思維方式」是指哲學、思想、倫理觀……等生活姿態之人格因素；「熱情」是指努力的意願或熱心……等後天努力；「能力」是指才能和智商……等先天資質。其中最重要的是「思維方式」，有正面思維也有負面思維，因此思維方式有 -100 分到 100 分，但熱情與能力只有 0 分到 100 分。所以如果你的思維方式不對（負面思維），即使能力與熱情再高也是負分，若負分越高則意味著對公司的傷害可能越大。

從上面我們對稻盛和夫經營哲學的研討後，可以明確發現阿米巴經營模式在思維上確實和一般經營者或管理者思維，有著二十四點明顯差別。而整個阿米巴經營模式的建構和落地執行，確實也多以這些思維開展各項工作，整理如下表。

阿米巴經營模式首先要改變的 24 項思維	
1. 組織倒金字塔化	13. 企業文化的經營哲學改變
2. 組織扁平化	14. 員工與老闆角色扮演改變
3. 組織平台化	15. 組織型態的思維改變
4. 組織創客化	16. 分享利益觀念的思維改變
5. 員工資產化	17. 功能任務內容賦予的思維改變
6. 員工老闆化	18. 流程再造與優化的思維改變
7. 獨立經營化	19. 授權觀念與指揮方式的思維改變
8. 獨立核算化	20. 經營成果結算周期的思維改變
9. 內部交易化	21. 交付與交易的內部管理思維改變
10. 會計玻璃化	22. 資訊管理保密與否的思維改變
11. 利益共享化	23. 組織運作模式的思維改變
12. 結算日結化	24. 激勵方法的思維改變

5 其他哲學啟示

　　對阿米巴經營模式之經營哲學有所認識後，可以發現整個阿米巴經營模式是從經營哲學延伸出來，引領著整個京瓷公司、**KDDI** 及日航公司全體員工（含管理者）之決策與行為，值此不免讓筆者想到以下幾則哲學名言。

★ **孫文**：「夫國者人之積也，人者心之器也，而國事者一人群心理之現象也。是故政治之隆污，繫乎人心之振靡。吾心信其可行，則移山填海之難，終有成功之日；吾心信其不可行，則反掌折枝之易，亦無收效之期也。心之為用大矣哉！夫心也者，萬事之本源也。」

★ **法國哲學家笛卡爾**：「我思故我在。」

★ **行為科學家李威特**：「一個人的行為產生，總是因先受到某種外力之刺激，才引發某種需要（即行為動機），而產生某種行為。」

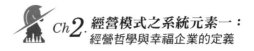
而筆者所悟出的道理：

事業發展	
無形的因素	有形的因素
形而上的哲學	形而下的理論
• 是指一種看不見、摸不著的意識形態，又稱為經營哲學。如負責人使命、願景、理念、價值觀。又如軍隊士氣、精神、文化。 • 這些都是肉眼看不見、無法說明、觸摸不到、第三者無法輕易仿效的。 • 是一種決策的態度、對經驗做反省的思索、是一種經營之道；而道不是一種理論。 • 是一種行走之路，亦即所由。 • 屬於智慧的層次，無形、無影、難以捉摸，甚至是空洞的，是一種虛的、根本、有所不變，亦有所為、有所變。	• 是一種具體而明確的管理制度和方法，又稱為管理科學、管理技術。比如 Q.F.D、T.Q.M、M.R.P、C.R.M、T.P.S。又如軍隊武器的種類、數量、士兵素養、戰略。 • 這些都是肉眼看得見、手摸得到且弟者可以輕易仿效的東西。 • 是一種手段、方法，可立即有效但不能適用於所有情況下。 • 是法、是術的層次。 • 是一種行進的動力，其往往受制於個人的經驗與認知，以至於管理制度和方法，會因人而異產生不同的運作效果。 • 百家眾技各有所長，亦時有所用，可惜都如耳、目、口、鼻一般各具相當功能，卻無法互相通用與互相連結，而產生單一元素無法產生的成果。

麥克雷戈《X、Y 理論》與西斯克《Z 理論》：

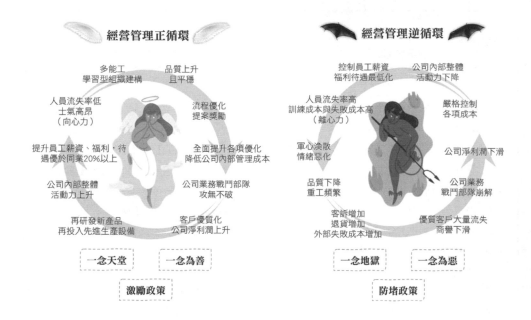

所以想要解決企業基業長青、健康發展的問題，僅靠廉價勞力、方法、工具和手段⋯⋯等努力，可說是治標不治本。台灣中小企業家們必須發自內心改變自己的經營之道，從建構自己的企業經營哲學體系開始，才能根本上擺脫企業所面臨的困境。

也可以說企業發展迄今已到了必須遵循經營哲學的時代，尤其在後疫情時代，敬天愛人、以人為本的思想越發讓人認同讚許。

6 經營環境的三大落差

在當下企業所面臨的五代同堂經營環境下，衍生出三大落差的問題，而此三大落差已經不是光靠菲利浦・科特勒（Philip Kotler）在《行銷5.0》一書中所提出的對策能解決的。

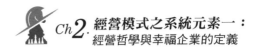

❶ 第一落差：世代落差

在成長環境不同下，所產生的價值觀落差已經很大，再加上五代同堂中的人，每一代在人生階段與關鍵要務都各有不同，如果沒有一個人可以收集五代之心，就很難製造共同價值觀了。

基礎	衝刺	栽培	終老

人生階段

- 探索並適應環境
- 學習與培養生活能力
- 找到自我認同

- 冒險與追夢
- 賺錢謀生與打拼事業
- 專心經營愛情

- 為人父母與建立家庭
- 工作上提攜晚輩
- 回饋社會

- 維持健康與人際關係
- 傳遞人生智慧給年輕世代
- 享受生活與常保快樂

人生階段與關鍵要務。

❷ 第二落差：繁榮兩極化

工作兩極化	意識形態兩極化	生活方式兩極化	市場兩極化
高價值又高薪的工作，以及低價值又低薪的工作增加，而中階工作萎縮。	世界觀與意識形態兩極化，例如保護主義與自由貿易對立。	極簡主義與消費主義的生活方式同時普及，影響民眾對產品與服務的消費。	高級奢侈商品與低價特惠商品增加，而中間市場萎縮。

在這兩極化的社會中呈現出得實際上是四種兩極化，並由威廉‧大內（William Ouchi）和大前研一的觀察中，發現上層和下層的人口最多，兩端的人生要務和意識型態互斥，彼此之間會產生矛盾。

❸ 第三落差：數位落差的風險與願景

風險	願景
自動化與失業	數位經濟與財務創造
對未知的信任與恐懼	大數據與終生學習
隱私與安全問題	智慧生活與擴增實境
同溫層與後真相時代	改善健康與延長壽命
數位生活方式與行為負作用	永續與包容的社會

從以上企業目前經營環境三大差異所帶來的各種挑戰，企業中如果沒有一個可以讓全體員工都接受的共同價值觀，要形成企業的經營哲學更是難上加難。因此，在企業尚未建立適合自身企業的「經營哲學」前，我們只能面對「人」的問題，就像位於彰化的全拓工業，他們以分享、利他、容錯、每月加薪、每月發放年終獎金及激勵員工多能工的「學習型組織」，打造出該公司的「經營哲學」，帶領全體員工創造出台灣在超跑零件供應領域內的世界 No.1，尚且還要追求「唯一」的終極目標。

為解決台灣中小企業目前經營管理的瓶頸，無疑是要建構屬於自己企業的經營哲學，並把它轉化為企業文化，如此才能讓企業進入打造成功之道的經營模式系統第一步。因此，下一章節筆者會接著討論「企業經營哲學的建構與落地實務」，探討要如何將經營哲學有效變成企業文化的建設，並將各種企業文化在企業內生根，引導全體員工塑造出共同的價值觀與行為規範。

👍 經營哲學的建構與落地

經營哲學是一個企業從事生產經營和管理活動特有的方法論原則，也是指導企業行為的基礎。一個企業在激烈的市場競爭環境中，面臨著各種

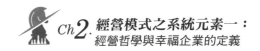

矛盾和多種選擇，要求企業以科學的方法論來指導，用嚴密的邏輯思維程序來決定各種經營管理的行為與決策，這就是經營哲學。

就如同稻盛和夫先生的經營邏輯演繹；松下電器講求經營效益、重視生存意志，事事謀求生存和發展；台塑集團勤勞樸實的態度，針對企業經營上所涉及的各環節，都能「追根究柢，點點滴滴」，追求一切事務的合理化，並且以「止於至善」作為最終經營目標，以上就是他們戰略及決策哲學。

目前，除阿米巴經營哲學思想，有眾多台灣企業也試圖導入阿米巴經營模式，但一個以日本文化為背景的經營管理理念，要如何與台灣企業成功結合呢？就筆者從輔導利潤中心體制建置，再到阿米巴經營模式建立的多年經驗，我認為要真正實現阿米巴經營，除了必須「小心整，大膽幹」以外，經營哲學也必須有效落地，變成台灣中小企業主的經營管理思維。

雖然從稻盛和夫的經營哲學內容來看，幾乎皆源自於《孫子兵法》中「令上與下同欲者勝」之「以人為本」的精神、陰陽學說的「知行合一」以及佛家「六度波羅蜜」的精神。按理來說，這些哲學思想都是我們在孔孟學說教育下皆能耳熟能詳的東西，但當經營者在面對企業經營時，成本、利潤及股東（投資者）最大利潤驅動下，這種哲學思想幾乎都被壓抑著，以至於勞資關係產生嚴重的對立與不和諧。致使「變革管理」變成台灣中小企業的一大挑戰，甚至是一道難以跨越的門檻。因此，要真正讓阿米巴經營在中小企業落地成功，筆者認為要從下列四大關鍵有效落實。

1 如何將經營哲學轉化成企業文化？

要將經營哲學轉化成企業文化，首先要瞭解何謂文化，才能瞭解為什麼要將經營者的經營管理思維（即經營者的經營哲學）轉化成企業文化，是企業建構通往成功之道的經營模式第一要素的原因。

❶ 何謂文化？

文化是一種哲學；是一種對經驗的反思；是一種思維方式；是一種價值觀；是一種態度；是一種治事帶人的行為準矩；是一種精神；是一種學習的態度和方法。

例如福建哲人——蔡尚思，他以「親身體會」的精神衝破盲從迷信關；以「忍饑耐寒」的精神衝破生活困難關；以「與時間競賽」的精神衝破圖書資料關；以「正義鬥爭」的精神衝破政治壓迫關；以「永不畢業」的精神衝破資格證書關；以「永德青春」的精神衝破年老衰退關。

❷ 何謂企業文化？

企業文化是企業的價值體系；是全體員工共同遵守的信仰和行為規範；是指導員工的工作哲學。企業文化會影響員工行為、改變員工的意識形態，同時也容易聚攏一群有相同價值觀、有理想的夥伴，一起為共同目標努力。企業文化又可稱為組織文化，是指一個組織由其共同的價值觀、儀式、符號、處事方式和信念……等文化認同，表現出奇特有的行為模式，可以觀察到組織人員的行為規律、工作的團體規範、組織信奉的主要價值、指導組織決策的哲學觀念……等。

廣義來說，大至聯合國、國家、民族、政黨、商會、協會，小至家庭、朋友……等，要瞭解真正企業文化的精隨，首先要看看下列幾點才能真正體會。

⭐ 是要員工效忠企業還是效忠老闆？

⭐ 企業文化應該是老闆的文化嗎？

⭐ 例如：帝道以堯舜之「以仁治國」；王道以夏禹之「以義治國」；霸道以秦始皇、漢武帝之「以威治吏，強行改變法度，利於民」；孫子兵法「令

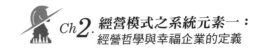

民與上同意，可與之死，可與之生，而不畏危也」、「利於國，利於民雜
於利害矣」。

⭐ 付出者收穫。

⭐ 先成就別人，再托起自己。

⭐ 積善行，思利他。

❸ 形成企業文化的因素

　　企業文化的形成通常由創始人（經營者）的哲學觀開始，進而影響公
司員工的挑選，適合企業創始人的人才會留下。因此高階主管的理念通常
與企業創始人相近，並將理念傳給下屬，而新進員工透過社會化的過程，
亦能融入企業文化中。諸此種種，使企業文化越發強化且穩固，企業文化
的形成，可用下圖表示。

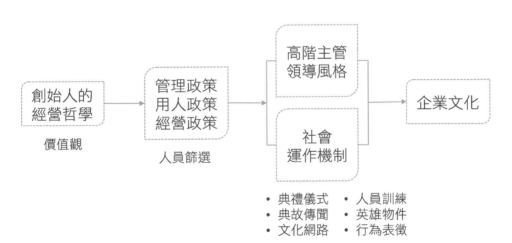

⭐ 經營者勞資觀

勞資關係	
事業夥伴 VS. 權力鬥爭者	關懷 VS. 責難
團隊成敗 VS. 個人利益	建議（引導）VS. 命令
成本負擔 VS. 生財資產	理直氣和 VS. 理直氣壯
生命股 VS. 鈔票股	學習成長的機會 VS. 時間薪水交易
X 理論 VS. Y 理論	改變是常態 VS. 以不變應萬變
利他為出發點 VS. 利己為出發點	主動承擔 VS. 被動聽命
財散則人聚 VS. 財聚則人散	要來的不香 VS. 主動分享
雙贏 VS. 單贏	內行領外行 VS. 外行領內行
教導 VS. 要求	權責委讓 VS. 不相信自己做死
奉獻 VS. 爭求	跟他們一國 VS. 要和我們一國

⭐ 經營者用人哲學

1. 君人者勤於求賢而逸於得人。

2. 用師者王，用將者帝，用若己者霸，不用若己者亡。

3. 有聖知之君，才有賢才之臣。

4. 用天下人，不用身邊人。

5. 強將手下無弱兵。

6. 育人是為了讓自己有接班人，自己才能獲得解放；育人是為了讓下屬有能力，為我們辦好事，與競爭者一較長短。

7. 能者在其位，功者有其祿。

8. 成在用人，敗在用人，不是人不好用，只是沒用好人。

9. 用人得當，就是得人；用人不當，就得失人。

10. 聽其言識其心者；觀其行別其追求；析其作辯其才華；聞其譽查其品行。

⭐ 高階主管與薪酬制度及各項規章制度

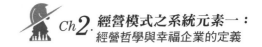
高階主管對於企業文化亦有相當影響力，透過他們的言行、指導下屬，
哪些行為是應該的，是不被接受的？哪些行為可以獲得加薪、升遷或其
他獎勵？每職位員工的職涯晉升路徑及多能工的加給……等，這些均會
影響企業文化。

如規章制度之制訂，以人性本惡的假設前提，必定對外採取預防、扣分、
處罰之方式，那麼勞資必定對立，文化必傾向負面思維與態度發展；反
之，如在人性本善的前提下制訂，則會引導員工往正向思維去思考，那
麼文化必定是和諧、良善及利他的。

★ 社會運作機制之氣氛文化網路的建立

為了散播文化與培植誘導組織成員的觀念、行為及員工能深入瞭解並記
住，甚至變成一種習慣性行為，因此須經由經營文化網路建立社會運行
機制的運作。公司在文化網路上，如在月會上對多能工、分享、承擔的
員工行為加以表揚，或在企業內部刊物上舉辦作文比賽，以開闢員工利
他行為的故事欄目，還有其他各種典禮儀式及加薪的正面原因及模範員
工的選拔，皆是必要的文化活動。

② 先突破老闆自身的認知，並做好變革管理的工作

就筆者輔導企業進行專案變革管理，不論是精益生產、流程再造、
T.Q.M 建置以及阿米巴經營模式的導入，很多老闆都會交代先從經營會
計開始，告訴員工如果公司導入新體制，員工可以獲得多少經濟利益。雖
然這種以利益驅動的方法短期來看十分有效，但這樣的作法不但會養成員
工凡事「錢來也」的爭求習性，更不容易把經營哲學的思維植入員工心
中。

因此，要讓經營哲學在企業內發酵並產生作用，老闆必須先徹底認可
前面列出的二十四項阿米巴經營模式思維，打從心底認為這是真正讓阿米

巴經營模式深根且發揮效果的根源，只有這樣才做到從老闆開始一切行為、決策或是非判斷選擇的標準。

從老闆言、行一致的貫徹到底，再加上利益的驅動，才能真正實現稻盛和夫的「用經營真諦經營企業，甚至解救企業」，因此「變革管理」需要順應心的打造、抗拒心的消除，才能讓阿米巴經營哲學落地並成功。所以筆者在輔導企業導入阿米巴經營模式時，一定會以下表雙軸線的方式展開，也提醒今後若想自行導入阿米巴經營模式的讀者，都能以此為鑑，並掌握好導入的技巧。

項次	技術方案線	變革推動線
1	阿米巴調研診斷	高層預熱宣導
2	阿米巴單元劃分	阿米巴推行委員會成立
3	阿米巴制度建設	環境和氣氛營造
4	阿米巴核算分攤	集中培訓和調研
5	阿米巴內部交易	變革標竿塑造
6	阿米巴經營報表	阿米巴知識競賽
7	阿米巴經營預算	經營哲學提煉
8	阿米巴營運管控	阿米巴分享和點評
9	阿米巴團隊激勵	阿米巴總結和傳播
10	阿米巴運行改善	阿米巴推廣和複製

▶ 3 從導入開始就要訓練巴長或管理幹部 CIM 人力戰術

所謂 CIM 人力戰術，就是管理幹部要以溝通的方式去影響員工，讓員工因受到此影響而改變其行為動機。如此才能真正做到有效傳承，破除

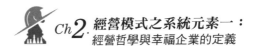

變革管理時的黑洞效應，誠如賴利‧包熙迪（Larry Bossidy）在《執行力：沒有執行力‧哪有競爭力》一書中，所說的執行力三大基石，如下圖。

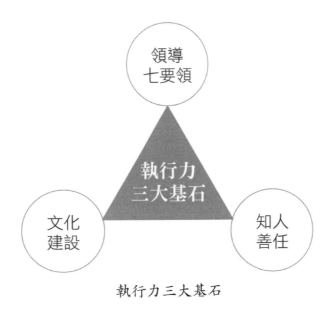

執行力三大基石

所謂領導人的七要項和實務上的做法，筆者建議如下。

對於各級巴長要認清自我能力，在《執行力：沒有執行力‧哪有競爭力》一書中，作者強調「領導者應有的七項行為」，分別為瞭解你的企業與員工；實事求是；訂定明確的目標與優先順序；後續追蹤；論功行賞；傳授經驗以提升員工能力及瞭解自我。

其中第七項「瞭解自我」，筆者認為應該放在第一項，因「人貴在自知」後才能補上自己的短板，而對於自己能力的查核，在 MBA 教材中將管理能力分為四個等級，分別為「Decision」、「Management」、「Human」及「Technology」。

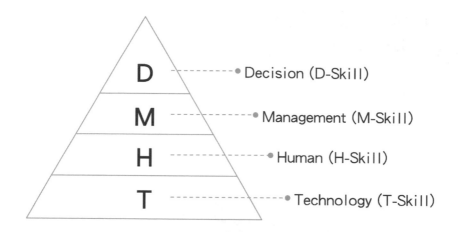

- D ----------• Decision (D-Skill)
- M ----------• Management (M-Skill)
- H ----------• Human (H-Skill)
- T ----------• Technology (T-Skill)

　　基層主管重視 T-Skill，也就是科技操作的能力（Technology），包括電腦操作技術、維修技術、電子商務技術，如果一個人自己打字速度非常慢，還要堅持自己慢慢打字，執行力當然是低級的，甚至無法如期完成，此時可以請打字較快的同事幫忙，自己則協助他處理一些較高難度的管理工作，這種「互惠行銷」（Trade-off）是現代管理觀念。

　　另外做中階主管（課長級）就必須有 H-Skill，也就是人際技術，中高階幹部（經理級）應要會「P-D-C-A[2]」的 M-Skill，即管理技術，到了最高層則是需要 D-Skill，也就是決策技術。

　　從筆者數十年輔導經驗總結，執行力的問題出於 M-Skill 的不好，多年來學者把管理做造成理念模式，其實存在理論下面的是手法技術，而管理技術至今大約有 550 種。

　　另還有各巴巴長凡事實事求是；對成效論

---

❷ P-D-C-A（Plan-Do-Check-Act 的簡稱）循環式品質管理，針對品質工作按規劃、執行、查核與行動來進行活動，以確保可靠度目標之達成，並進而促使品質持續改善。

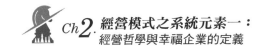

功行賞；設定目標的優化次序；瞭解你的企業（巴員）；持續追蹤評分成果；提升溝通能力。

其中除了第一項著墨較多外，其他各項文字淺顯，在此就不多談。然而第七項提升溝通能力，筆者認為是經營哲學是否深化人心的重要關鍵，所以我建議企業在巴長未成熟之際，最好由公司編寫一些標準話術，然後強力訓練主管（巴長）演說能力，久而久之才能提升巴長（領導者）的CIM 人力戰術之能力。

4 對各巴長徹底嚴格訓練 MTP 管理才能之能力

有關 MTP 管理才能，是對事與對人的十四項才能，其內容如下表。

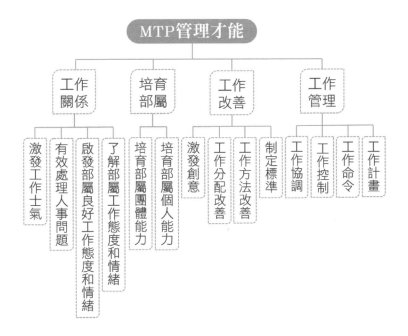

當各巴巴長學會 MTP 之管理才能後，一定要跟 CIM 人力戰術相互結合起來，然後再轉動 P-D-C-A 的管理循環，推的越好、效果會越大。

　這是管理幹部突破黑洞的至關重要力量，也是企業轉型升級、員工思維和行為能否改善的重要關鍵，所以說秉持經營哲學及打造好企業文化，才能將阿米巴經營模式的地基打好，助推阿米巴經營模式系統的成功。

經營模式之系統元素二
組織設計與巴長選拔

The Best Manage
Method AMOEBA

 經營模式之系統元素二：
組織設計與巴長選拔

Chapter 3

👍 組織的觀念

　　任何企業為達成其目的，必須匯集眾人的力量來建立能凝聚力量的架構，此即所謂的「組織」，而這樣的組織通常採取將工作以「量」及「質」的兩面分配給員工，並以劃分的方式組成。換言之，組織是由兩個部分組成，其一是「單位業務的組合」，其二是「各個成員的組合」。組織的效率在於「兩個組合」密切的結合，並加以巧妙運用而產生，且此事並非僅限於正常企業組織，它包括管理者所管理的經常性組織及專案小組的臨時性組織。

　　管理者最基本的職務，是研究工作與人的組合，讓各個員工自覺自己的任務，創造出高價值的活力，這是稱為「組織化」管理者重要的工作。為使組織有效運作，管理者應該瞭解「組織運作的原則」是考慮組織內的人性化建立並發展出來的，因此，有效、有意識地加以運用是極為重要的。

👍 組織設計與變革的說明

　　管理組織結構設計除了要明確組織內功能任務的內容外，對員工行為和態度具有很大的影響，因為組織的結構有助於減少不確定性，明確每一個職位之工作內容與規範組織的倫理，有效澄清員工所關心的問題，並解決員工所提出的問題，下列提出八個可能會影響員工工作心態的問題。

⭐ 我應該負責做什麼？

⭐ 我應該負責到什麼程度？

⭐ 我應該怎麼做？

⭐ 我應該接受誰的命令，要向誰匯報工作？

⭐ 我能掌握我所負責的工作嗎？

⭐ 我能對我的績效負責嗎？

⭐ 我的績效誰能幫我？

⭐ 要幫助我的人，幫得了我嗎？

　　一般而言，組織的正規化及專業化程度很高、命令鏈很牢固，每個人對自己責任的工作掌控度很高且明確時，這種組織的績效會最高，員工對工作的滿意度也會是良好的，呈現最佳狀態；反之，績效與工作滿意度都會降低。

　　因此，組織的設計改變其組織績效時，都會進行一種叫「組織變革」的行為，經營者大多希望透過這種「組織變革」的手段，來達到下列幾項目的，促使組織績效獲得更好的改變。

⭐ 改變組織的權力結構。

⭐ 改變組織內的從屬關係。

⭐ 改變組織內的指揮鏈。

⭐ 改變組織內人與人之間的關係。

⭐ 改變組織內成員的工作內容。

⭐ 改變組織內人員的工作意願。

⭐ 改變組織內人員的合作意願。

1 企業文化決定組織架構；組織架構乘載企業戰略

企業根據外界環境的要求制訂戰略，然後再根據新制訂的戰略來調整原有的組織架構，而企業所擬定的戰略決定著組織架構類型的變化。當企業確定戰略後，為了有效實施戰略，必須分析和確定實施戰略所需要的組織架構，如右圖所示。

有什麼樣的企業戰略目標，就有什麼樣的組織架構。同時，企業的組織架構又在很大程度上，對企業的發展目標和政策產生極大的影響，並決定著企業各類資源的合理配置。所以企業組織機構的設計和調整，必須要與企業經營戰略目標相匹配，無論是採用職能式或阿米巴式的組織架構，還是按照區域劃分、品牌劃分、產品劃分或目標客戶別劃分……等，一切都應當從企業的發展目標出發。

2 戰略調整的幅度決定組織變革幅度

在設置和調整組織架構時，首先要明確企業發展的總體戰略目標及其發展方向和重點。企業在不同的發展階段中，應有不同的戰略目標，其組織架構也應做出不同的調整，企業組織架構的調整是企業戰略實施的重要環節，也決定著企業資源的配置。

企業在進行組織設計和調整時，只有對本企業的戰略目標及其特點，進行深入的瞭解和分析，才能正確把握企業組織改革方向。例如日本豐田汽車公司提出「降低成本取勝」，其組織架構更側重於生產過程的有效控制；德國賓士汽車公司，則以提高產品的科技含量為導向，確定「領導世界汽車新潮流」的總體發展戰略，其組織架構更調整了科技研發的重要地位和作用。

3 ▶ 從結構跟隨戰略到結構引導戰略的深刻改革

透過研究很多大型企業的組織變革，筆者發現中國企業的組織架構始終在追著戰略跑，理應先確定企業戰略，再相應調整組織架構。但這適用於先前相對穩定的競爭環境，現在可以增加一種思維，因行動網路時代的到來，企業競爭環境開始充滿不確定性，往往無法確定市場的下一波浪潮和下一個趨勢，戰略制訂者因而看不清前行的方向。戰略的不確定性越來越強，變動越來越頻繁，使得企業制訂戰略的難度增大，這時就需要適應能力強的新型組織來引導企業戰略的生成，這也是「阿米巴變形蟲組織」誕生的由來。

阿米巴組織概念的產生，也因此形成一種由結構來引導戰略的深刻變革。

4 ▶ 組織架構戰略性調整引起流程再造

組織架構的戰略性調整會引起流程的改變與商業業務的調整，並對流程優化的效率提出要求。流程的改變大多表現為業務調整，尤其網路化的O2O現象便徹底改變過去的商業流程。

👍 因應外部環境而生的阿米巴組織

組織反應遲鈍、決策僵化、型態笨重，這是傳統企業面臨的轉型困境，而市場環境一直快速變化著，幾輪商業邏輯演變後（尤其在O2O下的商業模式變化），很多企業發現自己從原來的市場王者逐漸變成配角，而原先的配角現在則處於危機狀態。

網路時代改寫了商業的底層邏輯，企業若要謀求更大、更長遠的發展，必須走上組織變革之路以活化組織，這是組織轉型變革必須考慮的重點。其實，在這種組織轉型成為潮流之前，早有勇於打破組織邊界的探索者，例如傑克・韋爾奇（Jack Welch）實踐的《無邊界組織》，書中描

述一種企業轉型為「平台」；員工轉型為「創客」的組織型態；中國的海爾集團進一步轉變為「平台＋創客」的模式；萬科集團開始了「事業合夥人制」。

彷彿所有行業巨頭都想要把自己「撕碎了重組」，他們都知道傳統的組織架構和經營模式已無法適應這個變化多端的市場，必須要活絡業務單位，甚至是個人活力。所以依「大眾創業、萬眾創新」的話術，組織扁平化、平台化、創客化，必定是組織變形後必然的成果，因此阿米巴的組織於現代來講是企業組織演進必然的走向。

1 什麼是阿米巴經營？什麼是阿米巴組織劃分呢？

阿米巴（Amoeba）在拉丁語中是單個原生體的意思，屬原生動物變形蟲科，蟲體赤裸而柔軟，其身體可以向各個方向伸出偽足，使形體變化不定，故而得名「變形蟲」。變形蟲最大的特性是能夠隨外界的環境變化而變化，不斷進行自我調整以適應其面臨的生存環境，誠如第一章談到馬克思在《資本論》所說：「企業是在環境變化管理與組織變化管理下，利用經營者經營管理的智慧，促使這種矛盾與衝突轉變成一種發展的智慧。」

阿米巴經營模式的阿米巴組織就是這種可以隨外部環境變化，而不斷「變形」調整至最佳狀態，成為能適應市場變化的靈活組織。在稻盛和夫對組織的設計下，又把原本傳統組織的「內部交付」型態，改變為「內部交易化」型態，並將這種阿米巴組織依其特性分成一個個小經營單位，可劃分為預算巴、成本巴、利潤巴與資本巴四種組織型態，而成本巴、利潤巴及資本巴又可以再依地域別、品牌別、產品別、客戶別、生產線別、工序別……等各種性質劃分之。

所以阿米巴經營組織的本質，是指將組織分成數個小的團體，每個小

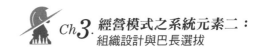
型組織都作為一個獨立自主經營、獨立核算的單位，讓這種組織可以產生裂變、再生或重組，隨時因應外在環境之變化而進行組織變革，使其具有扁平化、平台化及創客化之意義與特性。

2 組織扁平化

❶ 組織橫向：去中間、淡化邊界

在阿米巴領域內，其經營模式或成功的核心動力是什麼？在此舉個實際案例說明。

在一家製造型企業，由研發單位設計完成後就交付給製造，製造單位生產完成又直接交付給銷售，流程中只有數量和時間，沒有金額、單價，而阿米巴經營模式與傳統經營模式最大的不同在於，阿米巴組織模式強調把「交付」轉化成「交易」，這也是阿米巴組織最核心的部分。「交易」是在數量、時間和單價之間達到平衡，而「交付」僅僅是把工作做一個移轉。因此阿米巴的組織型態，從交付轉變為交易的改變，實際上產生了經營成功與否的關鍵因素，所以可以說阿米巴變形蟲的組織模式就是其成功的核心動力。

隨著網路技術的發展與智慧型生產……等新興生產方式的出現，企業組織即流程管理模式產生很大的變革與創新，去中心化已然成為企業變革的重要趨勢之一。而在組織內部，員工以各種阿米巴經營單位、項目組或事業部……等形式，自動自發或是按照組織所規範的行為，組成數量眾多的業務單位。這些阿米巴經營單位大小不一、獨立核算、自主經營，公司內部形成「百舸爭流」的局面。

❷ 組織縱向：扁平化，簡化層級

蘋果、微軟、Google、Facebook……等，這些以網路為經營主要模

式的公司，據研究報導，他們的共通性除以創新出名外，均採用了扁平化的組織架構。可以說這些企業快速創新、氛圍自由的特點與這種組織形式密不可分。

又如中國的小米，根據報導，小米的組織架構沒有層級，基本上只有三階，由七個核心創始人、部門領導、員工所組成，而且不會讓團隊太大，只要團隊稍大一些，就會拆分成小團體，以控制一個管理者最佳的管理跨度。另外從小米的辦公室佈局，也可以看出這種組織的架構，將產品、營銷、硬體、電商各分一層樓，每層樓各由一名創始人坐鎮，執行可以做到一竿子打到底，但大家互不干涉，在各自的領域奮鬥，一起把工作做好。除七個創始人有職位，其他員工都沒有職位，大家都是工程師，晉升的唯一獎勵就是加薪，不需要考慮太多雜事和雜念，沒有團隊利益，只要全心全意專注在工作上就好。

扁平化組織需要員工打破原有的部門界線、簡化層級，直接面對客戶，並向公司總體目標負責。在組織平台的支持下，阿米巴單位實施自主經營、獨立核算，甚至一個個阿米巴經營單位由領導者（巴長）自由組合，挑選自己的成員、領導以及確認其操作系統（流程），並利用 IT 技術來制訂他們認為最好的工作方法。

3 組織平台化

❶ 為什麼阿米巴組織具有平台化思維？

平台化思維也是目前各行各業叫囂最熱門的詞，做平台而不做垂直的背後，是以用戶（創客）為中心的價值鏈上專業分工，平台商最重要的職能是「我搭台，你唱戲」。

對於阿米巴經營系統而言，其實企業就猶如一個平台營運商，企業建構這樣一個平台及內部市場，制訂內部市場的各種用戶交易規則，而各級

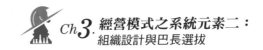

阿米巴組織就如同平台商上各個自主經營體。從阿米巴的組織架構來看，由傳統的縱向金字塔架構，轉變為橫向的扁平化架構，其實正是從垂直到平台化的轉變。

❷ 阿米巴平台化組織所具備的特點

透過平台化的改造，可以為企業創造高收益，那麼平台化組織所具備的成功條件有哪些呢？

⭐ **引入市場機制**：企業透過平台化改造，將傳統職能制的組織架構轉變為若干個阿米巴組織生存和發展的結構，同時引入市場競爭機制（即如果企業內的交易比外面市場貴，自主經營的巴可以選擇對外購買或委外加工），對阿米巴織組實現優勝劣汰，從而更有效地整合資源。

⭐ **創造總部價值**：不要急於把人才培育或產品研發，變成巴的成本負擔，平台化改造後的組織型態為扁平化，業務管理基本下放至一線阿米巴組織。總部可以集中精力為各阿米巴組織提供更多關於戰略、人才培育、品牌打造、數據整合及資金調度方面的支持與服務，非限於傳統那種監控而不能自拔的不當角色。尤其對新創企業而言，成本與資產更要有明確的認識，否則尚在培養人才之際，就把它當作巴的成本負擔，巴可能就此滅亡，更別說平台的創客發展了。

▶ ❸ 組織創客化

阿米巴經營模式的組織劃分與自主經營、獨立核算的機制，是企業透過這種重大的組織變革（重組），才能為阿米巴經營模式創造一片適合「員工老闆化」的孕育土壤。

內部創業，指企業鼓勵員工努力開發新的想法，並積極參與各自的經營，那每個小小經營者在各自成本最小化、利潤最大化的同時，公司要怎

麼進行有效整合，追求公司利益的最大化呢？因此，在實際落地時應做好建立支持內部創業的組織架構的工作。

　　企業為了鼓勵內部創業，就需要採用科學、靈活的管理框架。此外，藉由權力下放，級別低的的員工擁有更高的自主性，推動因應外部環境變化應有的戰略、戰術。因此，在建立支持內部創業的組織架構，關鍵策略有下列七點。

⭑ 為了讓整體企業能健全運作，必須重新檢視各巴應履行的功能任務內容是否完善，尤其在中小企業，這項工作必須特別重視。

⭑ 各巴成員在崗位職責的經營上，內容是否完善、是否有疏漏之處，這項工作在中小企業同樣也是重中之重。

⭑ 要以圍繞各崗位之崗位職責為中心，設計好人與人之間及巴與巴之間的作業流程，並對其進行改良。尤其在新巴自主經營後，是否有必要進行流程再造，傳統部門主義會不會形成流程效率的障礙。

⭑ 對於各巴成員在與將來利益分配有關的績效考核激勵管理之制度，除了要圍繞著各巴崗位職責之履行外，還要注重各巴為達成超額利潤目標之夢想，也就是目標管理下的工作計畫之關鍵績效指標考核（KPI）。

⭑ 慎選具有經營管理才能的巴長，所謂執行力三大基石之首不就是領導人嗎？而古人云「將熊熊一窩」的道理不正是如此嗎？

⭑ 全面用心提高員工素質，由於扁平化的內涵是減少管理層次、全面經營、全面自主管理，因此一定要對員工採取有效的專業、專技及多能工的訓練，能促使進入省力化、省人化，最後進入少人化。

⭑ 在扁平化的驅動下，中間層級的管理幹部必須教育好新角色扮演的心態，尤其著重於「內部顧問」或「內部教練」的角色安排。

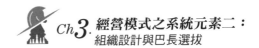
👍 阿米巴組織落地的五項實務做法

針對讓阿米巴組織實際落地的做法，筆者提出五項。

1➡️ 重新賦予功能任務

功能任務的賦予本來對於具規模或管理已上軌道的公司而言，是一件再正常不過的事，但對於台灣中小企業而言，很多都是家族企業及家庭式作坊，所以在踏入阿米巴正規化的經營模式前，如之前談到要保障阿米巴內部創業的成功，將功能任務健全化反倒變成中小企業的第一個苦差事了。

因此，在筆者數十年的輔導經驗累積下，我願在本書提供一份共同的模板（如下圖表），給新學習者或要自行導入阿米巴經營模式的企業工作者們，有一個可以學習或依自身企業特性去修改成適合自家公司的功能任務內容，才能使正確賦予組織劃分的各個小單位能正常發揮其應有之功能，讓自己的小小經營單位得以健全發展。

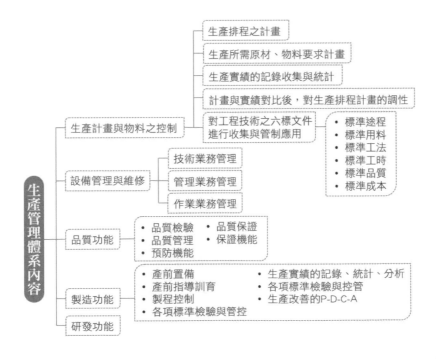

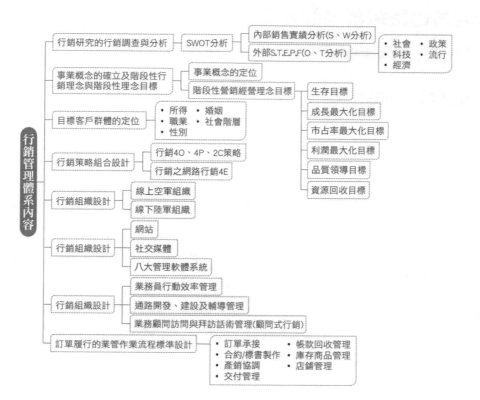

行銷管理體系內容

- 行銷研究的行銷調查與分析 — SWOT分析
  - 內部銷售實績分析(S、W分析)
  - 外部S.T.E.P.F(O、T分析)
    - 社會 · 政策
    - 科技 · 流行
    - 經濟

- 事業概念的確立及階段性行銷理念與階段性理念目標
  - 事業概念的定位
  - 階段性營銷經營理念目標
    - 生存目標
    - 成長最大化目標
    - 市占率最大化目標
    - 利潤最大化目標
    - 品質領導目標
    - 資源回收目標

- 目標客戶群體的定位
  - 所得 · 婚姻
  - 職業 · 社會階層
  - 性別

- 行銷策略組合設計
  - 行銷4O、4P、2C策略
  - 行銷之網路行銷4E

- 行銷組織設計
  - 線上空軍組織
  - 線下陸軍組織

- 行銷組織設計
  - 網站
  - 社交媒體
  - 八大管理軟體系統

- 行銷組織設計
  - 業務員行動效率管理
  - 通路開發、建設及輔導管理
  - 業務顧問訪問與拜訪話術管理(顧問式行銷)

- 訂單履行的業管作業流程標準設計
  - 訂單承接 · 帳款回收管理
  - 合約/標書製作 · 庫存商品管理
  - 產銷協調 · 店鋪管理
  - 交付管理

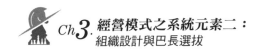

管理體系內容		
總經理室(特助/幕僚)	依每間公司定位而定	
人資管理	• 工作分析 • 人員需求計畫 • 組織設計 • 薪酬與福利制度	• 績效管理與評價 • 人員培訓之人才加工機制 • 勞資關係
人事管理	• 人員招募 • 人事檔案管理 • 薪.工資計算	• 考勤及差假管理 • 人員勞健.退.團保險管理 • 員工福利活動辦理
財務管理	• 出納收支管理作業 • 銀行往來管理作業 • 應收帳款及各項債權收入的管理作業	• 應付帳款及各項債權收入的管理作業 • 營運週轉金的管理作業
會計管理	• 會計制度(含成本會計)的設計與實施 • 交易事項原始憑證收集與審查 • 帳冊登錄與結平 • 會計報表編製 • 成本結算與成本報表編製	• 成本差異分析與改善對策建議 • 經營指標分析 • 稅務申請.審查.變更及登記辦理 • 盤點工作推動與成果報告 • 內控稽核工作進行與改善報告擬訂
總務管理	• 員工伙食 • 員工住宿	• 員工交通 • 員工電信
採購管理	• 供應商管理 • 請購管理 • 購辦作業管理	• 應付帳款管理 • 付款申請管理
採購管理	• 儲位規劃與布置 • 物料出、入庫的理貨 • 庫存管理及料卡管理	• 料帳管理 • 倉庫5S管理 • 倉庫安全管理

2 正確並重新賦予崗位職責

　　工作分配是組織設計一個重要環節，也是工作改善的重要手段之一。當企業在進行組織變革時，前文有談過其中一個方法，就是改變員工的工作內容。因此，在阿米巴的組織重新劃分後，員工原先的崗位極有可能因為組織的劃分而改變職責。

　　這時如何正確賦予每位員工的崗位職責，可說是改善傳統主管帶不動人的主要手段之一，尤其我們在第二章提過現代企業管理五代同堂，所造成的三大落差，明確崗位職責內容是為了不要再讓員工說出：「這是我的工作嗎？」。

　　因此，筆者在此教導自行導入阿米巴的學習者或企業主們，如何正確

有效的編寫每位員工的崗位職責。為說明這一點,除了要告訴各位所謂工作分配的意義與注意內容(如下表)外,還必須用一些實務做法來教導各位學習者如何正確編寫各階層人員的崗位職責(例一至例三)。

工作分配的意義	
下屬所具備的條件	所擔任工作的條件
知識:所熟悉的事項為何? 技能:所能擔負的工作為何? 態度:抱持何種態度?	知識:需熟悉的事項為何? 技能:需擔負的工作為何? 態度:需抱持何種態度?
潛在的才能、未來的可能性	緊急性、重要性、未來的可能性
年齡、熱情、資格、氣質、家庭、關心度、意願、自信、期盼、希望、不安、生活方式	工作的種類、品質條件、工作量、性質、內容、期限、標準化程度
其他條件	
組織的既有狀況、組織的相互關係、團隊精神、人際關係、工作負荷、對其教育機會的差異	

例一：三大功能部門主管的崗位職責
（以某自動化產業公司行銷副總為例）

本質工作

在公司的授權核決報告中，負責本公司行銷策略的擬定、銷售預算之編制及銷售業務管理制度的編制，並對公司銷售業務全面的管理，對銷售業務員執行績效考核，帶領全體業務員實現公司的經營目標。

直接責任

1 負責本公司行銷策略之規劃及執行

　1.1 負責本公司行銷策略擬定時必要之行銷調查

　　　1.1.1 負責產業自動化需求之變動方向調查

　　　1.1.2 負責產業自動化競爭力變動方向的調查

　　　1.1.3 負責本公司技術及服務是否落伍的調查

　　　1.1.4 負責本公司行銷分析

　　　　　1.1.4.1 銷售實績分析：銷售目標達成率、銷售服務、存貨周轉率、市場占有率、PPM、經營效率、服務效率、貸款回收率

　　　　　1.1.4.2 行銷計畫分析：市場結構檢討、價格力檢討、通路力檢討、物流力檢討、產品力檢討、銷售促進力檢討

　　　　　1.1.4.3 銷售活動分析：知識性分析、作業效益分析、訪問計畫分析、訪談分析

　1.2 負責秉持本公司行銷業務概念之釐清及負責測定本公司階段性行銷經營理念目標

　1.3 負責本公司行銷定位之擬定（產品定位）

1.4　負責本公司目標市場之定位的擬定

1.5　負責本公司整體行銷策略組合之擬定

　　1.5.1　產品組合及產品計畫

　　1.5.2　價格組合策略

　　1.5.3　通路組合策略

　　1.5.4　銷售促進組合策略

　　1.5.5　網路行銷之建構與 4E 戰略之規劃

　　1.5.6　行銷戰略計畫

2　負責本公司各項行銷業務管理制度及資訊管理系統之設計及推行（含業績獎金及代理商激勵）

3　負責本公司行銷組織之設計及工作分析與人員招募培訓、控制與考核

4　負責本公司銷售目標之訂定及銷售預算之編制

5　負責本公司行銷活動之各項工作計畫編定與推動之管理

5.1　負責 ERP 系統業務端之各式單據管理

5.2　負責樣品開發試製之管理

5.3　負責訂單接收與排程之管理

5.4　負責訂單出貨與運輸之管理

　　5.4.1　國際貿易事務

　　5.4.2　各單位之貨運快遞、海空運之處理作業

　　5.4.3　專案出貨內容、交期、尺寸重量及製造地點之管理

　　5.4.4　運輸作業之詢價與比價

　　5.4.5　安排貨物裝運及各項文件管理

　　5.4.6　出口文件製作及報關資料與文件之審議

　　5.4.7　協調出貨前、中、後之相關事宜

　　5.4.8　各類進出口文件之管理

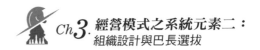

   5.4.9 運輸物流之相關請款作業與表單核對及管理

5.5 負責帳款回收之管理

5.6 負責各項客訴反應及消除之管理

5.7 負責瞭解本公司整體運營方向，並達成營業目標

5.8 負責本公司業務相關客戶接待之管理與服務

5.9 負責本公司業務人員訪問拜訪行程計畫之管理

5.10 負責本公司業務人員訪問拜訪差旅費用之管理

5.11 負責本公司業務人員業績來源申報之管理

5.12 負責本公司業務效率及成功率之管理

5.13 負責本公司每月訂單總表、每月出貨總表、製作請求（發票）總表及
   年度營業報表之製作、報告與管理

5.14 負責安裝試車期間之各項問題回報及協調

主管應履行之管理職責

1 負責本單位之工作計畫之責任

2 負責本單位之工作命令之責任

3 負責本單位之工作控制之責任

4 負責本單位之工作協調之責任

5 負責本單位之工作標準制訂之責任

6 負責本單位之工作分配改善之責任

7 負責本單位之工作方法改善之責任

8 負責本單位員工之發揮想像力之責任

9 負責培育本單位員工個人能力之責任

10 負責培育本單位員工組織能力之責任

11 負責瞭解本單位員工行為之責任

12 負責啟發本單位員工良好工作態度之責任

13 負責及時有效處理本單位員工人事問題之責任

14 負責提高本單位員工士氣之責任

15 負責本單位每日、每週、每月工作績效及各項重大事項與改善計畫並向上報告之責任

例二：十八個小功能之部門主管的崗位職責（以某自動化產業公司國內行銷課長為例）

本質工作

　　在公司的授權核決報告中，負責本巴所屬目標客戶群體之行銷策略的擬定、銷售預算之編制及銷售業務管理制度的編制，並對所屬目標客戶群體之銷售業務全面的管理，對銷售業務員執行績效考核，帶領本巴所屬業務員實現所屬目標客戶群體的業績目標。

直接責任

1　負責本巴國內目標客戶群體行銷策略之規劃及執行

　　1.1　負責本巴國內目標客戶群體行銷策略擬定時必要之行銷調查

　　　　1.1.1　負責本巴國內目標客戶群體產業自動化需求之變動方向調查

　　　　1.1.2　負責本巴國內目標客戶群體產業自動化競爭力變動方向的調查

　　　　1.1.3　負責本巴對國內目標客戶群體技術及服務是否落伍的調查

　　　　1.1.4　負責本巴國內目標客戶群體之行銷分析

　　　　　　　1.1.4.1　銷售實績分析：銷售目標達成率、銷售服務、存貨周轉率、市場占有率、PPM、經營效率、服務效率、貨

款回收率

1.1.4.2 行銷計畫分析：市場結構檢討、價格力檢討、通路力檢討、物流力檢討、產品力檢討、銷售促進力檢討

1.1.4.3 銷售活動分析：知識性分析、作業效益分析、訪問計畫分析、訪談分析

1.2 負責秉持本巴國內目標客戶群體行銷業務概念之釐清，及負責測定本巴國內目標客戶群體階段性行銷經營理念目標

1.3 負責本巴國內目標客戶群體行銷定位之擬定（產品定位）

1.4 負責本巴國內目標客戶市場之目標客戶群體之定位的擬定

1.5 負責本巴國內目標客戶群體行銷策略組合之擬定

1.5.1 產品組合及產品計畫

1.5.2 價格組合策略

1.5.3 通路組合策略

1.5.4 銷售促進組合策略

1.5.5 網路行銷之建構與 4E 戰略之規劃

1.5.5.1 體驗

1.5.5.2 交換

1.5.5.3 E-SHOPPING

1.5.5.4 展現

1.5.6 行銷戰略計畫

2 負責本巴國內目標客戶群體行銷業務管理制度及資訊管理系統之設計及推行（含業績獎金及代理商激勵）

3 負責本巴國內目標客戶群體行銷組織之設計及工作分析與人員招募培訓、控制與考核

4 負責本巴國內目標客戶群體銷售目標之訂定及銷售預算之編制

5　負責本巴國內目標客戶群體行銷活動之各項工作計畫編定與推動之管理

   5.1　負責 ERP 系統業務端之各式單據管理

   5.2　負責樣品開發試製之管理

   5.3　負責國內訂單接收與排程之管理

   5.4　負責國內訂單出貨與運輸之管理

   5.5　負責帳款回收之管理

   5.6　負責各項客訴反應及消除之管理

   5.7　負責瞭解本巴國內目標客戶群體整體運營方向，並達成營業目標

   5.8　負責本巴國內目標客戶群體業務相關客戶接待之管理與服務

   5.9　負責本巴國內目標客戶群體業務人員訪問拜訪行程計畫之管理

   5.10　負責本巴國內目標客戶群體業務人員訪問拜訪差旅費用之管理

   5.11　負責本巴國內目標客戶群體業務人員業績來源申報之管理

   5.12　負責本巴國內目標客戶群體業務效率及成功率之管理

   5.13　負責本巴國內目標客戶群體每月訂單總表、每月出貨總表、製作請求（發票）總表及年度營業報表之製作、報告與管理

   5.14　負責安裝試車期間之各項問題回報及協調

主管應履行之管理職責

1　負責本單位之工作計畫之責任

2　負責本單位之工作命令之責任

3　負責本單位之工作控制之責任

4　負責本單位之工作協調之責任

5　負責本單位之工作標準制訂之責任

6　負責本單位之工作分配改善之責任

7　負責本單位之工作方法改善之責任

8　負責本單位員工之發揮想像力之責任

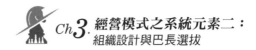
9　負責培育本單位員工個人能力之責任

10　負責培育本單位員工組織能力之責任

11　負責瞭解本單位員工行為之責任

12　負責啟發本單位員工良好工作態度之責任

13　負責及時有效處理本單位員工人事問題之責任

14　負責提高本單位員工士氣之責任

15　負責本單位每日、每週、每月工作績效及各項重大事項與改善計畫並向上報
　　告之責任

 **例三：各基層員工崗位職責
（以某自動化產業公司國內業管人員為例）**

直接責任

1　負責本公司國內行銷業務之各項業務工作之執行

　　1.1　負責 ERP 系統業務端之各式單據管理

　　1.2　負責樣品開發試製之作業管理

　　1.3　負責國內訂單接收與排程之作業管理

　　1.4　負責國內訂單出貨與運輸之作業管理

　　1.5　負責帳款回收之作業管理

　　1.6　負責各項客訴反應及消除之管理

　　1.7　負責各項業績管理績效之改善、統計及管理報表之編制

　　1.8　負責本公司國內業務相關客戶接待之管理與服務

1.9 負責本公司國內業務人員訪問拜訪行程計畫之繳交與統計管理

1.10 負責本公司國內業務人員訪問拜訪差旅費用之繳交與統計管理

1.11 負責本公司國內業務人員業績來源申報之繳交與統計管理

1.12 負責本公司國內業務效率及成功率之繳交與統計管理

1.13 負責本公司每月訂單總表、每月出貨總表、製作請求（發票）總表及年度營業報表之編制與作業管理

1.14 負責安裝試車期間之各項問題回報及協調

基層員工應履行的責任義務

1 服從公司政策及上級命令與工作調派。

2 遵守公司規定。

3 協助同事（含完成交接班之有效交接工作）。

4 履行工作進度報告之義務。

③ 作業流程設計（再造）之編寫落地實務

　　流程管理（PROCESS MANAGEMENT）的想法，源於古典工業工程（Industrial Engineering ,I/E）工作研究領域的流程分析技術（Process Analysis Technique ,PAT）。它原來是對製造作業的程式進行分析改善的工具，後來擴大其應用範圍，延伸至白領工作者的事務工作改善。

　　1980 年以來，流程管理更與品質管理的觀念結合，成為以「品質」為核心的流程管理系統。到 1984 年被 IBM 公司提出，並稱為 B.P.M，簡稱 P.M。

❶ 什麼是流程分析技術？

流程分析技術，是把流程分解成許多個別的部分體、組成元素，以檢視他們之間關係，對於不合理、不恰當，缺乏效率等有關缺點之作業、工作、資源等予以①合併②刪除③重組（替代）④簡化，提升工作效率之各種工作（活動、動作）的附加價值。

其分析的程度包括：

⭐ 結構分析（Activity Level）。

⭐ 作業分析（Task Level）。

⭐ 管制分析（Operation Level）。

分析方向為 5W2H，其結果在發掘出……

⭐ 為什麼要有這個流程？

⭐ 這個流程要分解成幾個小流程？（即這個流程要分成幾個作業活動）

⭐ 這些流程中的每件事，具體要怎麼做？

⭐ 這些事由誰來做？

⭐ 這些事要在哪裡做？

⭐ 這些事從什麼時候開始做，做到什麼時候完成？

⭐ 這些事要做到什麼程度才叫完成？

❷ 什麼是流程？

流程（Process）是為了達成某一特定結果，所必需之一系列作業活動的串聯（即活動或作業的過程，始於商務後被廣泛應用於生產作業及各項管理工作的作業），俗稱 I.P.O 或作業標準。這些作業活動集合了所需的人員、設備、材料，並運用特定的作業方法（通常是指運用某種管理技術的原理），以達成預期之效果。

而一個完整的作業流程應包含下列七項要素。

⭐ 實施細則（一定要考慮 5W2H）。

⭐ 控制要點。

⭐ 人與人的關係（上 / 下工序的相關人員及審核人員）。

⭐ 簡易的作業流程說明。

⭐ 作業流程圖的繪製。

⭐ 流程主導人（所有權人）。

⭐ 使用表單及產出的報表。

	業務	業管	配送	顧客服務	財務	
流程 ➡	合約 企劃書 訂單	排程 存貨	實體配送 進/出	安裝 拆卸 維修 補貼	財務處理 應收帳款	➡ 公司目標
	⬇	⬇	⬇	⬇	⬇	
	功能別活動目標					

❸ 流程管理的角色扮演

⭐ 供應者（上工序）：從哪個人或哪個單位承接什麼工作。

⭐ 讓下工序的人瞭解或我們是怎麼做的、用什麼表單、在什麼時侯做、要做

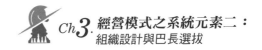
到什麼時候才會好？

⭐ 讓下工序瞭解我所產出的是什麼樣的內容，執行者（擔當者）承接以後我本人要做那些事、怎麼做（用什麼方法做）。

⭐ 擔當責（流程所有權人）。

⭐ 控制流程活動以符合需要。

⭐ 預防問題發生。

⭐ 衡量控制流程績效。

⭐ 改善流程績效。

⭐ 顧客（下工序）：要把這項工作傳遞給誰。

⭐ 瞭解下工序的要求或需求。

⭐ 對下工序的需求提出明確規範。

⭐ 針對下工序的產出時效提出明確界定。

❹ 流程圖製作的目的與方法

⭐ 流程圖繪製編寫的目的。

⭐ 表現各種作業活動的前後關鍵、順序及步驟。

⭐ 表現出各種表單、傳票、報表、帳冊、物品、記錄簿、備忘錄、票券。

⭐ 尤其要分辨投入的是什麼單，產出的是什麼表及中間經過怎樣的處理方法或程序。

⭐ 表現各單位或各崗位人員的作業內容、作業範圍或作業方法。

⭐ 表現出每項作業活動的 I-P-O 關係。

⭐ 將各項工作標準化，使其工作容易傳承。

⭐ 將各項工作做到易做、易看、易懂、易教、易管的五易工作及管理環境。

⭐ 繪製一個完整、易懂、確實的流程圖應具備之條件及繪製的方法。

⭐ 實際作業所依據的管理技術理論。

⭐ 對各項工作內容、工作方法徹底瞭解。

⭐ 流程段落的分割恰當。

⭐ 簡單、易懂、完整之符號及繪製規則。

⭐ 依簡易作業流程說明所描述的內容確定①上工序②下工序③誰拿什麼給誰④做什麼，然後找尋適當的圖記號繪製出流程圖，並且考慮這中間是否要經過審核、判斷或檢驗的過程，配合當中所規定的時間，在流程中以文字註記說明之。

　　例一為某陶瓷公司行銷部之客服作業流程。

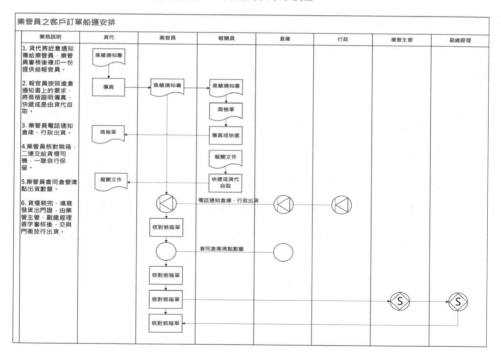

❶ 實施細則

1 貨代公司將《進艙通知書》傳真給業管員，業管員收到後立即審核，並

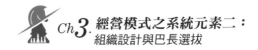
複印一份給報關員。

2 報關員在收到《進艙通知書》後，按照《進倉通知書》上的裝櫃時間提前一周提供商檢證明（商檢取單憑條、商檢換證憑單）及報關文件（包含合約、發票、裝箱單、代理報檢委託書、代理報關委託書、報關單及核銷單），如遇短出或增加出貨數量，則在裝櫃前兩天通知商檢證明及報關文件。

• 如果《進艙通知書》只有一份，即一個進艙編號，則報關員到商檢局領取《商檢單憑條》傳真給貨代，並製作報關文件快遞給貨代或由貨代到公司自取。

• 如果《進艙通知單》有兩份或兩份以上，即有多個進艙編號，則報關員到商檢局領取《商檢換證憑單》，將《商檢換證憑單》與報關文件一起快遞給貨代或由貨代到公司自取。

3 在裝櫃前一天再次與貨代聯繫，確認貨運時間、車型、車牌號、司機姓名、電話、出發時間及到達時間。如果裝櫃時間變動，業管員重新更改出貨預排時間，交由業務主管、副總經理簽字後，分發給倉庫、行政及報關員。

4 貨櫃進廠區出貨平台後，前去與及裝箱司機領取《裝箱單》，與《進艙通知書》核對船名航次、櫃號、封條號、提單號、開航日期、出發港口、目的港、總箱數、總毛重及立方數，核對無誤後，即立刻與倉庫人員共同清點出貨箱數，並通知行政機動班人員安排裝櫃。

• 如出現短出貨、漏出貨的情況，要第一時間上報業管主管，以便及時知會客戶，並在預排及送貨單上備註短出貨、漏出貨的原因及短出貨的處理辦法。

• 如發現貨櫃有髒汙、損壞或爛掉……等現象，要如實反應在《貨櫃檢驗情況表》中。

- 如貨櫃來我司時間較晚，而影響我司裝櫃工作進度甚至會耽誤進艙等狀況發生，要當下請貨櫃司機在《裝箱單》的備註欄中，填寫貨櫃具體進場的時間並簽字，業管員要當天將情況反映給業管主管並備案。

- 如出散貨，提前電話連絡物流公司，告知具體的出貨時間、地點、出貨箱數、重量及立方，確定好物流費用。裝貨當天，填寫貨物單號，在備註欄中填入進艙編號。

5 裝箱完成，在封櫃前由保安進行門禁管制之必要檢查，檢查是否有非法的放行物資。

6 倉管人員填寫發貨出門證，由業管主管、副總經理審批後交予門衛，讓貨櫃放行。

7 與貨代電話連絡瞭解貨櫃是否進港及裝船。

❷ 使用表單

　　《進艙通知書》、《商檢單憑條》、《商檢換證憑單》、《裝箱單》、《貨櫃檢驗情況表》

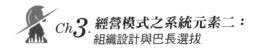

例二為某水電修繕公司業管人員之作業流程。

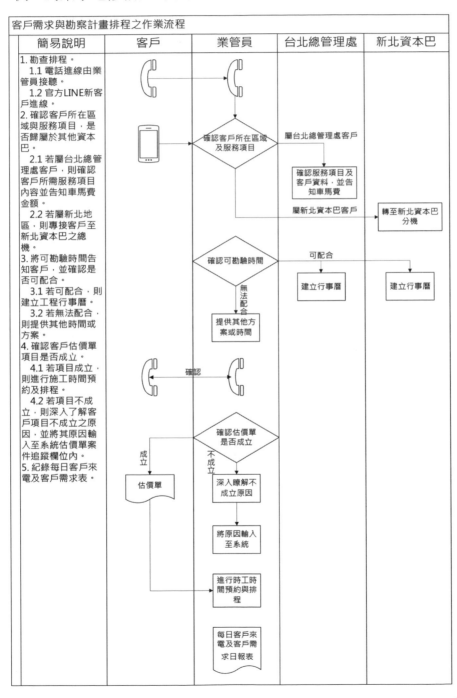

客戶需求與勘察計畫排程之作業流程

簡易說明	客戶	業管員	台北總管理處	新北資本巴

1. 勘查排程。
　1.1 電話進線由業管員接聽。
　1.2 官方LINE新客戶進線。
2. 確認客戶所在區域與服務項目，是否歸屬於其他資本巴。
　2.1 若屬台北總管理處客戶，則確認客戶所需服務項目內容並告知車馬費金額。
　2.2 若屬新北地區，則專接客戶至新北資本巴之總機。
3. 將可勘驗時間告知客戶，並確認是否可配合。
　3.1 若可配合，則建立工程行事曆。
　3.2 若無法配合，則提供其他時間或方案。
4. 確認客戶估價單項目是否成立。
　4.1 若項目成立，則進行施工時間預約及排程。
　4.2 若項目不成立，則深入了解客戶項目不成立之原因，並將其原因輸入至系統估價單案件追蹤欄位內。
5. 紀錄每日客戶來電及客戶需求表。

❶ 實施細則

1 客戶來電時，問候語為「○○水電您好，請問需要什麼服務？」

2 確認客戶所在區域，依照所屬區域及單位做不同的處理方式。

　• 若屬台北總管理處客戶，則詢問客戶所需修繕內容及相關聯絡資訊（包含客戶姓名、電話、地址及統編）。

　• 若屬新北資本巴客戶，直接轉至新北資本巴分機。若新北資本巴分機無人接聽，則直接轉回並留下客戶詳細資料及所需維修情況，再將資訊告知新北業管員，並回電給客戶。

3 告知客戶目前最快可安排之預約勘察時間。

　• 若客戶可配合，則將客戶資料上傳至工程行事曆，並在行事曆上進行各施工巴巴長勘查之標籤分配。

　• 若客戶無法配合，則提供其他可預約時間或其他方案。

4 確認估價單是否成立。

　• 業管員致電確認估價單項目，是否有疑問或是否成交，若施工項目確認成交，則請客戶於估價單簽名並回傳至總管理處，並提供可安排施工時間，再依照估價單安排施工巴承接勘查。

　• 業管員致電確認估價單不成交，則詢問客戶不成交之原因，並將原因輸入至系統估價單案件追蹤欄位，則此案結案。

5 業管員需記錄每日客戶來電及相關需求是否成立，並依照案件之修繕類別及單位分別統計當日總數，再列印出每日客戶來電及需求日報表。

❷ 使用表單

　《估價單》、《每日客戶來電及需求日報表》

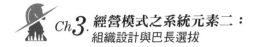

③ 注意事項

1 上傳工程行事曆，需夾帶成交施工之估價單。

2 確認客戶所提供之相關資訊是否正確無誤。

3 客戶勘查預約完成後，業管員需於前一日提醒客戶。

4 估價單傳送後三天，需致電客戶對於估價單內容是否有疑問，並確認是
　否施工。

例三為某陶瓷廠預防維修保養作業流程。

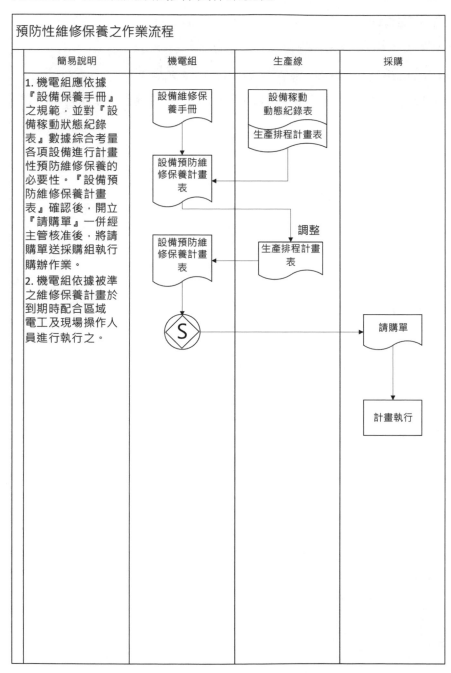

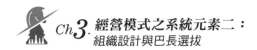

❶ 實施細則

1 機電組應依據「設備維修保養手冊」之規範，並對各區域平常「設備稼動狀況動態記錄表」之數據綜合考量，各項設備預防保養必要性和事先預防維修保養之診斷與評估。

2 機電組經評估後，依各項設備預防維修保養之緊急性，對人力、物力進行時程的規劃，並加以協調和控制各項時間、人力和物質，確定後方可進行設備預防維修保養計畫。

3 機電組於「設備預防維修保養計畫表」完成後，經機電組主管及生產廠長核決後，開立「請購單」進行各項物資之採購。

4 依照計畫到期時進行設備之預防維修保養，在預防維修保養進行中，如必須停線時，則生產線必須配合妥善的人力配合。

❷ 使用表單

設備預防維修保養計畫表、請購單、機電工時記錄表

4 CPI 日常工作要項考核之落地實務

關於 CPI 日常工作要項考核，筆者在第五個章節會有詳細介紹，這邊先例舉一些 CPI 日常工作要項考核的實務案例。例一為某水電修繕公司之施工巴組長，請參考下頁表單。

部門衡量指標	分析				總得分	最後決定項目
	老闆關注焦點	公司過往薄弱環節與想要改善事項	對於創造收益貢獻最大的環節	降低成本最大的環節		
負責與業主溝通問題及施作工法	★ 10 分	★ 10 分	◎ 7 分	★ 10 分	37	✓
負責施工出發前與施工團隊進行施工計畫之討論與佈達	★ 10 分	★ 10 分	○ 5 分	○ 5 分	30	✓
負責施工中各項原材物料之控制與供應	○ 5 分	◎ 7 分	○ 5 分	○ 5 分	22	
負責施工完畢後之最終檢查	○ 5 分	○ 5 分	* 3 分	◎ 7 分	20	
負責執行案場巡檢並調查業主滿意度	★ 10 分	★ 10 分	★ 10 分	* 3 分	33	✓
負責各項工程之日程進度、工程狀況之管控	* 3 分	◎ 7 分	★ 10 分	★ 10 分	30	✓
負責半技工、學徒之工作教導之責任	★ 10 分	○ 5 分	★ 10 分	★ 10 分	35	✓

CPI 績效考核要項提列評估表

CPI 績效考核要項評估基準表				
評估基準 項目提列	工作量 P	工作品質 Q	成本 C	交期／時效 D	依據表單
負責與業主溝通問題及施作工法		按說明內容步驟流程確實施工並對客戶疑義清楚解釋，且沒有留下業主知覺風險後遺症滿分；反之0分	實際施作成果沒有發生成本超支的現象滿分；反之0分	施工前完整說明滿分；反之0分	施工規劃單
負責施工出發前與施工團隊進行施工計畫之討論與佈達	每個個案均依照施工項目確實準備／機具／材料，施工完成後帶回攜出工／機具／材料者滿分；反之0分	依照施工項目檢查所準備工／機具／材料完善齊全，施工完成後核對攜出工／機具／材料數量無誤者滿分；反之0分		在出工前30分鐘內完成準備者滿分；反之0分	施工計畫表
負責施工中各項原材物料之控制與供應	所有客怨均依照公司規定處理，並無掩蓋事實者滿分；反之0分	無掩蓋客戶抱怨事件，並即時於公司規定時限內處理至客戶滿意者滿分；反之0分		施工現場有客抱怨，馬上回報巴長者滿分；反之0分	用料清單
負責施工完畢後之最終檢查	每個個案缺失產生呈報主管者滿分；反之0分	無掩蓋施工缺失全部回報者滿分；反之0分		施工現場有缺失產生，馬上回報巴長者滿分；反之0分	檢驗記錄與報告單
負責學徒之工作教導之責任	於每月25日前提出學徒教育訓練計畫表呈巴長審批核可者滿分；反之0分	經巴長口試學徒確定學徒有接受訓練者滿分；反之0分		依計畫表準確實施者滿分；反之0分	教育訓練計畫表

CPI 績效考核要項每日考核紀錄表				
受考核人：		考核人：		
考核期間：○○年○○月○○日～○○年○○月○○日				
日期	考核項目			本日積分
	負責與業主溝通問題及施作工法	負責施工前、施工後之各項原材物料與必要工具之品質檢驗與校正	負責客戶抱怨之統計及回饋處理	負責施工過程中缺失之匯總及呈報主管	
3/1	（填分數）	（填分數）	（填分數）	（填分數）	合計
3/2					
3/31					
合計					
平均					

例二為某醫美診所之護理部護理師，請參考下表。

部門衡量指標	分析				總得分	最後決定項目
	老闆關注焦點	公司過往薄弱環節與想要改善事項	對於創造收益貢獻最大的環節	降低成本最大的環節		
依各種醫療產品進行醫療護理工作（依護理技術標準及 SOP）	★ 10 分	＊ 3 分	◎ 7 分	＊ 3 分	23	✓
護理醫材的領、用、存，消毒安全管理	★ 10 分	＊ 3 分	◎ 7 分	＊ 3 分	23	✓

CPI 績效考核要項提列評估表

依各種醫療產品進行必要衛教工作	◎ 7 分	＊ 3 分	○ 5 分	＊ 3 分	18	✓
進行醫患病例表的填寫	○ 5 分	○ 5 分	＊ 3 分	＊ 3 分	16	✓
維護醫療空間的消毒及衛生安全	○ 5 分	＊ 3 分	○ 5 分	＊ 3 分	16	✓
醫療後的安全關懷	◎ 7 分	○ 5 分	◎ 7 分	＊ 3 分	22	✓

CPI 績效考核要項評估基準表					
項目提列　　評估基準	工作分解	工作量 P	工作品質 Q	成本 C	交期／時效 D	依據表單
依各種醫療產品進行醫療護理工作（依護理技術標準及 SOP）	是否根據醫師之診療方案確實進行護理工作		Yes →全部依照即 100 分；No →有一項沒有即 0 分	是否符合標準成本、是否超耗？超耗→ 0 分；符合→ 100 分	是否符合標準時效？超過 0 次為 100 分；超過 1 次為 80 分；超過 2 次為 50 分；超過 3 次為 30 分；超過 3 次以上為 0 分	各產品之標準成本

CPI 績效考核要項評估基準表						
評估基準 項目提列	工作分解	工作量 P	工作品質 Q	成本 C	交期／時效 D	依據表單
護理醫材的領、用、存；消毒；安全管理	1 領用存			是否符合標準成本、是否超耗？超耗→0分；符合→100分		領料單、進耗存表
	2 消毒				按時消毒→100分；未按時間消毒→0分	
	3 安全管理				使用在保期之耗材→100分；使用過保期之耗材→0分	過期者須填報廢單
依各種醫療產品進行必要衛教工作			衛教內容：衛教後客戶理解程度（衛教時會給予客戶回診時間及教導內容單張）		是否符合標準時效？超過0次為100分；超過1次扣20分；超過2次扣50分；超過3次扣80分；超過3次以上為0分	衛教記錄單

CPI 績效考核要項評估基準表						
評估基準 項目提列	工作分解	工作量 P	工作品質 Q	成本 C	交期／時 效 D	依據表單
進行醫患病例表的填寫			漏寫或錯誤→0分；資訊正確無誤→100分		未於規定時間填寫→0分；於規定時間內填寫→100分	客戶病歷表
維護醫療空間的消毒及衛生安全			是否有非醫師醫護人員未穿防護衣進入醫療管制區：發現1次扣20分；發現2次扣50分；發現3次扣80分；發現3次以上為0分			5S 施作記錄表
醫療後的安全關懷			手術後連續7天，每日關懷客戶：少打1次扣20分；少打2次扣50分；少打3次扣80分；少打3次以上為0分			關懷記錄表

受考核人：

考核人：

CPI績效考核要項每日考核記錄表

考核期間：〇〇年〇〇月〇〇日～〇〇年〇〇月〇〇日

日期	依各種醫療產品進行醫療護理工作（依技術標準SOP）	護理醫材的1領、用、存2消毒3安全管理	依各種醫療產品進行必要衛教工作	進行醫病例的填寫表格寫	維護醫療空間的消毒及衛生安全	醫療後的安全關懷	本日積分
			考核項目				
3/1	（填分數）	（填分數）	（填分數）	（填分數）	合計		
3/2							
3/31							
合計							
平均							

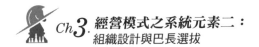

5 巴長的選拔與應培訓的課程

巴長的選拔方式可參考下圖。

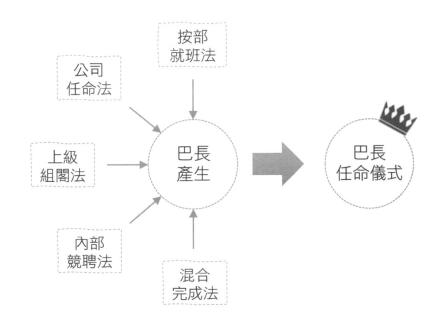

而巴長應培訓的課題有：

⭐ 一流經營者之 7S（經營才能）。
⭐ MTP（管理才能）。
⭐ 收入最大化之營銷管理技術。
⭐ 成本最小化之管理技術。

👍 阿米巴組織劃分的實務方法

　　傳統企業的組織架構，指揮鏈往往都很長，導致響應慢、執行慢，按部就班、有條不紊。這種體制適應於壟斷條件較強或高度穩定的市場狀態，然而隨著行動網路的普及，也就是進入 E 世代，客戶的流動性、靈

活性及個性化，要求企業迅速響應變化無常的市場，傳統的垂直職能管理架構呈現「老牛拉車」的態勢，勢必要進行變革。由阿米巴組織形成的扁平化、平台化與創客化的組織結構，因而被大大的追捧及廣泛的採用，但要注意的是，企業如果要採用阿米巴組織模式，則應秉持下列的三大原則。

1 組織扁平化原則

阿米巴組織層級盡量不超過三層，否則須重新審視組織劃分的另一方向。組織扁平化是指透過減少企業的管理層級，壓縮職能部門，使企業能快速地將決策權延展至生產、營銷的最前線，從而提高企業效率，建立起富有彈性的新型管理模式。

組織扁平化偃棄了傳統金字塔企業組織管理模式，避免諸多難以解決的問題與矛盾，達到讓組織變得更靈活、敏捷且富有柔性和創造性的目的，該模式強調系統、管理層級的簡化及管理幅度的增強與分權。

2 內部交易簡單及核算簡單原則

阿米巴組織的劃分雖然越小越好，但必須以交易簡單、核算簡單為前提，在劃分阿米巴組織時，要考慮在各巴之間的內部交易、核算辦法和核算體制設計上，必須簡單易行、易看、易懂、易管，使各巴成員易於接受，容易明確各阿米巴組織的經濟責任。

3 重要性與成效性原則

阿米巴的組織劃分最好能針對性地解決目前組織突顯的問題，以及預期在收入增加或成本費用降低……等方面，在短期內能有顯著的體現。在阿米巴組織劃分過程中，還要充分考慮各阿米巴組織的權（權力）、責

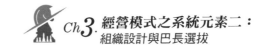

（責任）、利（利益），必須清晰界定權力和義務，並合理分配收益，這樣才能確保阿米巴經營模式在企業中順暢運行。

　　阿米巴組織成立是有條件的，並不是每個部門、組別及科室都能夠或是有必要成立阿米巴組織，成立阿米巴組織有以下三個條件。

⭐ **能獨立核算，有清晰的收入和支出：** 如果不具備這種核算的能力，就暫時不需要以阿米巴組織中的利潤巴方式來運作。

⭐ **能夠履行完整交易的職能：** 阿米巴組織要對自己的收入和支出形成完整的功能體系，也就是具備買賣的功能，能夠決定產品或服務的定價，明確賣給誰、向誰購買產品或服務、用多少錢買。如果職能不完整，也不具有履行交易的能力，那就很難成為阿米巴組織的利潤巴。

⭐ **符合且能執行公司戰略：** 成立阿米巴組織的利潤巴，不代表公司能撒手不管了；不代表可以阿米巴組織完全獨立出去；不代表阿米巴領導人完全對利潤負責了。無論成立什麼巴，每個巴都還是整個大組織裡面的一個小單位，所以仍要服從公司的**整體戰略**。

　　阿米巴組織要怎麼分才合理？我們不能在公司現有的組織結構上直接分巴，因為企業原先的組織架構很有可能就不合理。大部分台灣中小企業的組織結構都是職能型的，但反觀很多西方國家的企業，一般按照產品（或品牌）、客戶、地區以及價值鏈……等進行劃分。

　　根據總部與阿米巴組織的價值定位，確立相應的職責與權力。劃分阿米巴的維度是靈活多變的，可以根據企業本身不同的特點，來進行阿米巴組織不同維度的劃分。當然，這沒有絕對最好或最正確的分法，而是需要根據不同企業的情況及不同的時期，存在不同的劃分傾向。一般來說，可以將四種型態的阿米巴組織，用五種維度來區分。

阿米巴組織的四種型態

① 資本型

　　所謂資本型的組織劃分與核算型態，即是傳統所說的事業部制之型態，此種組織一般是指該單位已可獨立成為一家健全職能運作的公司型態，且已經完成工商登記的的獨立法人。

　　一般核算方式是集團、總部依據實際運營狀況，經過目標管理之預算編製，編製出預計之損益狀況，此即該事業部之利潤目標。

　　在實際執行後會產生實際的利潤，最後再以實際利潤與預算之利潤目標相比，如實際利潤大於利潤目標，則該事業部即產生超額盈餘，企業再按照事先規定好的利益共享之分配機制，進行超額盈餘（利潤）之分配共享之。

② 利潤型

　　利潤型的差別是在原本企業的平台內，並非成立一家子公司（即成為一家獨立法人機構），而是形成一種內部創業的創客型態，且其組織劃分條件符合阿米巴組織劃分必備的三個條件，才能成為利潤型的阿米巴組織。

　　相同地，其實際運作模式也如上述之資本巴一樣，在目標管理之預算制度下，編製出預計的利潤目標做為評估之標準，待實際執行後和原本的利潤目標相比較，計算出是否有超額利潤，如有超額利潤再依利益分配原則分配之。

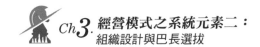
3 成本型

　　成本型的組織是在阿米巴組織劃分中不符合阿米巴利潤型組織三大條件下，最後以成本作為是否有可供分配的利益評估之基準。而此成本原則是以「標準成本」或是預算的成本標準，來作為是否有可供分配之利益的標準，如實施後實際成本低於標準成本時而產生結餘成本，也就等於是產出超額利潤，則超額利潤就可以依規定好的利益分配機制，進行利益分配的激勵。

4 預算型

　　預算型的組織，一般是在不能採用利潤型，也不能採用成本型作為阿米巴組織劃分的情況下，便會採取以「費用預算」控制的模式，來做為阿米巴組織績效與利益共享的方式來呈現。此種阿米巴組織的型態，一般使用在共同服務單位的管理部門或某些幕僚機構單位，其利潤分配共享的評估方法，以「費用預算」作為評估基準。

　　然而實務上對該種型態的組織，在管理上要預防「為了節省預算而產生管理無作為的現象」及「為了消化預算而形成一種無形浪費的現象」，否則就會失去阿米巴經營模式「分」、「算」、「獎」的意義。至於其預防控制方法，則必須在預算編制時，嚴格控制任何一筆費用預算，對其做出政策說明或績效評估的管控。

👍 阿米巴組織的五個維度

1 按職能維度劃分

　　按職能維度劃分阿米巴，主要是用產業特性之價值鏈分析，找出公司

戰略定位，形成阿米巴內部價值鏈。每個價值鏈都可以成立一個不同型態的阿米巴組織。

筆者以中國大陸晉江地區某食品公司為例。

❶ 研發

因目前尚未找到一種可供內部進行合理、公平的轉撥計價方法，因此該職能單位短期間內暫劃分為預算型阿米巴組織，但另一家同樣型態、不同產品的食品公司，他們則決定只要開發出來的產品推向市場後，便依市場上的銷量提撥給研發單位作為研發單位的內部轉撥收入，因此這家公司就把研發單位劃分為利潤巴。

❷ 供應單位

這是一個標準的前有支出，後有收入的阿米巴組織劃分類型，所以這兩家食品公司都把供應單位在採購成本上加上 10% 的內部轉撥價格賣給生產單位，讓供應職能單位形成一種利潤巴的型態，類似這種情形在晉江地區也有一家建築陶瓷廠如此操作。因公司規模較大，所以他們就把供應單位依原材料種類分成煤、油等動力，原料劃分成一個利潤型的供應巴，再把其他原料也分成土料供應巴、釉料供應巴、五金及其他物料供應巴，光在供應的功能上，就以這種方式成立了四個利潤巴作為降低成本的戰略

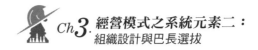

型利潤巴。

❸ 生產

生產是在組織劃分中被認為最困擾的一個問題，因為生產的型態隨著各產業的業種、業態不同，主有分步及分批的生產，又有所謂自製率100%~0%的差別。例如小米模式及 NIKE 這種借雞下蛋的經營型態，則生產在這種情況下會變成一種「供應」狀態，因其全部採取委外加工，差別只在於有包工包料或是包工不包料而已。

當然，對許多企業而言，會認為投入生產是一種資金的固化，所以只有部分關鍵工序是自主製造，其他工序則採取委外加工的生產型態。若是如此，自製部分就看是採取分步型生產或是一條龍的自動化生產。如建築陶瓷業界則是在球磨製漿段、噴霧造粒段、壓制段、施釉與燒結段，如果在 MES 及六標上已經解決了，那麼就完全可用上下工序內部交易的方式進行「利潤巴」，來做為組織劃分的執行。當然，也可用「成本巴」來做為組織劃分的依據。

又如某某機械公司，其設備之製造大約只分① PCB 製造；②機械部分組裝；③電子線路的組裝；④最後總裝，但該公司尚無法完成 MES 及 ERP 之建設，因此無法執行利潤巴之方式，也無法利用分步成本的方式作為成本巴，只能採取 Order By Order 的分批成本機制，並做成一個內部轉撥機制而形成「成本巴」。

❹ 營銷單位

就前幾項所述之食品廠，由於公司在經營策略上，一家採用受託加工的經營模式；另一家取採在全國設立分公司，再由全國分公司在其負責的區域市場，去進行各種不同性質的銷售，有直接銷售、也有分銷銷售的。

因此形成在營銷總部以產品別（糖果類、餅乾類、麵包類）區分的三個利潤巴，而各產品別之利潤巴底下階層，再以區域分成華北區、華中區、華南區、華東區及西南等五個區域型小利潤巴的阿米巴組織。而不同於食品廠的建陶廠，則把營銷單位分成工程巴及通路巴，工程巴進行工程個案開發之營銷；營銷巴則進行全國分銷之利潤巴。

⑤ 倉儲配送

倉儲配送在上面這三家企業的案例中，因係全部以船運或回頭車的方式進行運輸，而終端運輸則由分銷商自行負責。因此，該三家公司依業務量及生產量的預算，劃分成「預算巴」作為阿米巴之組織型態。

⑥ 人事、人資、財務、會計、後勤

人事、人資、財務、會計、後勤等五種職能（功能）單位則直接採用預算型之方式，劃分成阿米巴之「預算巴」。

▶2 按產品別劃分

按產品別或產品線組織業務活動，在經營多種產品的中、大型企業早已顯得日益重要。尤其在大陸地區，如以建陶產業為例，大概就可以有幾種不同類型之經營模式①單廠不同產品（外牆磚＋玻化磚＋釉面磚、外牆磚＋陶板，或只有玻化磚＋釉面磚）；②分廠專業線不同產品，銷售團隊也不同，由於該類型的公司因產品特性的關係，在產業鏈的價值鏈型態上一般都如下面所示。

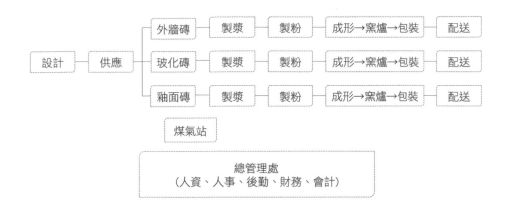

在這種以不同產品別經濟型態的企業中，不論其是分廠生產或分線生產，在阿米巴的組織劃分中就可以把外牆磚的產品分為三個利潤巴，即製漿、製粉及燒結，如此光在製造階段就可以分成九個利潤巴。

如擔心在分步成本法下會影響產品的成品競爭力，可以把三條不同產品線的三個生產部劃分成三個成本單位，但須具備有標準成本才可為之。因此，有關以產品別作為組織劃分維度的可劃分方法很多，完全看各企業在阿米巴劃分方法上的條件是否具備成熟狀態，才會採取正確的阿米巴組織劃分。

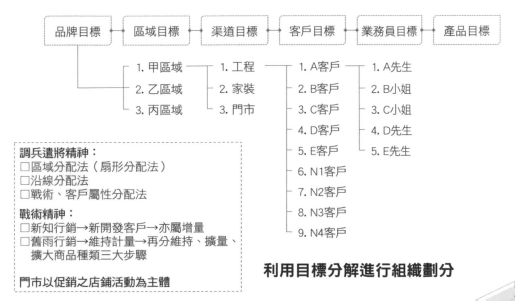

利用目標分解進行組織劃分

❸ 按品牌別、區域別或客戶別劃分

在阿米巴的組織劃分上，除了上述之職能別及產品別劃分之說明，其餘有關品牌、區域及客戶別三種不同維度之劃分方法。基本上道理與條件大同小異，筆者就不多做說明，僅以下圖表示阿米巴組織劃分可以有下列五個維度及劃分之判斷。

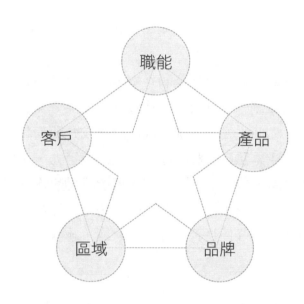

阿米巴變革工作的步驟

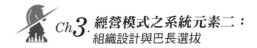

筆者試舉阿米巴各行業組織劃分實例。

⭐ **某機械產業之組織劃分**

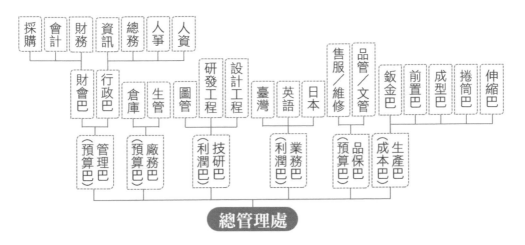

⭐ **某洗衣廠之組織劃分**

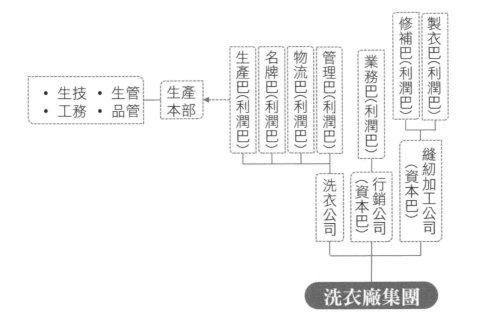

　　既然阿米巴經營模式的組織是採取阿米巴原蟲，為適應外部環境變化而改變自己的精神得名。為此，自前面組織劃分以後是不是就此不變呢？答案並不是。從組織管理的角度來談，誠如前面說過企業的組織設計是一種戰略行為，亦即企業組織的設計是隨著經營策略的改變而改變。

　　阿米巴組織有裂變、合併的常態，阿米巴個數沒有嚴格規定個數、級數，若核算成本太大可暫不成巴，且自下而上可以合併外，亦可平行分裂，如下圖所示。

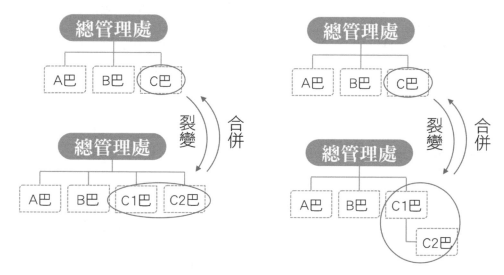

左圖為橫向裂變或合併；右圖為縱向裂變或合併

　　至於要如何才能體現出阿米巴組織的靈活多變呢？必須在實務運作上掌握下列五大原則。

⭐ 阿米巴組織和非阿米巴組織並存。

⭐ 多級阿米巴組織與單級阿米巴組織並存。

⭐ 自下而上設計與自上而下設計並存。

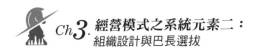

⭐ 核算的四種型態可以並存。

⭐ 劃分的五個維度可以並存。

除掌握五大原則外，也必須掌握好裂變與合併的目的與條件，才能讓裂變與合併達到心中所想要的效果。

	阿米巴組織裂變	阿米巴組織合併
目的	1.培養更多具有經營能力的人才 2.將權、責、利更加下放且明確 3.培養內部經爭對手或對比競爭 4.利於新業務級重點業務的發展	1.培養更高級別的經營人才 2.整合共性及共享的資源 3.降低更多成本與費用
條件	1.戰略性裂變 • 被認為是重要的挑戰性業務 • 獨立需要培植的業務 2.規則性裂變 • 業務規模達到預定金額 • 人數規模達到預定數量 • 區域範圍達到預定廣度 3.臨時性裂變 • 原巴長經營管理能力不足 • 為了培養更多經營人才	1.原巴長不能勝任經營責任 2.原巴長崗位離職，無人替補 3.合併後更有利於業務發展

接下來談談如何才能讓巴長願意積極培養人才，並讓組織產生裂變，根據筆者長年輔導的經驗中，建議各位有意實施阿米巴的企業主們可以採用下列兩個方法。

1 伯樂的激勵機制

⭐ 原巴長升級。

⭐ 分享新巴利益。

⭐ 公司業外獎勵。

⭐ 新巴不能帶走資源。

2 實施組織控管

⭐ 擬定裂變條件，強行裂變。

⭐ 反壟斷，開設或導入內部競爭機制或對手。

⭐ 利用鯰魚效應引入外部競爭。

⭐ 允許在議、比價後，可以向外部購買或委外加工。

　　組織存在的目的是為了服從策略，並且有效執行策略。因此，不管組織怎麼劃分，最終目的都是為了打造一支服從策略的組織，所以在組織劃分後，最重要的是全力訓練巴長「團隊建設」的能力。

　　而巴長要做好團隊建設，除了秉持阿米巴經營哲學中的十二信條外，尚必須要做好下列十二件事，才能有效做好團隊建設。

⭐ 明確戰略。

⭐ 建立共同目標。

⭐ 制訂詳細的作戰執行工作計畫。

⭐ 打造好能凝聚人心的企業文化。

⭐ 引導員工正面思維。

⭐ 激發員工的積極工作態度。

⭐ 有效執行員工培訓工作（工作教導）。

⭐ 貫徹執行 C.P.I 和 K.P.I 績效考核。

⭐ 有力的激勵（獎要獎到對方心花怒放；罰要罰到讓對方膽戰心驚）。

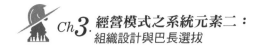
⭐ 持續的改善活動與提案制度。

⭐ 激勵變革的順應力打造，尤其「交差」工作上一定要特別重視。

⭐ 貫徹執行 P-D-C-A 的導航系統。

　　做好阿米巴利益共享的激勵機制及貫徹執行平常領導員工的五招方法。

⭐ **第一招：哀兵請益**
即使自己會或已有答案，也要裝作不會並用謙虛的態度去請教員工。

⭐ **第二招：引蛇出洞**
誘導員工對這件需要解決的事件，提出解決方案。

⭐ **第三招：請君入甕**
當員工提出的解決方案對了，就要讚揚他讓他有受重視的成就感；如果他的解決方案不慎理想，主管就可以用引導的方式，讓他的解決方案想得更周全。

⭐ **第四招：甕中捉鱉**
當員工能提出完善的解決方案且有把握時，就可以用鼓勵的口吻，如「我果然沒看錯，你就是這個領域最優秀的人」，以激發員工的榮譽感及願意承擔的意志。

⭐ **第五招：讓他承諾並覆誦**
讓員工重複整個方案內容，以確定員工是真正瞭解並有十足把握後，才利用激勵的方式，讓員工承諾並願意擔負起解決該項事件的責任。

經營模式之系統元素三 經營會計

The Best Manage
Method AMOEBA

經營模式之系統元素三：經營會計

👍 經營會計的由來

在會計的領域內，原本就有財務會計、政府會計、銀行會計、成本會計、管理會計及責任會計，後來松下幸之助將直接成本法（又稱邊際貢獻法）加以應用於管理上，並把責任會計的精神（費用中心、成本中心、收入中心、利潤中心及事業部制）加以融合、變成經營會計，又在公司設立松下會計學院專門教授經營會計，使經營會計得以解決企業家以往掌握經營實績的難題，並透過量化的數據，來貫徹經營者意志的世界性難題。

後來 SONY 公司加入線性規劃的概念後，經營會計又進化成戰略會計，而阿米巴經營模式中所使用的，則是沿續松下幸之助的經營會計，直到現在逐變成阿米巴經營模式系統的第三大元素。

經營會計是阿米巴經營模式的重要落地工具，是向全體員工反映企業整體經營狀況的一套核算體系，它是用員工看得懂的會計數據剖析方式，讓每一個阿米巴的小經營者，

財務會計	管理會計	戰略會計
過去會計	現在會計	未來會計
全部成本法	直接成本法	直接成本法 線性規劃
Full Costing	Direct Costing	Direst Costing
	損益 平衡點	Linear Programming
對外報告用	績效評估用	戰略規劃用
商事法 證券交易法 稅法		STRAC STRATEGY ACCOUNTING

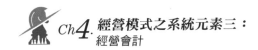

乃至每一位員工都能透過數據，清楚瞭解企業的經營現狀，並在此基礎上於最短時間內，更具體地完成溝通並及時採取相應措施，這便是所謂的「如玻璃般透明的經營」。

目前，台灣很多企業對於經營數據都是藏著不公開，不願意讓員工知道，導致員工把自己定位在「打工仔」的角色，認為自己拿工資做事，企業經營與我無關，只要按部就班完成工作就好，這種情況就不利於員工發揮主動性、積極性與創新性，賣力為企業出謀劃策。

阿米巴經營模式中強調「人人都是經營者」，每個人都必須瞭解企業的經營狀況，這樣的經營才有數據可參考，若發現顯示出的數據不樂觀，人人都會有危機感；數據顯示很樂觀，則人人都會有成就感，使員工從經營者的旁觀者轉變為參與者，由此大大提升員工的經營意識。

阿米巴經營提倡經營者將年度計畫、目標月度計畫與目標的分解，得到日計畫的目標標準，並將經營數據張貼在公司醒目的位置，數據一出來就可以立即討論並採取相應措施，員工在每天晨會獲得前一天的總生產達成率、單位工時附加價值或良品率……等數據，同時獲知當前問題及每日改善任務，並對自己手頭上工作所能創造的利潤產生興趣。所以稻盛和夫說：「會計是經營的中樞核心，不懂會計就不懂經營，而經營會計是『經營的指南針』。」

👍 阿米巴經營會計建立必做的七件事

在瞭解阿米巴經營會計建立須完成的七件事前，我們先來介紹阿米巴經營會計要編制的兩張報表。

⭐ 單位時間附加價值核算表（以銷售及生產巴為例）

生產巴及銷售巴之附加價值表		
銷售巴		
銷售手續費 （銷售額 10%）	－ 銷售費用 （本巴費用）	＝ 差額收益 （本巴獲得利潤）
差額收益	÷ 本巴總勞動工時	＝ 單位時間附加價值
生產巴		
生產總額 （出售產品或服務收入）	－ 材料、燃料、 動力等費用 （本巴費用）	＝ 差額收益 （本巴獲得利潤）
差額收益	÷ 本巴總勞務工時	＝ 單位工時附加價值

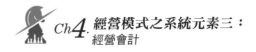
⭐ 經營會計報表

項目		3月份計畫		3月份實際完成		實際比計畫
		計畫	占銷售額淨比	實際	占銷售額淨比	
銷售額	銷售額合計	$ 126,784,561		$ 133,573,133		$ 6,788,572
	銷售退回	$ 7,683,144	6.45%	$ 5,342,925	4.17%	
	銷售淨額（銷售合計－銷售退回）	$ 119,101,417		$ 128,230,208		$ 9,128,791
變動費	變動成本　銷售成本	$ 34,700,934	29.14%	$ 33,232,995	25.92%	-3.22%
	小計	$ 34,700,934	29.14%	$ 33,232,995	25.92%	-3.22%
	其他變動費　產品運輸費	$ 2,646,469	2.22%	$ 3,425,287	2.67%	0.45%
	業務差旅費	$ 871,801	0.73%	$ 869,819	0.68%	-0.05%
	業務招待費	$ 109,126	0.09%	$ 100,874	0.08%	-0.01%
	市場推銷費	$ 131,820	0.11%	$ 149,969	0.12%	0.01%
	生產水電郵費	$ 1,574,602	1.32%	$ 1,363,573	1.06%	-0.26%
	生產內部搬運費	$ 209,194	0.18%	$ 174,093	0.14%	-0.04%
	小計	$ 5,543,012	4.65%	$ 6,083,615	4.74%	0.09%
	業務資金利息　應收帳款利息	$ －	0.00%	$ 4,544	0.00%	0.00%
	小計	$ －	0.00%	$ 4,544	0.00%	0.00%
	變動費合計	$ 40,243,946		$ 39,321,154		
	邊際貢獻額（銷售淨額－變動成本）	$ 78,857,471	66.21%	$ 88,909,054	69.34%	3.13%

固定費用	人工費	人員費	$	5,086,938	4.27%	$	4,801,192	3.74%		-0.53%
		職工福利、伙食	$	269,848	0.23%	$	295,085	0.23%		0.00%
		勞退費用	$	361,300	0.30%	$	458,151	0.36%		0.05%
		小計	$	5,718,086	4.80%	$	5,554,428	4.33%		-0.47%
	設備費	設備折舊	$	723,609	0.61%	$	804,900	0.63%		0.02%
		配件維修費	$	247,411	0.21%	$	226,507	0.18%		-0.03%
		房屋租金	$	336,195	0.28%	$	335,089	0.26%		-0.02%
		小計	$	1,307,215	1.10%	$	1,366,496	1.07%	$	59,281
	其他固定費	管理辦公費	$	661,315	0.56%	$	973,335	0.76%	$	312,020
		電話費	$	80,051	0.07%	$	83,493	0.07%	$	3,442
		水電煤氣費	$	99,614	0.08%	$	75,749	0.06%	-$	23,865
		業務費	$	843,370	0.71%	$	985,388	0.77%	$	142,018
		小計	$	1,684,350	1.41%	$	2,117,965	1.65%	$	433,615
	固定資金費	稅金	$	2,500,000	2.10%	$	1,622,989	1.27%	-$	877,011
		利息	$	-	0.00%	$	43,761	0.03%	$	43,761
		小計	$	2,500,000	2.10%	$	1,666,750	1.30%	-$	833,250
	固定費合計		$	11,209,651	9.41%	$	10,705,639	8.35%	-$	504,012
經營利益（銷售淨額－變動成本－固定費用）			$	67,647,820	56.80%	$	78,203,415	60.99%	$	10,555,595
利益分享計畫										
投入人員數										

👍阿米巴經營會計之一：會計科目

　　雖然經營會計盡可能以最簡單易懂的方式來加以表達，但對經營會計而言，員工或這些小小經營者不僅要看得懂，還要會運用經營會計來做為每日改善的依據，經營會計才能真正算是每個小經營單位的導航系統。因此，筆者會從「非財務主管的財務管理」的學習角度來教導各位有心採用阿米巴經營模式的企業主們。

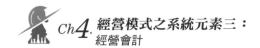
1 傳統財務會計之損益表由來與編制方法的實務訓練

⭐ **會計的定義：**所謂會計就是利用現代科學的帳務處理方法，將企業的各交易事項加以記錄、統計、分析，藉以反映出企業在某一期間經營成果的好壞。

⭐ **借貸法則與複數簿記原理**

1.口訣：有借必有貸，借貸必相等。

2.記帳方法：舉例如下。

3/1	現金	$ 20,000		（借方）
	應付帳款		$ 20,000	（貸方）

⭐ **會計科目之五大類別**

1.資產類。

2.負債類。

3.股東權益類。

4.收入類。

5.支出類。

⭐ **借貸法則**

1.資產增加記借方；資產減少記貸方。

2.負債增加記貸方；負債減少記借方。

3.股東權益增加記貸方；股東權益減少記借方。

4.收入增加記貸方；收入減少記借方。

5.費用增加記借方；費用減少記貸方。

⭐ **會計分類再分類**

1.資產類。

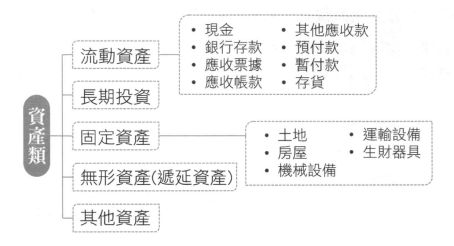

2. 負債類。

3. 股東權益類。

4.收入類。

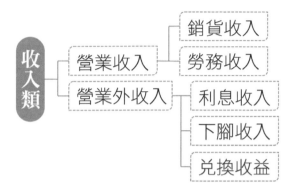

5.支出類。

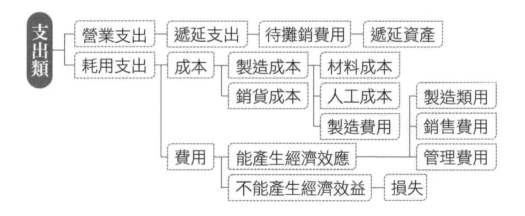

6.銷貨成本。

銷售（貨）成本	
	期初材料
＋	本期進料
＋	期中轉入
＋	期中轉帳
－	期中轉出
－	期中轉帳
－	期末庫存
＝	本期耗料成本
＋	本期人工成本
＋	本期製造費用
＝	本期製造成本
＋	期中在製品成本
－	期末在製品成本
＝	本期製成品成本
＋	期初製成品成本
－	期末製成品成本
＋	銷售費用
＋	管理費用
＝	本期營業總成本

7.費用科目名稱。

企業三大類的費用，不論是製造費用、銷售費用或是管理費用，其各項費用之名稱（即會計科目的運用），皆可從營利事業所得稅查核準則第 73 條至第 103 條中的科目選用之。

營利事業所得稅查核準則 第 73 條至第 103 條			
第 73 條	文具用品	第 89 條	書報雜誌
第 74 條	差旅費	第 90 條	稅捐
第 75 條	運費	第 91 條	棧儲費
第 76 條	郵電費	第 92 條	佣金支出
第 77 條	修繕費	第 93 條	燃料費
第 78 條	廣告費	第 94 條	呆帳損失
第 79 條	捐贈	第 95 條	折舊
第 80 條	交際費	第 96 條	各項攤提
第 81 條	員工福利	第 97 條	利息
第 82 條	水電瓦斯費	第 98 條	兌換損失
第 83 條	保險費	第 99 條	投資損失
第 84 條	雜項購置費	第 100 條	出售資產損失
第 85 條	勞務費	第 101 條	盤損
第 86 條	研究費	第 102 條	災害損失
第 87 條	權利金	第 103 條	其他費用
第 88 條	伙食費		

2 會計帳務實作訓練

　　對沒有會計基礎的小經營者來講，除了前面的會計準則、借貸口訣及會計科目，還要知道損益表與資產負債表究竟是怎麼來，以及這些複數簿記原理與借貸法則，實務上究竟怎麼做、怎麼才能有利於解讀經營會計報表，又懂得使用經營會計報表作為改善之依據。

⊛ 實作案例

1.小楊、小黃、大黃三人共同投資了 $500,000 成立一家貿易公司，於

9/1 登記完成。

2. 9/2 起開始裝修辦公室並購買辦公設備、租賃辦公室,共花費了裝修費 $50,000、辦公設備 $50,000。辦公設備預估可用年限為四年,全部以現金支付之。

3. 9/5 該公司進貨一批,總價 $300,000,首付現金 $100,000,餘款雙方約定一個月後付款。

4. 9/29 將該批貨賣出一部分,約定首付款 $100,000,十天後收尾款,出售價格為 $200,000。根據核算出售的商品成本價格為 $150,000。

5. 9/30 預估 10/1 要發放員工工資 $8,000。

請你試著為這家公司編製一份九月份的資產負債表及損益表。

⭐ 實作解答

1. 交易分錄

9/1	現金	$ 500,000	
	股本		$ 500,000
9/2	固定資產	$ 100,000	
	現金		$ 100,000
9/5	存貨	$ 300,000	
	現金		$ 100,000
	應付帳款		$ 200,000
9/29	現金	$ 100,000	
	應收帳款	$ 100,000	
	銷貨收入		$ 200,000
9/29	銷貨成本	$ 150,000	
	存貨		$ 150,000
9/30	工資費用	$ 8,000	
	應付費用		$ 8,000
9/30	折舊費用	$ 1,666	
	累計折舊		$ 1,666

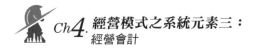
2.T 字帳

現金			固定資產			股本	
$ 500,000	$ 100,000		$ 50,000				$ 500,000
$ 100,000	$ 100,000		$ 500,000				
$ 400,000			$ 100,000				

存貨			應付帳款			應收帳款	
$ 300,000	$ 150,000			$ 200,000		$ 100,000	
$ 150,000							

銷貨收入			銷貨成本			工資	
	$ 200,000		$ 150,000			$ 8,000	

應付費用		折舊		累計折舊	
	$ 8,000	$ 1,666			$ 1,666

3. 損益表

損益表	
2021.09.01~09.30	
銷貨收入	$200,000
銷貨成本	($150,000)
銷貨毛利	$50,000
管銷費用	($9,666)
營業外收支	$0
營業利益	$40,334
本期利潤	$40,334

4. 資產負債表

<table>
<tr><td colspan="4" align="center">資產負債表
2021.09.30</td></tr>
<tr><th>資產</th><th>金額</th><th>負債</th><th>金額</th></tr>
<tr><td>流動資產</td><td></td><td>應付帳款</td><td>$200,000</td></tr>
<tr><td>　現金</td><td>$400,000</td><td>應付費用</td><td>$8,000</td></tr>
<tr><td>　應收帳款</td><td>$100,000</td><td>負債總額</td><td>$208,000</td></tr>
<tr><td>　存貨</td><td>$150,000</td><td></td><td></td></tr>
<tr><td>流動資產合計</td><td>$650,000</td><td>**股東權益**</td><td>**金額**</td></tr>
<tr><td></td><td></td><td>股本</td><td>$500,000</td></tr>
<tr><td>固定資產</td><td></td><td>本期損益</td><td>$40,334</td></tr>
<tr><td>　辦公設備</td><td>$100,000</td><td>股東權益總額</td><td>$540,334</td></tr>
<tr><td>　累計折舊</td><td>（$1,666）</td><td></td><td></td></tr>
<tr><td>固定資產合計</td><td>$98,334</td><td></td><td></td></tr>
<tr><td></td><td></td><td></td><td></td></tr>
<tr><td>**資產總額**</td><td>$748,334</td><td>**負債與股東權益總額**</td><td>$748,334</td></tr>
</table>

3 ▶ 會計科目之成本分類

在會計科目之成本分類上，有成本與產品、成本與生產數量、成本與製造部門及成本與會計期間四種關係來分類，但這裡只介紹與經營會計在會計科目應用與費用分攤較有關係之分類方式來介紹。

❶ 成本與產品的關係

成本及費用分類的程序始於成本與企業經營的關係，在製造方面，營業總成本是由製造成本及營業費用所組成。

製造成本又稱為生產成本或工廠成本，它乃是直接材料、直接人工及製造費用三項成本要素之總和。其中直接材料與直接人工之總和，可歸類為主要成本，而直接人工與製造費用之總和則稱為加工成本，係表示將直

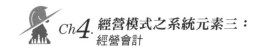
接材料加工製造成製成品的成本，茲將上述成本項目加以定義。

⊛ **直接材料：** 構成製成品整體的一部分，且於計算產品成本時直接記入產品的一切材料成本，例如製造家具的材料、製造車體的鋼鐵……等。材料的耗用是否為直接材料，端視其材料項目追溯之最後產品的難易及可行性而定，例如製造家具用的膠水室產品最後一部分，但為了方便計算成本，則均將其列為間接材料。

⊛ **直接人工：** 是指將材料轉變為製成品所發生的人工成本，例如直接為某特定產品所發生的員工工資成本。

⊛ **製造費用：** 是指間接材料、間接人工及其他無法直接分攤給特定產品的製造成本。簡言之，製造費用包括直接材料與直接人工以外的一切製造成本。

　　營業成本也分為兩大類，包含了行銷費用及管理費用，茲將其定義如下。

⊛ **行銷費用：** 它是從製造成本終結時結算，亦就是因運送或推銷產品時所發生的成本，例如推銷員薪資、佣金、差旅費、廣告費、運費及保險費……等。

⊛ **管理費用：** 指企業在督導管理上所發生的一切費用，例如管理人員之薪資、辦公室租金、文具用品費用、電話費……等。

❷ 成本與產量的關係

　　若干成本的發生是直接隨其產出量（生產量）的變動而變動，但有些成本則相當固定。而管理當局若要合理地規畫公司策略，以及成功控制成

本，則勢必要考慮成本與產出量之間的變動趨勢。

⭐ **變動成本：** 係指總成本隨著產量的增減而成正比的變化，亦就是它必須具有下列特性。

1. 總成本的變動與生產量成正比。
2. 當數量在一相關範圍內變動時，其單位成本相當穩定。
3. 很容易且精確的歸屬於各產品或各部門。
4. 可由負責部門的主管控制其發生與耗用。

　　變動成本通常包括直接原料與直接人工，但有些製造費用與營業費用也有可能是變動成本。

⭐ **固定成本：** 係指成本固定不變，它是不隨產量增減而改變的成本，亦就是它必須具有下列特性。

1. 在一相當產出量範圍內金額是固定。
2. 每單位固定成本隨產出量的增加而增加。
3. 需以武斷的管理決策或成本分攤法，將其分配給各部門。
4. 其發生之控制常由最高管理者負責。

　　而一項成本之發生究竟要歸類為變動成本或固定成本，經常視管理者的決策行動而定。例如按每公里費率承租一輛卡車，則該成本為變動成本；但若是自購一輛卡車，並按直線法計提折舊，則為固定成本。直接人工成本若採用案件計酬則為變動成本；但若採用按月計酬則變為固定成本。

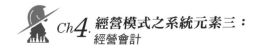
	總成本	單位成本
變動成本	隨產量增加而增加；反之，則減少	不變
固定成本	不變	隨產量增加而減少；反之，則不變

⭐ **半變動成本：**係指產量在一特定範圍內，其成本為固定不變，但當產量超過一個限制後，成本將隨之發生變化。例如電費即是半變動成本，用於照明的電費多屬固定成本，因為廠房一旦使用，則不論其產出水準如何都需要照明；反之，用於運轉設備的電力則隨設備使用的多寡而有所變動。

　　為了分析的目的，所有製造成本均應劃分為變動成本及固定成本，因此半變動成本內的固定成分及變動成分必須加以劃分。

❸ 成本與製造部門的關係

　　為便於管理，企業通常區分為不同部門、分部或功能，而每一部門通常被視為成本中心，便於作為分類、成本累積以及成本控制方面歸屬責任的基礎。當產品經過每個成本中心時，它就必須分擔其直接原料、直接人工及製造費用。

　　關於直接原料及直接人工方面，「直接」一詞係指可直接歸屬於產品的成本；而製造費用與產品的關係，通常被認為是「間接的」。然而，在歸屬製造費用給製造部門及服務部門時，也可以運用「直接」或「間接」的術語，所以此成本可分類如下。

⭐ **直接成本：**係指成本可以直接歸屬於各部門的成本。
⭐ **間接成本：**係指與各部門有關，但不能或不易直接歸屬於各部門，需以適當分攤方法計入各部門之成本。

❹ 全部成本法與直接成本法的區別

全部成本法	直接成本法
營業收入	營業收入
－ 銷售（貨）成本	－ 直接成本
期初材料	銷貨成本（產品成本貨進貨成本）
＋ 本期進料	＋ 其他直接變動費
＋ 期中轉入	＋ 稅費　　　　　　　　　　變動費用
＋ 期中轉帳	＋ 運輸費
－ 期中轉出	＋ 報關費
－ 期中轉帳	＋ 推廣費
－ 期末庫存	＋ 業務郵寄費
＝ 本期耗料成本	＋ 業務人員人事費
＋ 本期人工成本	＝ 邊際貢獻額（附加價值額）
＋ 本期製造費用	－ 固定成本（費用）　　　　　　固定費用
＝ 本期製造成本	＋ 租金
＋ 期中在製品成本	＋ 折舊
－ 期末在製品成本	＋ 管理人員人事費
＝ 本期製成品成本	＋ 半變動費用之水電費
＋ 期初製成品成本	直接營業利益
－ 期末製成品成本	－ 共同分攤費用
＝ 銷售毛利	＝ 最終經營利益
－ 銷售費用	製造費用、銷售費用、管理費用，科目可參考營業事務所得稅查核準則第 73~103 條中，依照一個公司之各巴實際發生的項目挑選。
＝ 銷售利益	
－ 管理費用	
－ 營業外收支淨利	
＝ 經營利益（本期損益）	

❹ 經營會計報表之會計科目總說明

⊛ **收入：**即阿米巴利潤巴的淨收入，阿米巴組織的收入源於產品或勞務的銷售與出售，如果是利潤巴則是除了內部將要產生的銷售或勞務出售的收入外，還可以直接對外銷售產品或勞務，而直接產生外部收入。因此，可分

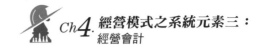
為內部轉撥收入及外部直接販售收入。不論是產品或是勞務收入，這兩部分的總數減去上工序各種原因回收所造成的產品賠償的折讓或外部折扣與折讓，便成為該巴的淨收入。

⊛ **成本與費用：**對於阿米巴經營會計係採直接成本法，因此在編制經營會計報表時須特別注意。一般在直接成本法下的直接成本即指變動費用（亦可稱直接變動費用），其往往會分成兩部分構成，一部分為銷售產品之銷售成本，另一部分則為該巴所直接發生的各項變動費用，在此必須注意下列兩點。

1. 如屬買賣業，則銷貨成本之計算必須經過「進銷存表」之計算後，方可得銷貨成本，而不是直接將進貨當作銷貨成本。

2. 如屬製造業，則銷貨成本之計算，必須經過前面所述之傳統財務報之全部成本法必須依銷貨成本計算，千萬不要直接將進料、直接人工成本及製造費用加總後就視為銷貨成本，否則作出來的經營會計報表，在銷貨成本上就不會正確。相同的，計算出的變動成本、附加價值或邊際貢獻額自然也不會正確。

至於銷貨成本以外的費用，各位讀者一定要先把各種費用的定義搞清清楚，才能正確處理並編製出正確的經營會計報表。有關費用的定義，總結如下。

直接費用	自身單位（巴）所發生的費用。
間接費用	其他單位或共同單位所發生的費用，透過分攤給自身單位所負擔的費用。
變動費用	單位成本不變，總成本隨著生產數量增減變動而變動的各項費用。
固定費用	總成本固定不變，單位成本隨著生產數量增減變動而變動的各項費用。
製造費用	生產部門所發生的各項費用，包括直接費用及間接費用。
銷貨費用	即銷售部門所發生的各項費用。
管理費用	即共同管理部門所發生的費用，如人資、財務及總務……等。

👍 阿米巴經營會計之二：費用分攤

企業有關費用類交易事項發生後，首先一定會進行費用歸屬，而所謂的「歸屬」，就是先把費用會計科目分類好後，對於製造費用再按下列處理程序處理之。

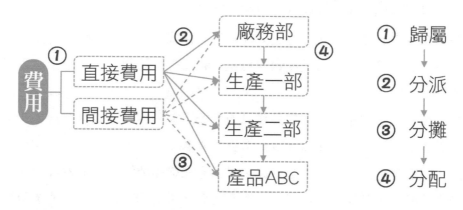

製造費用之處理原則

1 製造費用的歸屬

大部分的製造業均擁有許多部門，以直接或間接的製造其產品，因而製造費可分為直接製造費用及間接製造費用。

直接製造費用是指容易歸屬於各特定部門的成本。例如間接材料，可經由領料單直接攤入領用部門；間接人工則經由薪資彙總表攤入各部門；其他如折舊及財產稅等，則可經由各部門不同之資產評價予以分攤。

2 間接製造費用之分派

間接製造費用是指為兩個以上部門所共同發生，且須共同分派之成本。由於間接製造費用無法歸屬於某特定部門，所以必須按各部門受惠的比例分派之。例如機器作業時所使用的電力，若各部門內未裝置電錶來個別衡量，便是間接製造費用分派的一種實例。

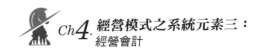

3 間接製造費用分派標準

間接製造費用分派基準的選定，各工廠可依其業務情形及製造費用之性質，就下列各項基準選擇應用之。

⭐ **工人人數基準**：直接人工人數、總工人數。
⭐ **工作時間基準**：人工工作時間、機器運轉時間。
⭐ **成本基準**：直接人工成本、直接材料成本、主要成本。
⭐ **儀錶基準**：電錶、水錶及其他測度之記錄。
⭐ **度量衡基準**：面積、容積、重量。

而各項間接製造費用通常依各部門受益的程度為標準來分派，如下表所示。

費用項目	分派標準
保險費、折舊、稅捐	財產價值大小（成本額）
修理費	修理件數及其難易程度或實際發生數額
動力費	機器數量、馬力耗用、電錶度數
搬運費	搬運數量、重量或次數
水費、電費	實際耗用度數
房租、房屋折舊	所占用面積
雜費	工人數或工作時數
間接人工	員工人數

❶ 間接製造費用分派基準選擇之原則

間接製造費用之發生與各部門業務密切相關，而到底依循何種基準來分派間接製造費用是很重要的。因此，分派基準選擇時需顧及下列原則。

⭐ 所分派的間接製造費用與分派基準需有明確與正確的關係。例如租金與房屋面積有正相關,因而面積可作為分派的基準。

⭐ 分派基準需要容易理解和接納。例如人工小時、機器小時都很簡單易懂。

⭐ 分派基準之選用必須是不增加人工的負擔下即可獲得。例如人工小時之多寡,由工作時間統計表即可獲得,不必再費人力彙集。

❷ 間接製造費用之分派

在理論上,分派間接製造費用的原則比較容易說明,蓋每一部門應按其受益之大小,公平分擔其應承受的間接製造費用。然而,將理論付諸實施並不簡單,因為會計人員可採用的方法不只一種,且對於受益大小之衡量是一件很難捉摸的事情,若想尋求一項無瑕疵而公平分派的方法,在現實中是極為困難。

例如,工廠租金在傳統上均以占用面積為分派基礎,然而欲實施此項分派方法時,以下種種問題都可能產生,包括占用面積如何計算?走廊、樓梯及其他類似占用面積將如何計算?令人遺憾的是,這些問題都沒有一套簡單的計算基礎能跟著學習。因此,每位會計人員必須在困難的作業環境中,盡可能地去尋求最適當的分派基礎。

◢ 廠務部門製造費用之分攤

由於廠務部門製造費用(如採購部門及存貨部門之製造費用)無法直接記入產品成本中,故此成本必須用分攤方法將廠務部門製造費用攤入各接受服務的生產部門,為使分攤合理成本。會計人員須選用合理的分攤基礎。

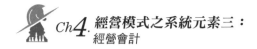

① 分攤基礎之選擇

如同先前討論間接製造費用的分派基礎，成本會計人員必須尋求一個最佳的分攤基礎，將廠務部門所發生製造費用公平的分攤，唯其所採用的基礎，必須是廠務部門之製造費用與員工人數來分攤。又如倉儲部門成本的發生與所經手的領料單數量具有密切之關係，故倉儲部門可使用領料單作為分攤基礎。在其他情況下，亦可應用統計的程序來提供會計上所需要的資料，因為對於廠務部門製造費用之分攤，有時必須經過深入的調查及研究，瞭解其結果後再加以分攤。

由於每一企業所遭遇的環境各不相同，因此無法對各廠務部門製造費用的分攤提供一套簡單而又適當的基礎，下表列出各廠務部門費用一般採用的分攤標準。

廠務部門	分攤標準
人事部門	受益部門員工人數
醫療部門	
福利部門	
管理部門	受益部門員工人數或工作時間
會計部門	
工資部門	
計時部門	
採購部門	受益部門領用材料數量或成本
驗收部門	
倉儲部門	
修理部門	受益部門修理之件數及修理工時
搬運部門	受益部門委託搬運物品之重量、次數及距離……等
動力部門	儀錶
工具部門	工具數目或直接人工小時

②　廠務部門製造費用分攤方法

　　廠務部門製造費用最終將分攤至生產部門，因每一廠務部門需各持一適當分攤基礎來分攤製造費用。以下列示兩種分攤方法，直接分攤法及梯形分攤法，這些方法之使用具有下列四項共同步驟。

　　步驟一、彙總每一部門之製造成本。

　　步驟二、選擇分攤基礎。

　　步驟三、分攤廠務部門製造費用。

　　步驟四、將生產部門總生產成本分配至最後產品或服務。

⭐ **直接分攤法：**直接分攤法為分攤廠務部門製造費用時，最廣為使用的方法，本法主張各廠務部門間相互均不分攤，而將各廠務部門製造費用直接分攤於各生產部門。

	服務部門		生產部門		合計
	一般廠務行政	修護	機械	裝配	
各部門直接費用	$600,000	$116,000	$400,000	$200,000	$1,316,000
分攤標準					
一般廠務行政部門					
總人工小時		24,000	12,000	36,000	72,000
比例		$\frac{2}{6}$	$\frac{1}{6}$	$\frac{3}{6}$	$\frac{6}{6}$
修護部門					
修理小時	2,000		16,000	2,000	20,000
比例	$\frac{1}{10}$		$\frac{8}{10}$	$\frac{1}{10}$	$\frac{10}{10}$

　　上表中，一般廠務行政部門對修護部門所提供之服務，以及修護部門對一般廠務行政部門所提供之服務均不予列計。一般廠務行政部門所採之製造費用分攤基礎為提供給生產部門 48,000 總人工小時。在此需要注意區分總人工小時（包括間接人工小時，如一般廠務行政部門對修護部門所

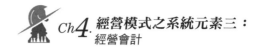

提供之 24,000 服務小時）與直接人工小時。總人工小時可用以充當廠務
部門製造費用的分攤基礎，而直接人工小時通常在生產部門為計算產品成
本，而將其作為預計製造費用率之基礎。

直接分攤法				
	服務部門		生產部門		
	一般廠務 行政	修護	機械	裝配	合計
各部門直接費用	$600,000	$116,000	$400,000	$200,000	$1,316,000
分攤					
一般廠務行政部門（$\frac{1}{4}$，$\frac{3}{4}$）❶	（$600,000）		$150,000		
修護部門（$\frac{8}{9}$，$\frac{1}{9}$）❷		（$116,000）	$103,111	$12,889	$1,316,000
生產部門 總製造費用			$653,111	$662,889	
為計算產品成本目的而訂定預定製造費用的分攤率					
除以機器小時			40,000		
除以人工小時				30,000	
分攤率			16.328%	22.096%	

⭐ **梯形分攤法：** 許多公司採用梯形分攤法來分攤廠務部門製造費用，本法承
認廠務部門之間相互服務，但施惠有大小之分、受益有多少之分，因此必
須選擇一製造費用分攤順序。順序的決定是從服務對象最多，而接受其他
服務最小的部分開始分攤，依照順序逐步繼續分攤，最後分攤者乃是一般
廠務行政部門，因為它所服務的部門最少。因此，一般人事部門之成本要

---

❶ 基礎是（12,000 ＋ 36,000）＝ 48,000 小時；12,000÷48,000 ＝$\frac{1}{4}$；36,000÷48,000 ＝$\frac{3}{4}$
❷ 基礎是（16,000 ＋ 2,000）＝ 18,000 小時；16,000÷18,000 ＝$\frac{8}{9}$；2,000÷18,000 ＝$\frac{1}{9}$

比生產控制或修護……等部門之成本更早分攤。

梯形分攤法					
	服務部門		生產部門		合計
	一般廠務行政	修護	機械	裝配	
各部門直接費用	$600,000	$116,000	$400,000	$200,000	$1,316,000
分攤					
一般廠務行政部門 $\left(\dfrac{2}{6}, \dfrac{1}{6}, \dfrac{3}{6}\right)$	($600,000)	$200,000	$100,000	$300,000	
修護部門 $\left(\dfrac{8}{9}, \dfrac{1}{9}\right)$		($316,000)	$280,889	$35,111	
生產部門總製造費用			$780,889	$535,111	$1,316,000
為計算產品成本目的而訂定預定製造費用的分攤率					
除以機器小時			40,000		
除以人工小時				30,000	
分攤率			19.522%	17.837%	

　　上表闡明了梯形分攤法，應注意的是一般廠務行政部門的製造費不但分攤至生產部門，同時也分攤至其他廠務部門。另外，一般廠務行政部門的製造費分攤後，修護部門成本中即應包括該項成本之一部分，接著修護部門新的總製造費用再重新分攤到生產部門。一般廠務部門之成本一旦經過分攤後，即不再接受其他廠務部門所分攤之成本。

　　本例中顯示為計算產品所訂之製造費用分攤率，在兩種方法下有顯著的差異。例如，機器分攤率在直接分攤法下為 16.328%，在梯形分攤法下為 19.522%。而在梯形分攤法下，機械部門分攤率較高，而裝配部門分攤率顯然較低。假設各種分攤方法的資料處理成本無顯著差異，但在與

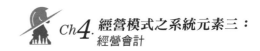

本例相似的情況下，梯形分攤法實較為可取，因其承認一般廠務行政部門對修護部門提供之服務，而直接分攤法卻忽視此項關係。然而，分攤方法的選擇本質上即是一種成本與決策效益的考量。

👍 阿米巴經營會計之三：內部定價

　　阿米巴經營模式為了培養更多的經營者，所以在組織劃分時，就把組織劃分成多個小經營單位，然後將權力下放，讓這些小經營者獨立經營、獨立核算、自負盈虧，再將他們與經營利益相結合。

　　因此，在阿米巴的組織下，企業內部會從原本工作是上、下工序的一種交付行為，改變成「模擬市場交易」進行內部交易。因此，內部交易的內部定價就變成一個重要的落地實務工作，至於要如何進行內部定價，必須掌握內部定價的三種方法及內部定價成功的六個重要要素。

1️⃣ 內部定價的三種方法

⭐ **協商價格法**：買賣雙方以正常可供參考的市場價格為基礎，定期共同協商並確定出一個雙方都能接受的價格，作為內部轉撥定價的標準價格，但一般商議價格要考慮以下三個因素。

1. 內部轉撥價格中包含的管銷費用，一般要低於外界供應的市價。
2. 內部轉撥的中間產品（含在製品）一般數量較大，故單位成本應較外部成本低。
3. 售出單位大多擁有生產能力，因而議價只需略高於單位變動成本即可。

⭐ **售價還原成本法（又可稱市場倒逼法）**：此種方法是內部轉撥的產品或勞務沒有正常可供參考的市場價格，或在公司產品與服務價格缺乏市場競爭

力時使用。一般是從最終價格向前倒算來決定各道工序或各相服務單位（巴）的內部轉撥價格或百分比。如某婚宴會館（餐廳）以單桌之單價作為市場價格，再以各種百分比（視各相關服務單位之成本負擔或所承擔的服務重要程度而定）作為內部轉撥價格標準，轉撥給內部各個服務單位（巴），如客服巴、網銷巴、線下行銷巴、廚務巴⋯⋯等。又如某醫美診所，以每種產品（刀房、微整、針劑或美容產品）的價格為基準，再以各種不同的百分比轉撥給內部各個服務單位（巴），如醫護巴、諮詢巴、美容巴⋯⋯等，作為這些巴的內部轉撥收入。

⭑ **市場基準法（又稱成本累計法）**：此種方法為責任會計最傳統的內部轉撥交易方式（亦稱為阿米巴經營模式的內部轉撥法），如採購巴以進料成本加上本巴的管理費用乘以 10% 作為內部轉撥價格出售給生產巴。相同的，生產巴以向採購巴購買的材料、直接人工成本及製造費用之總和後，再乘以 10% 出售給銷售巴，作為生產巴對銷售巴之內部轉撥價格，此種方法即稱為成本累計法。唯對於成本類型是分步成本型的企業在製造階段，各工序與各工序間的移轉，是否需要以阿米巴利潤巴之型態來進行內部交易，則可視每家市場競爭力來決定。如無法以利潤巴之方式進行內部交易，則可以選擇各自以成本巴之方式來作為阿米巴組織劃分之作法。

2 ▶ **經營會計內部定價的六個要素**

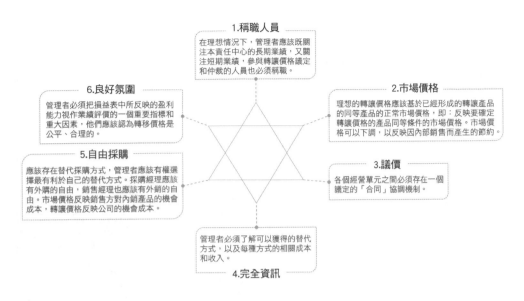

3 經營會計企業內部交易後之損益表呈現說明與案例

⭐ 例一：一般經營會計之損益表

部門 項目		採購	生產	銷售
銷售額		$100	$130	$160
變動費	成本	$80	$100	$130
	…	…	…	…
	其他 變動費	$5	$10	$10
	小計	$85	$110	$140
邊際貢獻額（邊際利益）		$15	$20	$20
固定費	人工費	$3	$12	$10
	…	…	…	…
	…	…	…	…
合計		$3	$12	$10
經營利益		$12	$8	$10

此案例為採購部門將購買的材料，以 100 元的內部交易價格出售
給生產部門。生產部門再將製造完成的產品，以 120 元的內部交
易價格出售給銷售單位。

★ 例二：某婚宴會館之經營會計報表

	成本占比	金額
1.營業收入		
1.1 喜宴收入		
1.2 周邊收入		
2.直接成本		
2.1 本單位成本		
2.1.1 人工成本		
2.1.1.1 薪資支出 - 正職	2.66%	
2.1.1.2 薪資支出 - PT	0.00%	
2.1.2 業績獎金		
2.1.2.1 年終獎金	0.21%	
2.1.2.2 業績獎金	0.15%	
2.1.3 其他費用		
2.1.3.1 文具用品	0.05%	
2.1.3.2 郵電費 / 運費 (油資)	0.07%	
2.1.3.3 修繕費用 (電腦)	0.01%	
2.1.3.4 保險 / 稅捐	0.04%	
2.1.3.5 勞務費 (外燴工人或廠商給勞務報酬)	0.07%	
2.1.3.6 營業費用 - 信用卡手續費	0.05%	
2.1.3.7 營業費用 - 洽公停車費 / 其他	0.23%	
2.1.3.8 營業費用 - 清潔費	0.01%	
2.1.3.9 雜項購置	0.03%	
2.1.3.10 業務推廣費	0.35%	
2.1.3.11 行銷費用	0.20%	
2.2 內部轉播		
2.2.1 行銷部	7.73%	
2.2.2 客服部	19.59%	
2.2.3 酒水	1%	
2.2.4 廚房部	26.67%	
2.2.5 食材費用	32%	
2.2.6 婚企部	4.46%	
3.共同分攤費用		
3.1 房租 (含停車 / 接駁 / 影印機)	1.90%	
3.2 水電費 (水 / 電 / 瓦斯)	0.39%	
3.3 勞健保	0.54%	
3.4 福利教育費	0.06%	
3.5 折舊攤提	1.53%	
加總	100%	
扣除內部轉播	91.42%	
超額盈餘	8.58%	

⭐ 例三：某醫美診所之經營會計報表

本店各醫師巴 各會計項目	A 醫師巴		B 醫師巴		小計
	標準	實際	標準	實際	標準 / 實際
1. 收入					
1.1 外部收入					
1.1.1 手術案銷售					
1.1.2 微整案銷售					
1.1.3 雷射銷售					
1.1.4 針劑銷售—消脂針跟消疤針					
1.1.5 其他針劑銷售（不含美白針）					
2. 直接成本					
2.1 材料成本					
2.1.1 手術耗材					
2.1.2 微整案耗材					
2.1.3 雷射耗材					
2.1.4 針劑耗材					
2.2 人工成本					
2.2.1 醫師鐘點費 (5000 元 /3 小時)					
2.2.2 醫師手術提成 40% (Dr.H 50%)					
2.2.3 醫師微整提成 15% (Dr.C 17%、Dr.H 50%)					
2.2.4 醫師雷射提成 10% (Dr.C 12%)					
2.2.5 麻醫（一台刀 3000 元）					
2.2.6 麻護薪水					
2.2.7 麻護加班費					
2.2.8 ○○分院醫師自帶客 80%					
2.3 費用					
2.3.1 本巴直接費用					
2.3.1.1 醫師雜項費用					
2.3.1.2 醫師餐費					
2.3.2 本巴內部轉播支出					
2.3.2.1 諮詢巴提成 5% （含薪資、勞健保）					
2.3.2.2 醫護巴提成 6% （含薪資、勞健保等）					
2.3.2.3 ○○行銷通路巴提成 20% （含薪資、勞健保等）					
2.3.2.4 ○○行銷模特個案獎金 2.5% （純獎金）					

3. 直接附加價值 (1-2)				
4. 總部公共分攤費用				
5. 本巴營業利益 (3-4)				
6. 店務公共分攤費用				
7. 本巴經營利益 (5-6)				
8. 本巴計畫利益				
9. 本巴超額利潤 (7-8)				

👍 阿米巴經營會計之四：內部交易規則

　　實施阿米巴經營模式的企業，其在經營管理上最大的特色就是原本部門與部門之間，或上工序與下工序之間的為一種交付的關係，在這時候因內部採取一種比照市場化的交易買賣關係，因此套句俗話「親兄弟也要明算帳」，各種交易行為的規則必須說清楚講明白。

　　所以，企業在完成阿米巴的組織劃分，以及釐清內部交易關係和交易產品或服務定價後，就可以開始實施內部交易。為了讓交易的過程順暢和公平，因此每個企業必須制訂一系列的交易規則，其中依據各種公開文獻記載，如日本京瓷公司他們的內部交易規則包括以下四大內容。

⭐ 確定內部交易關係。

⭐ 內部交易的月統計。

⭐ 確立交付和結算的時間點。

⭐ 內部的賠償機制。

　　根據筆者多年的輔導經驗，若在實務上只有上述四大內容恐仍嫌不足，因此筆者另提供一個實際輔導案例給讀者參考與學習，當然每家企業的產品型態、業態以及組織劃分不同，所以讀者除參考外，在實務上還是

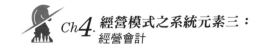

要依照實際狀況去規劃、設計、編寫與制訂才能適用。

【輔導案例請見○○陶瓷的相關文件：附件一至附件四】

👍阿米巴經營會計之五：目標預算

在整個阿米巴經營模式上，絕大部分的員工剛開始會有興趣，都是因為「利益」的驅動，企業主在剛開始還沒體會到真正的阿米巴經營模式的哲學思想前，也是受到「利益」驅動，甚至還有企業主從一開始認為是這是在「割肉餵鷹」，到後面瞭解到這是一種「超額利潤」的利益共享機制，且這種機制是對自己有利的情況，才開始願意嘗試導入阿米巴經營模式。但在實施或導入後，因為沒有確實掌握經營會計中的目標預算，最終仍然以失敗收場。因此筆者會在本書中將目標預算列為重點來陳述實務上的具體作法。

在阿米巴經營模式中利益分配與目標預算息息相關，一旦做錯不是產生分配機制之互信感消失，以致阿米巴經營模式走不下去，要不就是導致阿米巴經營模式體現不出效益，而誤解阿米巴經營模式是一種被過度吹噓的經營模式。

因此，在經營會計之目標預算的環節中，要把目標預算做好，也因為在阿米巴的精神中從組織劃分開始就有利潤巴、成本巴、預算巴，而這些巴的利益共享機制都在設定的利潤目標、成本目標或預算目標下，有超額的、結餘的才進行利益分配，而這個目標預算就變成了超額利益分配的基準，當然也是在引導經營者如何實現目標預算（計畫）利潤之意。

因此，在阿米巴經營模式中，目標預算自然就變成機制落地的重要工作，所以筆者會在這小節詳細解說目標管理與預算編制之實務及成功實現目標的要訣。

1 目標管理的基本觀念

目標管理是二十世紀的五〇年代中期出現於美國，它是以泰勒的科學管理和行為科學理論（特別是其中的參與式管理）為基礎所形成的一套管理制度，這種管理概念是由管理專家彼得‧杜拉克在 1954 年所著《管理實踐》一書中最先提出的。

彼得‧杜拉克認為一個人並不是有工作才有目標，而是有了目標才能確定每個人的工作。所以企業的「使命和任務」必須轉化為「目標」，如果一個領域沒有目標，這個領域的工作必然會被忽視。因此，管理者確定組織目標後，必須對其進行有效的分解，轉變成各個部門及個人的分目標，再根據目標的完成情況對下級進行考核、評價或獎懲。

❶ 目標管理的特點與精神

目標管理指導思想是以 Y 理論為基礎，即認為在目標明確的條件下，人們能夠對自己負責，與其他傳統管理模式相比，其鮮明的特點與精神如下。

⭐ **重視人的因素**：目標管理是一種參與的、民主的、自我控制的管理制度，也是一種把個人需求與組織目標結合起來的管理制度，在這種制度之下，上級與下級的關係是平等、尊重、依賴與支持，下級承諾目標和被授權之後是自覺、自主和自治的。

⭐ **建立了目標鎖鍊與目標體系**：目標管理是透過專門設計的運作過程（執行步驟），將組織的整體目標逐級分解、轉換成各單位、各員工的目標。從組織目標到經營單位目標，再到部門目標，最後到個人目標。在目標分解的過程中，把目的、手段的因果牢牢地建立，使其承上啟下後將權、責、利三者明確且相互對稱。

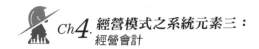
⭐ **重視成果：**目標管理以制訂目標為起點，以目標完成情況的考核為終點。工作成果是評定目標完成程度的標準，也是人事考核的獎懲依據，成為評價管理工作績效好壞的唯一標準，至於完成目標的具體過程、途徑和方法，上級在執行上只負責指導，在執行上並不過多干預，所以在目標管理制度下，員工的自主性最高。

❷ 目標管理的過程

目標管理雖然在評價上重視成果，但在實施上卻是重視過程，雖然每個組織性質不同，步驟也不盡相同，但一般都必須堅持以下幾個步驟。

⭐ **第一步：**要先有一條完整的目標體系及承上啟下的戰略、戰術系統。
⭐ **第二步：**要有效地去組織實施計畫。
⭐ **第三步：**要定期檢驗成果並檢驗戰略、戰術的有效性，然後及時修改調整。
⭐ **第四步：**不斷地進行 P-D-C-A 的循環，即再制訂新的目標、新的循環。

❸ 目標管理的優缺點

目標管理在全世界產生很大的影響，在實施上還是會出現一些問題，因此實施時必須客觀分析情勢，才能揚長避短、收到成效。

⭐ **目標管理的優點**
1. 對易於度量和分解的目標，常會起到立竿見影的效果。
2. 對於組織結構中職責分工和授權不足、職責不清的缺陷改善很有幫助。
3. 最能激發員工自覺、最能解決帶不動人的管理痛點。
4. 最能改善組織內之人際關係。

⭐ **目標管理的缺點**

1.對於較難量化的工作項目、目標難以制訂。

2.基本哲學、人性本善，對於「機會主義者」不一定有效。

3.主管領導才能不足時，可能會滋長本位主義及臨時觀點與急功近利傾向。

4.有些項目很難保證公平、公正。

2 目標管理推行的各項實務工作重點

目標管理究竟是先有目標還是先有策略，有些人認為依照彼得‧杜拉克的說法「並不是有了工作才有目標，相反的是有了目標才能確定每個人的工作」；另外也有說，既然策略是實現目標的方法，那當然就一定是先有目標才有策略啊；還有不少人認為，沒有策略怎麼知道目標能達到多少，所以必須先有策略才有目標。

如此種種，就表面而言好像都很有道理，但如果深入探究彼得‧杜拉克的說法「企業的使命與任務，必須轉化為目標，只要有一個領域沒有了目標，則這個領域的工作就會被忽視了」。綜上論述，我們可以明確總結出的結論是「先有目標再有策略」，而這個目標是將企業的使命與任務，透過各種適當能代表的項目，將其數字化變成目標，然後再圍繞著這些目標去思考要用什麼方法實現，這個方法就是「戰略」（策略）。然而關鍵就在於企業的使命與任務究竟要怎麼把它轉化成目標，又要轉化成哪些目標？值此，筆者接下來就開始說明有關目標設定的各種問題。

❶ 企業目標與計畫的關係

企業目標是企業的一切生產經營活動的階段目的或最終目的，金字塔的頂端是一個企業的總目標，總目標直接基於所選定的任務；戰略計畫是

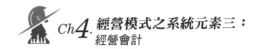
分階段目標和行動計畫並將總目標引出，戰略計畫一般都是用組織內的高級管理層制訂；分階段目標則是在總目標的和戰略計畫的結構內所要達到的更詳細、更具體的內容。

行動計畫可以是分階段目標或是總目標的相關聯，也可以同時與兩者相關聯；戰略就是達成目標的方法，戰略驅使企業擬出戰術，並概括地說明戰術，通常指企業的優勢點；戰術又稱為戰術焦點，例如組成○○小組、模仿○○有效產品、購買○○設備、進入○○市場或是什麼時候招募人才……等。

所以戰術就是戰略奏效與否的細部行動與決策，要把戰術落實執行，首先要做的就是工作計畫，也就是說「目標管理」就是將戰略、戰術及工作計畫三者有效結合在一起的管理技術。因此，可以說企業各階層與目標的關係是高階層為戰略目標；中階層為戰術目標；基層則是作業目標。

❷ 目標的內容

一個企業往往有許多目標，有的可能是與經濟方面有關聯，有的可能涉及社會資源或環境。一般來說，成功的企業都應包括下列目標。

⭐ 市場目標。

⭐ 利潤目標。

⭐ 技術改進與發展目標。

⭐ 提高生產力目標。

⭐ 物質和資金、資源目標。

⭐ 人力資源目標。

⭐ 員工積極性發揮目標。

⭐ 社會責任與環境保護目標。

❸ **制訂目標應注意的事項**

⭐ **目標應具體：**一般組織目標的通病是敘述太籠統，所訂定的目標雖然可以有一定彈性，但仍舊要使目標具體化，例如銷售和比上年增加 5%，到 2025 年市場占有率應達到 15%。高層的目標越具體，組織基層制訂目標的過程就越簡單明確，即目標制訂應符合 SMART 原則以及 QTQC 原則。

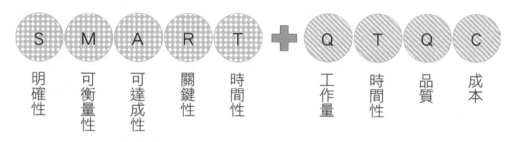

⭐ **目標應可衡量：**例如，在下一個計畫季度把市場占有率提高 5%，讓管理人員在年度中能衡量情況，並把實績和預期目標相對照。

⭐ **目標不應強調活動，應該強調成果。**

⭐ **目標應確實可行，又應具挑戰性。**

❹ **如何有效制訂目標**

　　目標要怎麼訂？要訂哪些項目？項目要訂多少？若是訂高了做不到，而導致反效果甚至放棄；若是訂低了，則不具有激勵性。事實上目標項目本身也是一個體系，絕不是一個項目所能全部代替的，但筆者看到許多公司都只以單一項目代替一切，我希望能在此一改過去的迷失及錯誤的認知。

❺ **訂定目標的原則**

⭐ 要充分瞭解目標的目的，制訂目標一般有兩個目的，其一是給組織樹立一

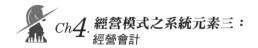

個「射擊目標」；其二是為制訂下一階段目標提供一個網路，而這個網路也就是爭取目標實現過程中所採用的方法和步驟。

⊛ 正確闡明目標的內容，內容要具體但簡明扼要，同時要有明確的時間幅度。

⊛ 要保持各種目標及各級目標的關聯性與一致性，一個單位的最高管理者必須保證本組織內的各種目標及總目標具有關聯性與一致性。

⊛ 具備有效的獎勵制度加以配套，並在目標的制訂過程中，應注意建立相應的獎懲制度，有效的獎懲制度能促進目標的制訂和實現。

❻ 目標的設立程序

　　目標的設立對企業而言，乃是一個企業總體經營制度的重要工作，組織目標的計畫是一件不容易的事，它絕不是拍腦門、也不是一廂情願就能解決的。企業目標的建立必須是依照未來趨勢及組織與競爭者的優劣而定，因此一個企業組織的目標可採取下列的程序來設定，並反覆演算、上下協調，最終方能定案。

⊛ 衡量組織的未來經濟展望，包括在各種市場的產品優劣分析。

⊛ 衡量組織本身，包括分析組織架構、人力資源的強弱及組織所受的財務限制。

⊛ 列出組織在最近和將來可能面對的主要機會和問題。

⊛ 組織的企圖與希望的願景。

⊛ 達成目標的各項工作被落實執行的可能程度。

❼ 目標測定

　　每個單位和個人的工作目標制訂後，應有可衡量的方法和指標來測定

目標執行的結果，才不至於徒勞無功，而測定目標的達成度首先須建立情報傳遞與反饋的路線、方式和速度。

路線	一般進度報告（情報）的反饋主要是送達給執行人，其次為送給最高主管。
方式	反饋方式一般以書面數字為宜。
速度	越快越好，但不必太頻繁，以避免浪費人力。

目標的設定或衡量是提供下屬自我控制最有力的根據，也是激發主管採取糾正措施的力量，若無法這麼運行，這個目標設立等同於浪費。

3 目標管理之策略規劃的意涵

企業一旦制訂好目標，接下來就是要想辦法讓這個目標實現，否則這個目標就如夢一般不切實際，當然更不可能實現。因此這時候要做的工作就是「策略規劃」，為了讓各位讀者能暸解策略規劃，筆者在此要更深入詮釋有關各種策略規劃的種種精闢意含，讓你更容易理解及學習，首先解釋有關策略規劃的所有意含及實務應用。

1 經營理念

經營理念是實現對社會的使命和企業所期盼的事業，因此可以理解為使命和願景的綜合體，它是經營策略的立足點、是策略的基軸，也是策略的根本。

何謂使命？使命就是企業存在社會真正的意義和從事經營活動的基軸，形成全體員工的行動規範，更是事業活動原始出發點的重要想法，簡言之就是我們的企業能為社會做些什麼？也就是企業所從事的事業目的。以建陶業為例，是要實現和增進全民健康的居住環境；以食品業為例，則是要提升我們飲食文化的事業為職志。

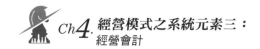
何謂願景？願景是企業期盼將來立足於社會的具體態勢，又稱為「將來目標」。以建陶業為例，是為了人人每日的健康與安樂，創造安心且安全的愉快家居生活；以食品業為例，則可以是為了使人人健康、創造安心的飲食生活。

❷ 事業範疇與概念

事業範疇指事業所從事的領域，簡言之就是將事業的組成和事業的領域明確，凡舉「對象是什麼客戶層？面對怎樣的需求？」和「以何種技術基礎拓展產品和服務」？

事業範疇為事業的基軸，其重點有三，分別為顧客軸（市場）、技術軸（產品）和滿足顧客需求，而事業概念就如同鐵路公司是鐵路事業或是運輸事業；捷安特是交通工具事業還是健身器材事業？因此，事業要以功能來定義，而不是以手段來定義，也就是事業的戰場在哪裡？

❸ 提出有效的努力方案

實戰的職場上，營業員汗流浹背的努力精神固然值得嘉勉，但今後需要更有效的努力方案，如果企業沒有明確的整體策略，管理階層就很難有著力方向，管理者不應只會吟唱「好好努力工作吧」，應該要深入思考「如何去做」的具體方案。

❹ 戰略與戰術

策略指的是目標、思維方式、願景和要做什麼，也就是未來的方向和藍圖；戰術則是達成目的所採取的手段和方法，也就是如何做。就企業而言，「策略」是整體性的問題；「戰術」是各部門間相關問題，也就是手段和作業。

❺ 經營策略是什麼？

所謂經營策略可定義為「以企業本身的基本理念做立足點，建構出達成將來發展願景所推動的方向性藍圖」，也就是必須有事業範疇、競爭優勢及經營革新。經營策略就是把自己的企業和別人的企業經營出差異化，產生吸引顧客的魅力，進而使營業額和獲利不斷提升。

❻ 經營策略架構

經營策略是由 3C，即顧客（Customer）、競爭對手（Competitor）、企業本身（Company）所組成，將 3C 中的每個成分逐一探討，就不難找出有效的策略分析和規劃。但在探討 3C 前必須對經營環境有所掌握，例如網路時代、AI 時代、少子化時代、金融危機、全球化、後疫情時代……等，因為環境的變化對產業、市場和企業的影響甚巨。

❼ 區隔與定位

將市場依其特性細分，例如所得、社會階層、性別、職業與學歷……等，即稱之為「區隔」。也就是在一個廣大市場裡，依不同條件做基礎，將特性相同的予以歸類或細分。以一個大市場而言，想提供一種產品或服務讓所有顧客滿意是不可能的，唯有將市場細分，才能針對相對應的客戶族群提供讓其滿意的產品和服務。

區隔的方法一般可以從兩個面向考慮，其一是以「企業面」來看，著重在市場的成長性和較佳的獲利性為目標，也就是提高投報率，當然不同的產業需決定區隔的條件更是過江之鯽。另外除了成長性及獲利性的考量外，尚必須考慮經濟規模夠不夠大、風險有哪些、進入障礙有多高或競爭優勢……等。其二是從「市場面」來看，例如年齡、性別、地域、文化習俗、收入、財富或法規……等，近年的數位時代人類，如現今的高中生、

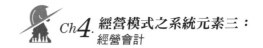
國中生族群，一出生就接觸網路，此即為區隔的概念。

定位則是為達成攻占有效市場的必要步驟，重點在鎖定目標市場內的目標顧客群體。而定位所決定的條件，如對顧客來說重要的是什麼、能被顧客認定比競爭對手好的是什麼、對手難以模仿的是什麼、顧客真正想要的產品特性及服務項目是什麼、經銷商客戶要如何獲利……等，以定位來鎖定目標市場，才可能獲得有效的行銷成果。

⑧ 價值鏈

所謂價值鏈，就是企業經過一連串的活動，最終提供顧客一種讓他們認為有價值的產品或服務。在整個過程中，要去思考哪些活動無法產生價值、哪些活動可以創造更多或更大的價值，把經營管理的活動做必要的調整，將「附加價值」最大化。

⑨ 關鍵成功因素（KSF，Key Successful Function）

KSF 是有效開展策略的鑰匙，同時也能確保競爭優勢和獲利來源。具體地說，就是我們必須掌握什麼關鍵成功因素，才能戰勝對手外，又能確保獲利，就如麥克‧波特（Michael E. Porter）明確指出，策略的 KSF 有三，分別是成本領先策略、差異化策略與集中化策略。

例如取消中間商之管道下沉，透過物流中心的物流革命，以達到價格破壞的「成本領先策略」；又例如將製造端放在未開發國家或是開發中國家的低廉物價之地，達到成本領先的「價格破壞策略」。

⑩ 策略法則（經營策略基礎）

千萬不要奢望一步登天成為超大的領導品牌或企業，應該思考如何在選定策略後集中資源，投入到顧客認為有魅力的部分，成為和競爭對手有

所差異的企業或品牌。

　　當然，競爭對手也會規劃策略，所以我們必須洞悉競爭對手的弱點，然後集中全力攻擊，才有可能獲得以小搏大的最佳效果。因此，策略法則簡單來說就是集中、差異化和突破。

⑪ 經濟革新

　　經濟革新就是將舊有的架構破壞，重組一個功能性或有效性的新組合，強化應變力，以適應經營體系的現代化及經營環境日益變化。經濟革新可謂帶動經營策略的必要動力，所以光有經營策略不一定成事，還必須要有經營革新一同來帶動才行。

⑫ 集中化策略

　　所謂集中包括經營資源集中和目標集中，而經營資源集中則是指將七大資源集中在選定的事業範疇與目標市場內，並針對新事業（新品牌）的開發集中資源、全力以赴。一方面既要顧全現有的事業（舊品牌），另一方面還要規劃人才的轉調，而資源集中乃是為求取平衡所做的策略性判斷，進而做出有效的決策。而資源的分散則被視為守成，等同沒有策略一樣。

⑬ 差異化策略

　　同質化競爭，簡單來說就是以同樣的方法販賣規格、材質相同的產品，當市場進入飽和期時，轉變成顧客為導向的「拉型市場」中，再便宜的價格，也沒有絲毫購買意願，這便是時下一般顧客的消費心理。市場上每天斤斤計較要購買便宜蔬菜的顧客，只要遇到自己喜歡的產品或品牌，他們就會不吝嗇地購買。所以在「拉型市場」裡，沒有魅力的產品或企

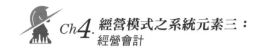
業，對顧客而言就是沒有價值的企業，也是無法與競爭對手有差異化的企業，最終只會被市場淘汰。

至於要用什麼差異化，每個企業都有不同的策略，例如品牌形象、技術、產品、服務、銷售通路政策、交貨期、安全性、誠信或人員……等。而麥克‧波特所提出的「四差」則是指：產品差異化、形象差異化、服務差異化與人員差異化。

4 目標管理之策略規劃的分析

❶ SWOT 分析（情境分析）

策略規劃的第一步就是要把握經營現況，由強勢（Strength）、弱勢（Weakness）、機會（Opportunity）與威脅（Threat）四個缺口切入，這種系統化之分析架構稱之為 SWOT 分析，又稱為情境分析。其中強勢與弱勢是指企業內部；機會與威脅則指的是外部環境。企業利用 SWOT 分析可以在極短時間內得到非常有效的分析結果，是初期策略分析不可或缺的必要工具。

⭐ **機會與威脅的實務檢視點：**企業分析外部環境的機會與威脅要注意的重點有市場結構的變化、技術環境的變化、社會結構的變化、法令規章的變化、競爭者的動向、國外企業的趨勢、世界貿易的保護主義變化、輿論取向、國際政治外交變化等趨勢。

⭐ **強勢與弱勢的實務檢視點：**知己知彼才能制敵致勝，企業優勢指的是企業核心競爭力組成的企業資源，企業不能光有模糊的自我認知，若是如此，將會找不到需要強化的著力點，且這些優勢往往不能持久，因此必須有明確的體認，並有意識地進行強化。可以依下列各項分析來檢視企業的強勢與弱勢，諸如品牌力、客戶層、銷售通路、整合力、生產力、技術力、開

發力、廣告力度、人才力、資金調度力與企業文化等。

❷ 麥克·波特的競爭策略

　　近代經營大師麥克·波特是經營策略的泰斗，其中心概念由基本競爭因素、競爭基本策略與價值鏈三者所構成。基本競爭因素（又稱五力分析）有五點，新加入者的威脅、替代品（或替代服務）、顧客的議價能力、供應商的控制力及既有競爭者的敵對關係；競爭基本策略則是成本領先策略、差異化策略及集中化策略，此三種策略同時施行的可能性不高，一般企業不可能完整擁有。再者就是價值鏈是由五個主要活動及四個支援活動組成，他認為沒有附加價值的活動理應要偋棄。

【基本競爭因素】

⭐ **新加入者的威脅：**這種威脅一定來自於過高的利潤率，才會引起其他業外的人想加入爭食，因此這種威脅一般會表現在規模經濟、產品差異化、轉化成本、通路搶奪及規模以外引起的成本不利因素，而為了防止新加入者的入侵，一般都會想辦法提高進入障礙，但也有反其道而行，變成普及化的情況。

⭐ **替代品（替代服務）的威脅：**和市場上既有產品或功能或服務相類似，有被取代的可能時，就稱為替代品威脅，例如 CD 取代了以往的 3.5 磁片，USB 又取代部分 CD 的功能。

⭐ **顧客的議價能力：**買方有較強勢的立場（買方市場），如大量採購、有其他替代品、客戶的選擇性多等狀況皆是。例如，量販店的大量採購、工程客戶的大量採購。

⭐ **供應商的控制力：**供應商、製造商和顧客一樣有議價能力，舉凡供應商強勢團結、競爭產品缺貨、買方小量採購、買方必須得產品和替代品轉換麻

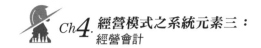
煩或成本較高時，供應商很容易建立控制優勢。總之，如果將產品差異化，供應商即可確立競爭優勢，有了優勢後其控制能力隨之增強，也進而確立了企業在市場上的優勢。

⊛ **既有競爭者的敵對關係：**在自由經濟的環境下競爭本就是一種常態，更可說是促使進步的驅動力量，只要競爭多、買方選擇性多，但你沒辦法與競爭對手有大幅差異化的話，就有可能進入價格戰。因此，若不想因價格戰而失去獲利能力，就應該創造出差異化的競爭局面。

【競爭基本策略】

　　麥克‧波特的中心概念「競爭基本策略」有三，可從中擇一而行，即企業應把「資源重點化」，而不是擴散、分散力量。

⊛ **成本領先策略：**在業界取得成本領先的優勢，縱使降價銷售也還有利可圖，所以對任何一家企業來說，降低成本機制與能力是必須具備的競爭策略，否則你會失去競爭的力量。

⊛ **差異化策略：**在同業中確立對顧客有吸引力的定位，好比 GUCCI、Hermès 或 Chanel 等，都可以在業內獨占鰲頭、大放異彩，當然顧客也願意以高價採購他們的精品。

⊛ **集中化策略：**即在特定的事業範疇或領域內，一心集中於如何讓差異化或成本領先。例如在競爭激烈的 LED 產業，若能專注於產品商品化過程中的短交期，就可以因差異化來提高原本可能是弱項的交期率，進而變成其競爭優勢。

【價值鏈】

　　麥克‧波特的競爭策略中的「價值鏈」，除了實質的成本領先和差異化的競爭優勢外，企業到底應該在連鎖活動中，提供何種價值給顧客？這

種由顧客角度所看到的價值，從企業一連串活動中附加上去的就叫做「價值鏈」。

　　價值鏈所揭示的五個作業主題為採購物流（向內）、製造、出貨物流（向外）、行銷與販賣、服務。採購物流包括運輸、搬運、入庫、倉儲管理、配送計畫、生產進料的收受、保管、保養及檢查等，由購入原料到完成製品所有作業。出貨物流指成品的入庫、搬運、訂單處理和日程規劃等，產品送到顧客中的一切集散、保管和配送相關作業。行銷與販賣有廣告促銷活動、販賣、流通管道的關係維護和價格的訂定，一切促使買方早日採購的種種作業。服務則含裝機、修護、提供零組件等，所有能提高產品價值的服務性作業。

　　另外麥克‧波特還強調四個次要作業（後勤作業），包括採購機制、技術開發、人力資源開發及企業基礎功能。波特認為產品最終到顧客手上前，要先判斷每個環節的價值，沒價值的要去除；有價值的要用更好、更有效的方法去創造價值，讓最終顧客手上認定的價值最大化，這即是價值鏈管理的策略思想。

　　「拉式行銷」（顧客導向）乃現階段經營所要面對的，廠商很難預測顧客的需求，如果過量生產造成庫存過剩，不只是一種最大浪費，也是一種最大罪惡，更是最沒有價值的一環。庫存和現金是一體兩面，就好比水可載舟亦能覆舟。供應鏈真正的問題在於，製造廠商和批發商無法確實掌控顧客的購買資訊和產品庫存資訊，換句話說，就是看不清顧客的觀點，結果產生下列負面的結果。

⭐ 自以為充分瞭解顧客的錯覺。
⭐ 只要做的出來就賣得出去的錯覺。
⭐ 只要便宜就賣得出去的錯覺。

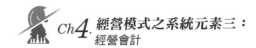
⭐ 有人開發了技術領先的產品。

⭐ 俾棄複雜的通路。

供應鏈管理指的是「資訊共有」和「全體最適化」，其特別重視顧客的觀點，所以很自然地從正確的購買資訊共有、共享開始做起，並取得購買資訊發生的時間點，把真正賣得出去的東西做定點供應。

因此，供應鏈管理為了達成資訊的共有、共享，首先應建立相關的資訊技術環境，再開創新的需求和追求顧客的喜好，以顧客為中心才能開創出新的市場。

供應鏈和價值鏈是一體兩面，為麥克・波特的競爭策略中相當重要的管理思想，不得不重視之。

③ 彼得・杜拉克的管理理論

彼得・杜拉克的管理理論很多，在此列舉出與目標管理較相關且對於目標管理實施成功與否有較大影響者。

【論點一】

彼得・杜拉克將管理的基本任務定義為「建議共同的目標和價值觀，透過適當的組織、教育訓練和自我發展來實現企業共同的願景」。換句話說，管理是共同提升成果，發揮人才的長處並彌補其弱點，因此管理對組織是不可欠缺的。再者，共同事業的經營需要借助他人的合作，因而更能對對方的風俗與習性予以關懷，並深植於不同的文化中，乃是管理成功的關鍵。

彼得・杜拉克認為組織是由擁有特殊核心技術和知識的員工們所組成的，因此責任的明確化、訓練及教育與成果評估是很重要的。尤其他認為

成果評估並非只算產量、利潤或銷量，他認為是市場定位的評估與選擇、生產力或營銷力的綜合評估、品質、人才培育及財務狀況等，上述在內部組織是無法產生績效的，唯有顧客滿意才能提升企業的績效。因此，經營者必須體認內部成本不應過度浪費揮霍，唯有努力經營，外部才能產生真正的績效。

【論點二】

彼得‧杜拉克認為企業本身的結構必須藉由管理，才能為了適應環境而不斷產生變化。所以他提出企業必須自我組成「變化性管理架構」，而這個「變化性管理」是由不斷地改良、知識必須不停地深入開發及推動經營革新這三股力量形成的。

【論點三】

彼得‧杜拉克認為經營事業最重要的是知道「要做什麼」，所以彼得‧杜拉克對事業界定提出以下看法。

⭐ 環境和市場的明確化。
⭐ 企業的使命和目標明確化。
⭐ 本身優勢和弱點的明確化。

事業的界定必須和經營的現實相互吻合，並讓企業全體員工有徹底的認知，才可以發揮組織的力量，由於環境和市場不斷在改變，因此企業很容易老化，為此防止老化的措施是必然的，而設立監測和檢測系統更是不可或缺。防止老化首重「徵兆的早期診斷」，總之事業的界定並非只在於滿足原訂目標的達成，更重視目標達成後隨之而來的老化問題，如此企業

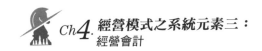

才有思考改正的機會。企業防止老化的對策，每隔三年我們必須檢視事業體的定位，針對產品、服務、流通管理、市場、目標　客戶群體……等做一番根本評估，決定是否需要捨棄一些不當的東西，再補充必要的成分。

如不執行這種意識性的系統改革，只就單一事件做局部改善，可說是一種資源浪費。策略是有所選擇的，也就是取捨的決策，亦為實行系統性歇業。當然，防止企業老化要知道的是企業外部發生的事件，特別是尚未成為我們的顧客群眾所知悉的事情最為重要，外部變化常常經由這群為數眾多，但還不是我們的顧客所呈現出來。而所謂外發事件諸如經營環境的變化、市場動態變化、生活型態的變化、科技的進步及資訊基礎的進展等，具備這種對時代趨勢變化與認知的敏感度，是每個經營者的必修科目，因為可能影響事業未來的永續性。

【論點四】

彼得・杜拉克認為企業如果沒有持續創新，在未來就無法獲勝，他認為企業無時無刻都有創新的機會，打開明日之窗就是創新。他同時也認為創新有七個機會，其中產業內部有四個，產業外部有三個，分述如下。

產業內部存在的四種創新機會		
機會一	沒有預期的成功或失敗	這是最簡單的機會，比如拿床墊烘乾機作為驅除塵蟎之用，只需改變用途即可大賣，完全出乎廠商預期的大成功。由失敗轉為機會的案例也大有所聞，又好比盤尼西林的發現就是在葡萄菌培養實驗過程中，忘記密封培養皿蓋的失敗經歷所轉成的機會。
機會二	差距的存在	用現在的技術無法解決問題時，就要開發新的技術。所謂「需要是發明之母」，另外在業績的差距上，為了使差距消失就會產生正面的對策驅動力。
機會三	需求的存在	只需要需求明確，謀求充分的對策當中就會產生創新的機會。

機會四	產業結構的變化	產業結構常有一夜驟變的情形，例如手機的快速普及，肇因技術的革新帶動產業結構的變化，接踵而來的就是創新的機會和創業的盛行。
產業外部存在的三種創新機會		
機會一	人口結構變化	例如日本和台灣社會逐漸邁入「少子化」和「老年化」，若能取得先機就會變成一種創新的服務行業（如長照）。
機會二	認知的變化	正面取向與負面取向、樂觀看法與悲觀看法、危機就是轉機，重點僅於一念之間。
機會三	新知識的取得	新知識可以形成一種新的創意，而變成一種創新的機會。

【論點五】

　　全體最適化的時代來臨，彼得・杜拉克認為不能只關心其中的局勢變動，否則什麼也得不到，唯有整個作業流程實施「全體最適化」才能顯現成果。局部東拼西湊是無法達到全體最適化的，如果只滿足最低局部的標準，全體的位階也會隨之下降，尤其是統計的品質管理（SQC）、作業基礎成本（ABC 成本法）、彈性生產（FMS）、系統方法（SA）四種概念的革命。

❹ 菲利浦・科特勒的行銷策略

　　菲利浦・科特勒對行銷的定義是「為滿足個人或組織目標所形成的構想、產品和服務等概念，藉由價格的訂定、促銷活動、通路等的規劃和執行過程中加以完成」。

　　因此，以現在的觀點來看行銷，就是要集中在市場和顧客兩個焦點上，特別是市場結構和顧客的需求必須廣受注目，明確找出目標顧客並有效配合 4P 行銷組合（產品 Product、價格 Price、通路 Place 與促銷

Promotion），以擴大營業額和獲利，這種混合式的應用法稱為「行銷組合策略」，而菲利浦·科特勒認為行銷與銷售的不同如下表所示。

	出發點	重點	手段	目的
行銷	市場	顧客需求	協調式行銷	滿顧客需求而獲利
銷售	工廠	產品（庫存）	販賣和促銷	擴大銷售而獲利

【產品系統和產品組合】

菲利浦·科特勒認為產品不是指單一產品，而是一系列的產品，另外產品組合應包括寬度（產品線數目）、長度（全部項目）、深度（產品種類、顏色、尺寸、大小與等級等）、一致性（各個產品線的最終應用、製造條件、流通通路等相關問題）皆須加以重視並確實衡量。

【顧客特性的組合要素】

★ 由誰構成市場（Occupant）。

★ 買什麼（Objects）。

★ 為何買（Objectives）。

★ 購買的相關人員（Organizations）。

★ 如何買（Operations）。

★ 何時買（Occasions）。

★ 在哪裡買（Outlets）。

【策略性行銷（STP）】

在資訊技術蓬勃發展下，一對一的行銷不論在個別化或族群化，都是市場區隔與定位後的結果，也是未來行銷成功的趨勢所在。

市場區隔 Segmentaion	目標市場 Targeting	市場定位 Position
• 地理 • 人口統計 • 社會階層 • 購買習慣 • 品牌忠誠度 • 生活態度 • 職業	• 單一集中區隔 • 特定化選擇 • 特定化產品 • 特定化市場 • 規模、成長性 • 吸引力及企業目標與資源	• 產品的差異化 • 服務的差異化 • 員工的差異化 • 形象的差異化

【競爭性行銷策略】

　　菲利浦‧科特勒認為市場領導者和市場挑戰者所採取的策略不會相同，市場領導者視市場的全體成長為其策略的依據，因為只要全體市場變大，就能持有最高的市場占有率，其銷貨自然也會跟著擴增。領導者不會為了輕易打擊競爭對手，而做不理性的降價，因為任何混亂市場的動作都不是領導者樂意看到的。作為龍頭企業就是要保持市場的領導地位，對新顧客的開發、產品的新用途、增加使用頻率等都是領導者所關切的，而市場領導者一般採取的措施如下。

⊛ 熟悉顧客的需求。

⊛ 長期的觀點。

⊛ 產品創新策略。

⊛ 高品質策略。

⊛ 多品牌策略。

⊛ 大量廣告、有效促銷。

　　另外，追隨著龍頭企業的市場挑戰者，首先要確定的瞄準攻擊的對象，是要攻擊市場領導者、相同規模弱勢的同業或是地方性的中小企業。

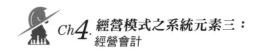

總之擴大長期性的市場占有率為首要目標，其具體策略一般如下。

⊛ 降價策略。
⊛ 大眾化價格的產品策略。
⊛ 高品質／高價位策略。
⊛ 產品創新策略。
⊛ 通路創新策略。
⊛ 服務改善策略。
⊛ 成本降低策略。

5 目標管理之策略規劃的作法

瞭解了各種策略規劃的分析，筆者要繼續探討學習目標管理之策略規劃究竟要怎麼做。綜合前述，我們在實務工作中對於策略規劃的理解和做法可以用下圖來加以說明。

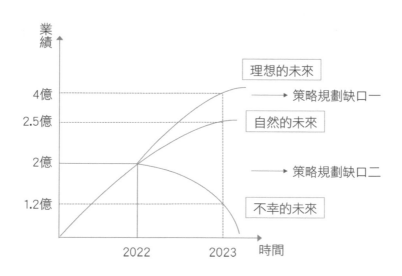

　　甲公司在 2022 年的業績為 2 億，到了 2023 年底的業績可能有兩種情況，一個是 1.2 億，一個是 2.5 億。一般我們把 1.2 億的這個未來稱之為「不幸的未來」，而 2.5 億這個未來稱之為「自然的未來」。如果在 2022 年內甲公司內部的競爭力大於外部競爭力的話，到了 2023 年在自然成長的趨勢下就會變成 2.5 億業績，而這個業績就叫甲公司在自然成長狀況下的未來。

　　反之，如果甲公司在 2022 年時，其企業內部的競爭力小於外部競爭力，那 2023 年的業績就會掉到 1.2 億的不幸未來。當然，很多公司會不滿足於自然成長的未來，希望創造另一個高峰，所以可能目標定在 4 億，我們把這種情形下的目標，稱之為甲公司的「理想的未來」。

　　就此觀念，對甲公司而言就形成了 2.5 億與 1.2 億目標之間的第一個落差，我們把它稱為甲公司的策略規劃缺口一，至於 4 億與 2.5 億目標之間的落差，則稱為甲公司的策略規劃缺口二，而企業的策略規劃就是策略缺口一和二的總和。

　　經營策略與經營革新就好像車軸的兩輪，缺一不可，對企業而言，企業要成長必須以經營革新強化環境變革的適應力，並牢固經營基礎，而企業成長的原動力就是企業內部為了因應變化形成高漲的力量，這個力量可以透過經營革新來加以實現。

　　因此，經營革新是實踐經營策略的原動力，上圖所談到策略規劃缺口一就好似經營革新，而策略規劃缺口二就是經營策略，因此可以知道經營革新就是「改善」。

　　由於科技發達，再加上網路的快速傳播，使得整個經營環境的變化更快、也更不確定，而在這種不確定的經營環境下，描繪出解決問題的未來藍圖的思考方式就叫「策略思考」，它是具體性經營全體最適化、有條理性的思考模式，用這種策略思考將所有企業活動歸納成唯一目的──追求

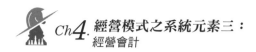

功能性的發揮和最佳效率。

換言之，策略思考是一種目的優先型的思考方式，其特徵有以下幾點。

⭐ 不受現有框架束縛。

⭐ 理論性思考（有系統性的條理思考）。

⭐ 考量全體最適化，必先瞭解經營的整體狀況及短板所在。

⭐ 探索新需求。

⭐ 優先考慮目的和假設。

策略思考是在現有的架構下思考和檢視各種作業，是一種手段優先的思考模式。當今實用的各種產品多來自於歐美的發明，其發明力便是來自於策略思考，但它會侷限現有的架構中，成為發明的障礙。而策略思考的反面是戰術思考，相較於歐美，日本更擅長的就是戰術思考，他們不斷追求目標的改善，因此能夠製作出品質佳且不易損壞的產品。

全球化大競爭時代的到來，世界各國正形成超越國界的肉搏戰區，只靠戰術是無法勝出的，因為戰術不久就會被趕上或被模仿，在策略之間將會毫無招架之力。而這種戰術也無法造成有效的差異化，所以每個經營者都必須具有策略思考，以此作為經營策略的規則。在策略思考的過程內有六個重要的方法，是思考者必須把握住的大事，筆者在此介紹如下。

① MECE 的概念

MECE 就是「相互獨立而沒有遺漏或重複」，這也是策略思考的基本原則，由「全體到局部」或是「由細微到極細微」，逐一檢視乃是思考的根本，也可以說「見樹也見枝」，若只顧看細微處或只看全體，發生遺

漏的機會也就變多了，如此根本談不上 MECE。

　　而重複也會產生浪費，MECE 本意在免除遺漏或重複，首先應該依照優先順位排序，經營並非將資源投入所有從事的領域，而是選擇其中最有利的區隔，定位成特定的目標市場（或顧客），在此過程中如果發生遺漏或重複就是浪費資源。

　　為使企業有限的資源做最佳使用，勢必慎重選擇目標市場，沒有選擇的策略，根本稱不上真正的策略，而 MECE 就是以有效選擇目標為出發點。

② 養成考量整體架構的習慣

　　企業整體策略的架構為「3C+ 經營環境」，所謂 3C 就是顧客（Customer）、企業本身（Company）及競爭對手（Competitor）。企業經營的環境無時無刻不在變化，以掌握經營環境的重點。近代經營環境常使用的關鍵字為通貨緊縮、拉型市場、全球化、老齡化、少子化、大競爭時代、亞洲各國的抬頭、國際分工化、重整及 ROE。

　　對於顧客則必須分成「現在的顧客」和「未來的顧客」，對「現在的顧客」要重視顧客價值的經營，尋找顧客需求和獲得優良顧客是二個重點。「未來的顧客」是指五年、十年後，誰是企業真正的顧客？需求又是什麼？至於企業本身的思考，則要放在核心競爭力的開發與培育，而競爭對手之思考則是以差異化策略為主要思考方向。

③ 用邏輯樹來思考對策及探究原因與本質

　　邏輯是理論，樹為枝幹，所謂邏輯樹便是依據邏輯利用樹狀圖，將相互間的因果關係或大小關係明確地標示出來的方法。邏輯樹可以說是從根本原因來解決問題的手段，它是系統圖法的再利用，有著兩種類型，一種

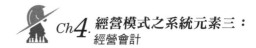
是解決對策（How to do），另一種是探究原因（Why），如下圖所示。

★ 解決對策型

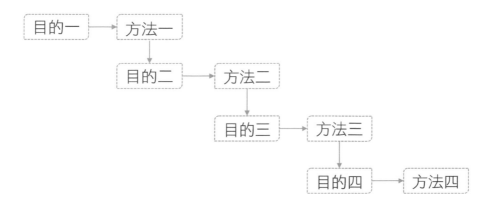

★ 探究原因型

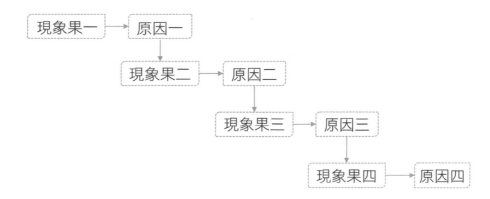

❹ 利用金字塔原則來說服支持者

　　金字塔原則是應用記憶的特性來說服人的一種技巧，從想要讓別人接受的事（結論）開始，將許多理由做一整體的串連並加強說服力，能將訊息確實傳達且系統化，又不引起對方反感。

❺ 強化策略思考的假設思考

成立假設再予以驗證，能提升假設精確度的思考方法，稱做假設思考。假設精確度很高的東西就是結論，在不確定的經營環境下，利用「擬訂」、「分析」、「驗證」這種循環系統重複測試，即可描繪出解決問題的藍圖。換言之，與強化策略思考有意曲同工之效，又稱為「試誤思考法」。

假設思考對於經營策略的規劃也很有效，甚至可說經營策略就是從假設開始的。假設驗證型的策略思考依照以下步驟進行，首先要求訂假設，接著要用調查或收集資料來佐證，若是有證據證明假設沒錯，該假設即被當作事實，進而成為結論，最後再基於結論來研擬對策。

❻ 策略要從能捨開始

產品越多，庫存風險愈大；服務越多，越無法集中資源於某些具有差異化的服務中，而擴大差異化的效應。因此在策略規劃中，在差異化與集中化的策略思考下，「能捨」才能實現策略，否則會事與願違，尤其不能在目標客戶群體定位完成後，因為捨不得而失去焦點。

❻ 目標管理之目標分解

花了很大篇幅談完最關鍵的「策略規劃」後，緊接著就是教導各位讀者在目標管理體系中，最關鍵且能夠承上啟下的「目標分解」，也就是「目標展開」。尤其在一個機械式結構下的組織，要如何才能做到有機結合而不掉鏈。簡單來說，在機械式的組織結構下，上級部門就好比一個大齒輪，帶動著下級單位的齒輪，這部機械才得以正常進行運轉。

相反的，如果有任何部分大齒輪帶動小齒輪運轉的功能喪失了，那麼不是導致整部機械停止運作，要不就是因為功能不全，致使效率大打折

扣。因此，在目標管理之實務中，經常會看到上面的人老是哀聲嘆氣地說：「怎麼會有事與願違的無力感呢？」其實很多原因說穿了都是「目標展開」這個環節的工作沒做、沒做好或沒做對。

目標展開是目標從上到下，層層分解、層層落實的過程，其要求是按「整分合原則」建立目標體系，並按激勵原則落實目標責任的一種方法。目標展開的工作內容包括目標分解、對策展開、目標協商、明確目標責任與授權，及繪製展開圖並製作目標管理卡五項工作。

其中目標分解是建立目標鎖鏈的基礎；對策展開是實現目標的保證措施，也就是可令目標實現的戰略或戰術；明確目標責任和授權是為了責任到人，充分調動每位員工的積極性，以利目標的實現及明確每個人與人的關係。

目標展開圖可在樹狀圖或系統圖上表現，亦可在目標管理卡展示，它是目標管理活動的一重要工作，千萬不能忽略，以下筆者僅就每項工作詳細說明實務的方法。

❶ 目標分解

目標分解就是將總體目標在縱向、橫向或時序上分解到各層次、各部門，以至具體到個人，而形成目標體系的過程，目標分解是明確目標責任的前提，是讓總體目標得以實現的基礎，如下業績目標分解之範例。

範例一

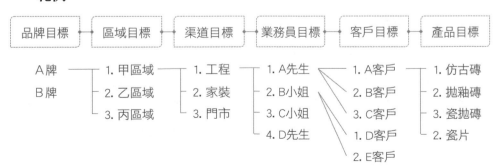

範例二

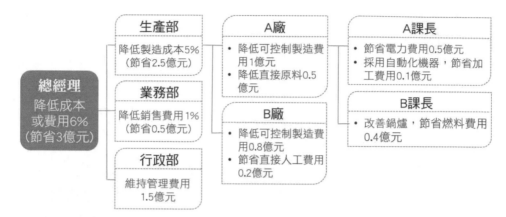

⭐ 目標分解的原則

1. 目標分解應按整、分、合原則進行,也就是將總體目標分解為不同層次、不同部門的分目標,各個分目標的總合應能體現總體目標,並能保證總體目標的實現。
2. 分目標要保持與總體目標方向一致、內容上下貫通,並保證總體目標的實現,且各分目標要能表現出策略方向。
3. 目標分解中,要注意到各分目標所需要的條件及其實際因素與限制,如人力、物力、財力的協作條件或技術保障等。
4. 各分目標的表達也要簡明扼要,明確、有具體的目標值及完成時限之要求。

⭐ 目標分解的方法

1. 指令式分解:指令式分解是分解前不與下級單位商量,由領導者確定分解方案後,以指令或指示、計畫、命令等形式下達。這種分解方法雖然容易使目標構成一個完整的體系鎖鏈緊扣,但由於未與下級協商,對下級承擔目標的困難意見不瞭解,容易造成某些分目標難以落實下去,更由於下級感到這項目標是上級制訂的,而非自己承諾的,因而不利於下

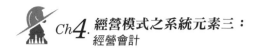

級的能力發揮，沒有積極性的激勵。

2. 協商式分解：協商式分解使上、下級能落實對總體目標的分解和層次關係的關鍵，也有利於下級積極性的調動和能力的發揮，甚至更瞭解短板所在，而採取補短板之措施。

但不論用哪種方法，在具體分解時都應採用系統圖法（亦稱樹狀圖法），將目標一級一級分解下去，從而形成一個「目標－手段」的鎖鏈。同時，自上而下又是逐級保證的過程，不但構成目標體系，各級目標的實現也能確實落實。

⭐ 目標分解的形式

1. 按時間順序分解：訂出目標實施進度，以便於實施中的檢查和控制。
2. 按時間關係分解：包括以下兩種，其一為按管理層次的縱向分解，將目標逐級分解到每一個管理層級，有些目標還可以分解到個人。其二為按職能部門的橫向分解，將目標項目分解到有關職能部門，而構成目標的空間體系。

❷ 對策展開

所謂對策展開，就是制訂實現目標的具體對策措施，並在實施中落實這些措施，才能保證目標的實現。如果只有目標而沒有保證的措施，或是措施無法達到目標達成的效果時，就如同「大紅燈籠高高掛」，這種我們稱之為只有想法沒有做法、只有形式沒有實質的目標管理。

這是現今大部分企業在實施目標管理時，最常犯、也是最嚴重致命的錯誤，目標管理最終無法為企業帶來真正得效益，且讓那些觀望學習的企業誤解「目標管理」是無用的。殊不知這不是目標管理體制無效，而是因為高階領導者欠缺領導才能（管理才能）所致。

關於對策展開，讀者一定要遵照前面所講述的邏輯樹（樹狀圖）進行分解，這也是仿效工業工程（IE）的工作分解概念，只有把達成目標的手法分解到透徹並貫徹執行，目標管理才會真正發揮效益，否則形式上、口號式的目標管理是沒用的。

❸ 目標協商

目標協商並不純粹是為目標高低、多寡、大小的協商，更重要的是藉由協商發揮主管審查下屬目標對策展開的有效性，更進一步再進行資源分配與檢視的功能，而協商工作必須要做好事前的準備，並依下列要點下去逐項準備才行。

⭐ 調查研究並掌握下級的情況，包括素質、能力、資源及其條件，看訂定的目標與下級之戰術條件是否相稱。

⭐ 協商的重點問題要做到心中有數，使協商時能緊緊抓住重點。

⭐ 採取的協商方式是個別協商，還是把有關下級部門召集到一起協商？是採取會議形式還是採取書面形式？是先聽取下級意見，還是先拋出領導者的方案意見？協商中如果出現意見分歧時，該怎麼處理、如何統一等方式。

❹ 明確目標責任與授權

明確目標責任必須做到以下幾點要求。

1. 明確目標責任要與各種責任制相結合，不能事權不一致。
2. 每個層次應在明確集體目標的基礎上，進一步明確個人目標責任。
3. 要明確目標責任的內容、數量、質量、時間、時效、成本等要求，使責任具體化、指標化，以便追蹤、檢查及考核。
4. 在明確目標的責任同時，授予適當的權力，並分配實現目標所需的各種資源，以保證目標的實現，避免「藉口」的推託。

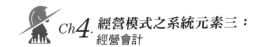
❺ 目標管理卡

目標管理卡又稱目標責任卡，它是目標管理的重要工具，其效用貫穿卡目標管理全過程。目標管理卡是目標管理活動的工具，其內容必須按照制訂目標、實施目標、進行監督檢查和評價目標成果等所需之欄目內容。然而一般實務的做法都會直接與工作計畫表結合使用，其格式如下表。

目標項次	上層目標	工作步驟與內容	時程					工作擔當者	監督者	成果評價
			10/1	10/2	...	10/30	10/31			

❼ 目標管理之工作計畫

前面幾個章節談完了目標管理實施的目標制訂、策略規劃、目標分解後，接下來要談論的課題是「工作計畫」，這是一個管理幹部能否轉動P-D-C-A 管理循環的工作習性問題，也是現今中小企業管理層遇到最大的瓶頸。

根據筆者多年來的觀察，造成中小企業無法進入全面精細化管理的瓶頸原因，無非是三個原因，其一是「懶」，因為用說的比較快，不用動腦去組織語言及文字；其二是筆下功夫能力有限，因而極度欠缺管理技術的專業知識；最後一項則是上位者不知道編寫計畫的好處及可以避免的管理缺失。因此，藉此章節的學習，希望能解決中小企業無法轉動P-D-C-A 管理循環的瓶頸。

習性態度的改變不是利誘就是威脅，所以要學習工作計畫前應該要先瞭解「不做工作計畫的缺失」及「做工作計畫的好處」。

⭐ **不做計畫的缺失：** 人類的慣性一定是先做會做的、好做的，且大多是在直覺反應的情況下，照過往經驗去判斷及執行。但不幸的是，環境、人、資源、時空背景、對手及人際不斷在改變，造成不合時宜的遺憾與缺失，沒辦法達到預期的效果，且留到最後的問題往往都是不會做的、不好做的，或是不容易做的事情和問題。試想在這種狀況下的企業會變成什麼樣？從領導角度來看，員工不是你肚裡蛔蟲，沒有工作計畫的話，員工不知道接下來該怎麼走，所以會選擇最安全的方法，也就是等待你下一步命令，久而久之就會養成員工的被動性，從而失去主動的行為特性。另外不完全的指示、命令、訊息傳遞和資源分析，輕者可能造成下屬的誤判；重者怕有中傷、不健康或誤傳……等負面訊息的風險，影響工作士氣或領導的威信。最後，沒有書面文字就沒有白紙黑字的壓力，從而無法養成員工預防或判別對錯的意識。且因為無法預先把工作說清楚，所以沒辦法讓員工有分憂解惑之效果，造成盤算的不完整性、看事辦事，容易產生錯誤或重工的現象。

⭐ **做計畫的好處**

1. 讓所有人能重新思考現在與未來的地位及時空背景的差異，有助於全貌的掌握及未來機會的掌握。
2. 能啟發員工主動積極的工作習性。
3. 提供正確的目標與方向，有助於命令的執行及化解內部的衝突。
4. 借由營運績效的比較和控制，有助於生產力提高。
5. 有助於促使管理人員養成轉動 P-D-C-A 管理迴圈的良好習性。
6. 工作計畫是將各有關活動予以系統化整合的工作，所以對事情之處理較能明確區分輕重緩急，且由於上下工序承接的關係，所以容易形成一種自動督促的功能。

　　瞭解做計畫的好處與不做計畫的缺失後，筆者想讓每個人的目標管理體制都能確實成功實施，以下就開始介紹有關工作計畫之計畫編寫、執行

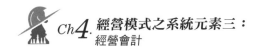
與評估的實務做法。

❶ 工作計畫是什麼？

⊛ 工作計畫就是「決定目標及如何達成目標的一個程式」。

⊛ 工作計畫就是現在想好將來要執行的各項工作之行動方案。

⊛ 就企業的經營而言，工作計畫就是為了達成企業的經營目標，企業內各項
業務的責任者，根據目的、現狀的事實及未來可能的預測，做出最有利的
行動方案。

⊛ 一份好的計畫有如一份好的航海藍圖，能使我們避免錯誤的航行，而浪費
時間與資源，也能引導我們最有效、最正確地達到目的地。

⊛ 一份好的工作計畫可以發揮很好的協作溝通，指揮溝通，借力溝通之功
能，使員工能相互配合，發揮最大的效率。

❷ 工作計畫的種類

　　舉凡願景、政策、目標、策略、行動方案、預算、專案計畫、部門工
作計畫、時程計畫等，都是工作計畫的一種，但在實務上企業內常見的工
作計畫的類型大致可以下列之方式來加以分類。

⊛ 長期計畫

1. 一般而言，企業的長期計畫通常是三至五年，也就是多數企業所制訂的
五年計畫。

2. 長期計畫的主題為企業的願景、事業範疇及希望五年後達成的各項目標
指標。例如產品開發目標、市場開拓目標、組織目標、成長率目標、市
場占有率目標、投資報酬率目標，並構築出達成這些目標的基本策略，
以及一些需投入較長時間才能達成的工作，如品牌行銷策略之打造，一
般都必須由經營者負責進行的。

⭐ 年度計畫

1. 年度計畫是以該企業的長期策略規劃為前提或基礎，規劃出詳細的年度措施行動計畫。

2. 年度計畫必須明確訂出企業的經營管理者新年度要做些什麼，並計畫好如何達成年度目標及要投入多少預算。

3. 一般而言，一個企業年度計畫必須要包括的計畫內容如下。

經營策略計畫		行銷計畫	生產計畫	行政計畫	財務計畫
年度目標	基本策略				
1. 財務目標 2. 非財務目標	1. 行銷策略 2. 產品開發策略 3. 製造生產策略 4. 行政管理策略 5. 組織發展策略 6. 財務策略	1. 市場分析 2. 競爭分析 3. 產品策略 4. 人員計畫 5. 廣告促銷通路開發計畫	1. 生產排程計畫 2. 庫存計畫 3. 原料取得計畫 4. 設備支出計畫 5. 產品研發計畫	1. 人力資源管理計畫 2. 費用管理計畫	1. 收入計畫 2. 支出計畫 3. 流量計畫 4. 資金籌措計畫

⭐ 功能計畫

1. 每個部門為了完成部門的主要功能，都會做出一些部門功能性的計畫。

2. 如每月銷售計畫、促銷計畫、人員招募計畫等，這些計畫可說都是部門之功能性計畫。

⭐ 專案計畫

1. 企業為了解決一些特定的問題，可能必須進行一些專題活動，而這些活動往往必須由跨部門的人員支援共同完成，甚至必須要不同專業技能的人共同參與，而這種活動我們一般就稱之為「專案計畫」。

2. 雖然每個計畫專案的主題內容不同，但計畫過程的思考步驟大同小異

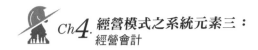
的，一般可依循下列的步驟進行。

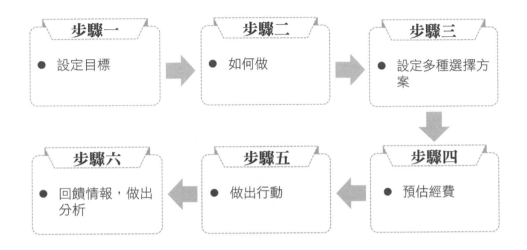

⭐ 行動計畫

行動計畫又稱之執行計畫或實施計畫，其重點在於執行，因此必須包括5W2H，其意含如下。

1. What：指的是確立問題，瞭解「目的是什麼？做什麼工作？」

2. Why：指的是說明背景或提出問題，也就是「為什麼要這麼做？理由何在？原因是什麼？」

3. When：指的是時間，設定「什麼時間完成？什麼時機最適宜？」

4. Who：指的是對象，指明「由誰來做？誰來完成？」

5 Where：指的是地點，確認「在哪裡做？從哪裡入手？」

6. How to do：指的是方法，提出「怎麼做？如何做會更好？如何實施？做法是什麼？」

7. How much：指的是花費或成本，計算「要花多少預算？金額是多少？」

❸ 工作類型與計畫步驟

　　若將企業內的工作加以區分，可以區分為三種工作類型，第一種為達成目標的工作；第二種為解決問題的工作；第三種為例行性工作。但往往一件工作就含有三類性質，例如一項達成目標工作中的一個細項，本身就是在解決某一個問題，也就是要完成這件達成目標的工作也須配合制訂一些執行時的方法，因此工作計畫的步驟絕非是不變的，但在大原則上大致可以參照下表，來作為不同工作類型的工作計畫步驟。

工作類型		
目標達成型		解決問題型
步驟	計畫要點	
step1 把握現狀	(1) 確定主題	step1 明確目標或標準
	(2) 收集情報資料	step2 發現問題點
	(3) 要因分析	step3 要因分析
	(4) 掌握關鍵要素	step4 確定要解決的課題
step2 設定目標	(1) 訂定明確的目的	step5 擬定對策
	(2) 訂出你的目標	step6 做出行動計畫
		step7 執行行動計畫
step3 研擬手段	(1) 系統化透想做成	step8 效果確認
	(2) 推進計畫做成	step9 更新標準化

❹ 工作計畫的執行

　　P-D-C-A 管理循環告訴我們計畫要有效，就必須不停的轉動 P-D-C-A 管理循環，若無法轉動，那即使計畫再好，也不會產生管理的力量。因此計畫要有效，關鍵還是在於 P-D-C-A 管理循環的轉動，也就是身為一個管理者最重要的管理習性養成。

✪ 工作計畫一（較不符合 SMART 原則）

項次	方針目標 細目目標	實施方案	方案重要程度	方案可行性	方案實施日程 月份 1	2	...	12	問題與檢討	問題對象	需其他單位或上級協助事項	自我評價
1	策略面 落實傳動產品的流通業者之事業概念	1-1 在原有代理之MOTOVARIO,MGM,LS 另增加 STM, SEIPEE 同類商品。 1-2 STM, SEIPEE 視為第二品牌，重塑品牌形象及定位，進而增加市占率。	◎	○								
2	產品面 雙品牌行銷做法，確保本業永續經營，依賴單一品牌風險性可降低	1-1 MOTOVARIO, MGM, LS 第一品牌 1-2 STM, SEIPEE 第二品牌。	◎	◎								
3	組織面 目標（含產品及市場）調整，組織之作調整	1-1 業務人員編制，北區增加一人、中區增加五人 1-2 第二品牌事業人員 北區：○○○ 南區：○○○	◎ ◎	○ ○								
4	售價面 因應市場之變化為增加市占、售價應採彈性化，以應速採競爭者	1-1 原品牌積極採競爭策略，消除競爭者空間。 1-2 新品牌初期採期貨方式供貨、價位彈性較大，且不影響原品牌售價。	◎ ◎	○ ○								
		自我啟發點要點							核定	審查	撿索	

★ 工作計畫二（較符合 SMART 原則）

項次	方針目標	推展內容（方針）		日（時）程計畫				所需資源及投資預算	自我評價
	細目目標	工作項目	工作步驟	月份					
				1	2	…	12		
1	流通業者事業概念達成率 5%	1. 原有客戶之成交率提升到 30%，重訂率達 20%（含產業通路別）。	1. 提升熟客拜訪密度 50%（二次／月）。						達成率 90% 以上為 90 分；達成率 80% 以上為 80 分；達成率 80% 以上則不及格
			2. 生客拜訪次數三次／月。						
			3. 增加不同產品帶（即擴充品帶）馬達二個品牌，變速機一個品牌。						
			4. 增加不同產品價（即擴充價格帶）同上。						
			5. 業務人員產品及應用專業技術知識訓練五次。						
			6. 加強推銷業務工作之管理落實度 90%。						
			7. 擬定提供某一部分之保證或折扣以消除客戶的不安全感、障礙，六月底完成 100%。						
			8. 採用計畫性行銷促進之知識報導每月一次、感謝函三次、客戶需求抱怨回饋一天內完成 90%。						
		2. 自入月開始進行開接通路之開發與建設五家。	1. 每月 30 萬元以上營業額經銷商五家、每月一家（自入月開始）。						

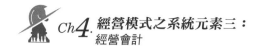
8 目標管理之預算與控制的意含

工作計畫是指各階層、各單位為達成各自目標的戰略、戰術（即工作的內容），透過甘特圖進行工作分解、工作分配、時程規劃、評估標準等，加以系統性規劃，這也是所謂「豫則立、不豫則廢」的道理。從企業經營的角度來說，任何事講究的都是經濟效益，所以工作計畫既然已經規劃完成，那接下來就必須進行其經濟效益的規劃與評估，也就是有效地控制因工作所投入的成本資源，使之投入的成本最小化，產出的效果、效率、效益最大化。接下來跟各位讀者談談「預算與控制」的環節，好讓整個「目標管理體系」完整執行，而能順利進入 P-D-C-A 之管理迴圈狀態。

1 預算的意義和內涵

🔹 **預算：** 所謂預算，是指企業對某一特定期間如何取得及使用各項資源的貨幣化計算的一種計畫，預算表示未來的各項工作計畫，它是一種行業計畫，不全然只是一種財務的規劃而已，其重點在協調與執行各項工作的輕重緩急，及資源最有效的分配。所以，一份沒有工作計畫作為支撐的預算，它只不過是一種財務數據的運算、堆積的遊戲稱不上是預算，其意義不大。

🔹 **整體預算：** 所謂整體預算，又稱營運計畫，是指某一企業對其未來的施措計畫。包括基本策略與功能策略，及各階、各單位與總體目標設定規劃之總和，它表達了該企業在未來某一特定期間之行銷、生產、研發、人力資源與財務調度（投資理財）之各項活動，並表現在資產負債表、損益表及現金流量表裡。預算代表經營管理人員對其企業之未來計畫，以及這些計畫達成的方法及努力方向與決心的表現。

🔹 **利潤規劃：** 指企業為達到利潤目標而擬定的各項經營計畫的程序預算，因

此預算為利潤規劃的一種手段,而利潤規劃則為預算的最終目標。

❷ 企業為何要編製預算?

⭐ **工作的計劃:**工作計畫的內容包含策略規劃、戰術擬定、工作執行的分解、資源調控與分配。而孫子兵法提到「計先定於內,而後兵出境。」古人有云:「凡事豫則立,不豫則廢」皆是告訴我們在商場上要想謀取經營的勝利,就必須要對經營管理的各項工作有一個事先的計畫,才能有效達成想要的目標,而預算正是在為這些工作(施策計畫)進行效果、效率、效益的評估與演練,因此預算可以說是達成經營目標的必要手段。

⭐ **協調:**正確地實施預算,可作為目標融合的工具,因其能結合組織各個不同部門或單位,共同為一個目標努力,激發承上啟下及協同作戰的功效,而不會造成多頭馬車的力量分散與抵消的局面。

⭐ **溝通:**透過預算編制的過程,企業各部門單位可以對各項事情的因果關係與輕重緩急相互溝通瞭解,使組織成員能更清楚瞭解自己工作的價值與所扮演的角色對整體目標達成的影響,而能更清楚地意識到所從事工作的意義。

⭐ **激勵作用:**由於個人參與了預算編制,所以相當於個人參與了公司各項經營管理方案之研討,得以激發出人的六大慾望(即興趣、肯定、負責、成長、成就與理解)的本能,使員工更明白自己崗位工作與整體公司利益的關係,進而產生責任感。

⭐ **控制作用:**由於預算在編制時,必須先做好工作計畫,並說明其需要,所以不會有腳踩西瓜皮、滑到哪裡算哪裡的情況,且在後面執行時會以預算限額為費用支出的度量,不會產生浪費的現象,並且在進行目標檢討時會評估工作的效益,也就是經費運用之效益,因此能使員工重視工作品質,進而產生效益,消除過去那種應付了事、不講究效益的消極工作態度。

❸ 預算的種類

⦿ **部門預算與整體預算：**部門預算即各職能部門所編制之預算，如行銷預算、生產預算、人資預算、財務預算、研發預算等；整體預算則是站在企業整體立場而編制之預算，其整體架構及內容包括如下。

整體預算	營業預算	銷售收入預算、生產需求明細預算、購料預算、直接人工預算、製造費用預算、銷售費用預算、管理費用預算、其他收入與支出預算、預計損益表
	財務預算	直接材料存貨預算明細、製成品存貨明細預算、應收帳款預算、應付帳款預算、資本支出預算、現金預算、預計資產負債表、預計財務狀況變動表

⦿ **固定預算與彈性預算：**所謂固定預算又稱表態預算，是以某一特定生產規模（生產數量）為前提所編制的預算，並不考慮生產量的變動對成本與費用之影響。所謂彈性預算，又稱為變動預算，是以一相關範圍而非單一產量為基礎所編成的預算，它可隨生產量之變化而彈性調整成本與費用的預算數，以利於實際數據與預算數據之分析。

⦿ **零基預算、增加預算與連續預算**

1. 零基預算：所謂零基預算，即各單位、各部門、各階層先訂定預算目標後，由每個單位擬定好決策錦囊，公司再將所有決策錦囊依其重要性或利益大小，排列優先順序，並由「基層」開始逐級呈送上級主管覆核，重新合併排列優先順序，重覆到最高層編訂最後的優先順序，並由最高管理者決定未來可支配資源的多寡，再著手編制預算的一種預算手法。

2. 增加預算：所謂增加預算，乃以原訂的營業活動量為水準，就可能變化之因素酌加調整而成之預算謂之。

3. 連續預算：所謂連續預算，又稱滾動預算，即以一個會計年十二個月為

期，每經過一個月後，立即補上一個月的新預算，使預算永遠保持十二個月之預算，其目的在使管理當局知道未來十二個月的目標計畫，並隨時修正每個月的預算，以適應動態的環境變化。

從上面所述，預算的種類有這麼多種，但要在實務上能讓預算發揮出更棒的經營管理功能，則必需採行以上所介紹的預算技術。而非如過去那般，將「預算編製」視為在前一年度的基礎下，以一個成長百分比為準，將數字做等比的調整計算。

不同的營收規模或利潤目標，其所採取的戰略、戰術一定不同，因此所要從事及努力的工作內容一定也會不一樣，預算的本質既然是一種工作計畫的資源使用量化的行為，則經過計算後所產生的數據一定不等同於某一成長百分比的比例增長那麼簡單。所以必須用正確的成本觀念精確預測每一項工作計畫所應投入的資源，以及可能產生的效益後，再求出一個正確確實的數字，以此來完成「整體預算」的各種預算內容，才是正確認知與正確的工作態度。

9 目標管理之預算編製

眾所周知要實施預算制度必須有其條件，否則就很容易在數字堆疊的遊戲中打轉，而要實施預算制度的條件則是要先做好下列四項工作的準備。

⊛ 必須要組織健全，且職責及權責分明。

⊛ 必須要健全會計制度，尤其是成本會計制度。若會計制度不健全，則無法提供正確的經營資訊，導致預算控制可能無法正確進行，失去「及時」改善之功效。

⭐ 主管必須親自參與支持，否則看猴戲是不會獲得成功的。

⭐ 全體員工都必須徹底認知到預算是一種積極的營運目標，而不是約束工具。

　　因此，我們可以說預算實施的第一步則是理念變革、組織變革與會計制度的健全化。當上述的準備工作進行的同時，就必須依下述之流程逐步展開。

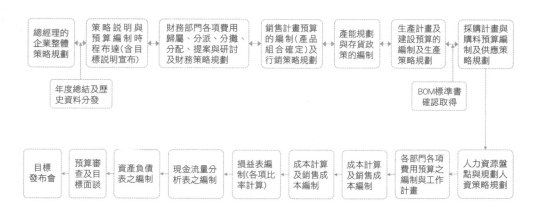

　　從上面流程分析要進行一次的預算總共十六個步驟，且從流程上來看，這不是單一部門的事，而是全公司各功能部門同步或一棒接一棒，共同努力完成的結果，至於其中的具體工作又該怎麼做，就以下說明。

【第一步】經營者的企業整體策略規劃

　　所謂「頂層設計」就是經營者把未來企業的使命、策略、方針、目標、經營策略方案等，先行提出並示下，然後才由下層崗位承上啟下，展開各項功能策略等之工作，而這些所謂「頂層設計」之工作也就是經營者的企業整體策略規劃。

【第二步】策略說明與預算編製時程佈達

　　CIM 人力戰術，係指溝通（Communication）、說服（Influence）、改變行動（Motion），是管理力好壞的關鍵手段。因此策略說明會就會是傳達公司未來經營方針與方案的重要工作，否則各自解讀，可能會有錯誤理解或產生不認同感。在這種情況下，整個目標管理推進過程中就有可能犯錯，徒生後面工作推動的困難或將公司引導至一個錯誤的方向。而整個預算編制步驟繁多，且又是一棒接一棒，如果前一個步驟（單位）延誤後面就跟著會延誤。因此，必須要有一個很嚴謹的時程控制，才能有效掌控整個過程及完成時效。

【第三步】財務部門各項費用歸屬、分析、分解與分配的提案，即財務策略說明

　　費用的產生於成本計算必須經過四個步驟，而每一步驟的標準必須要有一個明確的準備與標準，四個步驟我們以下圖加以標示。

❶ 製造費用之處理原則

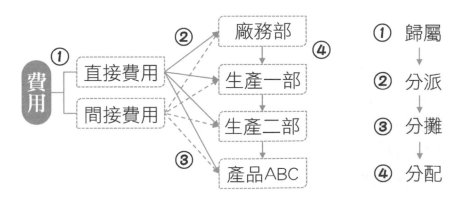

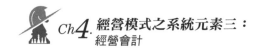

❷ 一般間接製造費用分攤基準常用方法

⭐ **工作人數準備：**直接人工人數或總用工人數。

⭐ **工作時間準備：**人工加工作時間或機械運轉時間。

⭐ **成本基準：**直接人工成本或直接材料成本或主要成本。

⭐ **儀錶容器準備：**電錶、水錶、計量器、容積。

⭐ **度量基準：**面積、容積、重量、立方（體積）。

❸ 一般廠務部門費用分攤基準常用方法

⭐ **人事類費用分攤基準：**受益部門員工人數。

⭐ **財稅類費用分攤基準：**受益部門員工人數或工作（服務）時間。

⭐ **物流類費用分攤基準：**領用材料量或成本等。

⭐ **運輸類費用分攤基準：**委託搬運物品之重量、次數或距離等。

⭐ **維修類費用分攤基準：**維修之簡述或工時等。

❹ 製造費用之分配，一般以分配率、產量或工時基準

⭐ **匯總製造費用總額：**產能基準（產量或工時）＝製造費用分配率。

⭐ **產品別應分配之製造費用：**產品別應分配之製造費用＝產量或工時 × 分配率。

【第四步】銷售計畫、預算編製即營銷策略之規劃

⭐ 銷售預算要有效，必須把銷售目標的預算分解成業務員別、客戶別、區域別、部門別及產品別之計畫與報價。

⭐ 營銷功能的功能策略內容須包含階段性營銷管理理念目標、4P 策略之組合（Product、Price、Place、Promotion）、目標市場、目標客戶群體與產品定位的策略、競爭策略（如蘭徹斯特戰略）、成本策略，且必須利

用「利量分析」將各種不同策略組合所產生的收入、支出與最終利潤之變化作詳細之計算與編制。

【第五步】產能政策及庫存政策的說明與產品開發計畫

產銷平衡與庫存政策息息相關，而庫存的政策則與生產形態之政策有關，所以在銷售策略與銷售預算決定後，產銷怎麼配合便成為關鍵因素。另外有關產品策略（即產品組合）是產品導向的年代與行業特性中能否致勝的武器，因此產品開發計畫是預算中一個很重要且關鍵的計畫。

【第六步】生產計畫中建設預算編製及生產策略規劃

產能的調整往往會牽涉到廠房、設備的整治或更新、修繕，而這些工程建設的啟動時間、完工時間甚至試車時間都會跟前面第四步與第五步的計畫實現息息相關。甚至也會影響到整個公司財務預算與調度及損益預算與總體目標是否實現，因此建設預算之重要性不可言喻。

【第七步】採購計畫與購料預算編製

企業的方針、目標制訂後，接下來的工作就是資源的調度與運用。管理的精神就是如何透過最有效的管理技術來使七大資源（人、機、料、法、時、資、金）的效益最大化，因此在前面銷售計畫決定後，就是資源的取得與運用的計畫。除了前面的建設預算外，屬購料預算最重要，沒有料就沒有辦法實現生產，也就沒辦法滿足銷售的需要。

【第八步】人力資源盤點與規劃及人力資源策略的規劃

七大資源中以人為本的道理是永遠不變的法則，因此在人力資源的政策上及人力資源的各項工作是極其重要的，沒有這些有效的人力資源政策

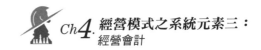
可能沒辦法使人力去有效支撐生產、銷售、採購等功能發揮，間接導致經營各項計畫與目標無法實現。

【第九步】各部門之各項費用預算編制與工作計畫

此步驟可以說是整個預算編制工作過程中，最足以代表預算精神與工作核心的一步，也是在此無形的體現「為了達到什麼目標必須要做什麼事，這些事要花費多少錢」的計畫與計算。因此，一份好的預算一定要能看出要做什麼事、要用什麼策略。

做完上述步驟，接著就是一系列專業財會的運算過程，至於預算檢討與修正，則是在 P-D-C-A 管理循環下的工作或策略的修正，所以必須完整體現，否則就失去預算運行與控制真正的意義了。

10 目標管理之實務應避免的錯誤

前面學完整個目標管理推行所需的重要環節後，相信各位讀者只要按照步驟中每一實施細節下去推行目標管理，應該不難讓目標管理維持在一個正常狀態下運行。但要讓目標管理運作的朝氣蓬勃，且能發揮預期效益的話，依照筆者多年的輔導實踐，還有一些常被忽略及所犯的錯誤要稍作提醒。

就如現今 KPI 多被用來當做整體人事制度的核心，甚至還有人認為只要有在運用 KPI 績效考核的觀念，就是在實施「目標管理」，殊不知只以銷售業績及產量、產值、良品率、利潤額為績效考核之指標項目的考核，其實無法促使經營績效的提升，畢竟「戰略」與「戰術」的有效承接及戰略與戰術的有效性與否，才是達成經營績效提升與否之關鍵。

在 KPI 的考核制度下，把人事制度執行核心轉換為「成果制薪資」，然而評價的巧拙、成敗卻能大幅左右人事制度的存在目的和有效

性。在這方面，雖然人事單位的負責人仍不斷地絞盡腦汁，試圖突破這種考核方法，但在實踐目標管理時還是面臨了許多問題。例如目標的定義、目標的效果性、日常業務、目標的位置、難以設定個人目標的業務、面臨失敗時的態度、面臨變化時的柔軟對應、評價與動力、執行過程的管理、管理者的意識改革、中堅分子與新人的育成、制度的 IT 化等諸多問題。

所以說數字不代表目標；營業額不代表績效，唯有選對目標、做對事，才能讓企業績效有實質提升。因此，要想讓目標管理有元氣，必須避免下列不當錯誤的發生。

★ 對目標管理相關專業知識的學習與認知需清晰，一知半解、斷章取義會導致以偏概全，致使錯誤執行，甚至形成扭曲。因此，實施前先對目標管理整個體系有個專業知識學習與培訓，是避免自己犯錯的不二法門。另外，正確有效地系統性培訓，也可以在整個實施過程中建立一種強而有力的溝通語言。

★ 對整個目標管理推進的時程，一定要像預算編制，事先做好嚴謹的計畫安排，並在每一個環節適時說明各個作業的目的、程序、使用表單的正確意義和正確填寫方式，以及參考資料的有效性、正確性與即時性的提供，才能確保整個作業順利且及時進行。

★ 參與感的塑造是為了預防「上面彩旗飄飄；下面鬆弛無力」的情況發生，甚至變成下面的員工在看高管耍猴戲的缺失。因此，從負責人開始帶頭親自參與不斷地有效宣導，以及各種檢討、表揚大會，甚至修正後的發言會等，應該正式、轟轟烈烈地開展，千萬不能只有主管默默地進行。

★ 在台灣的中小企業中，老闆和高管往往都只有實戰經驗，沒受過太多教育，在管理風格上絕大多數是動腦用嘴，但要他們動筆寫字就相對困難，因此要正式進行「目標管理」時會困難重重。當然這無可厚非，只要啟動

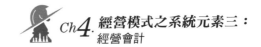
幕僚作業的機制即可，但問題在於老闆本身不懂這些專業知識，所以找的人也可能不具有專業知識。因此在實務上，如果企業在這方面的專業人才，一時無法充實到位，筆者建議一定要先啟動顧問機制，如此才能「磨刀不誤砍柴功」，讓目標管理的所有文件明文化，又能達到有效傳承與宣導的效果。

⊛ 領導要有效，獎勵要獎到讓人爽；處罰要罰到讓人怕。相同的，目標管理中工作計畫的執行與目標的達成與否，在每月的目標管理檢討會中，一定要明確重賞重罰，才能樹立對目標管理運行 P-D-C-A 的重視，更對「執行力」的絕對服從。若目標管理像廟會朝聖般走個過場而已，那便失去它的威嚴及神聖的使命，可能注定是一個形式化且不成功的目標管理。因此，一個成功的目標管理，一定是在工作成果報告後，緊接著工作改善計畫、目標修正或預算修正。

⊛ 目標管理檢討會是一個極佳的練兵場，要想讓目標管理成螺旋式的成長上升，主管可以利用檢討會上進行各相關單位的各項機能管理專業知識或思想觀念的糾正。如果主管本身專業知識不足，則無法給予下屬進行「補短板」的功能。要成功推行目標管理，必然會遭受到阻礙，所以各級主管一定要對目標管理內的各項戰略、戰術等相關管理技術事先做好功課，履行「自渡渡人」的精神，才能讓員工或下屬因你的領導而變強，目標管理各項對策的有效性才會更顯著，並獲得目標管理真正的效益。

⊛ 凡事都無法一蹴而就，必須循序漸進。同樣地，在目標管理體制推行的過程中，也有其階段性不同類型的實施，因此在推行目標管理時，一定要選定各個不同階段適合的目標管理類型，如此才能讓目標管理能在最後獲得最大效益，一般有下列幾種不同類型。

從對象分	主管中心型與全體員工型。治吏為先一定要管理的鐵律,千萬不要一下子就把對象鋪的太開,否則很容易上樑不正下樑歪,由上而下一層一層地逐步往下推。
從功能分	能力開發型或業績導向型。當幹部專業知識還處在待提升的狀態下時,就必須先把目標管理推行的功能定在「能力開發」上,直到幹部達到某一水平時,才慢慢往「業績導向型」實施。否則幹部在極大的目標壓力下,有可能承受不了壓力,而出現退化甚至放棄的行為。
從管理訴求分	成果主義型與過程主義型。絕大多數企業所犯的錯誤都是只知道成果主義,尤其在錯誤的目標分解下所採行的 KPI 績效考核,殊不知在目標分解的過程中就已經在進行「戰略」、「戰術」的推演,不論是「目的—手段」或是「因—果」,這裡面就已經蘊含過程與成果。因此筆者經常提醒,結果固然重要,但過程更重要,唯有一個好的過程才能期待有好的成果,否則所期待的那個好結果,終究只是建立在海上的浮標而已。
從作業型態分	個人中心型與小組中心型。塑造模範、標竿固然重要,但團隊合作的精神及整體效果,更有利於企業今後的發展。所以筆者建議在目標管理上的 KPI 考核上,不妨加上小組目標達成與否的權重比例,如此才能在個人中心上,加以融合小組中心之團隊建設。

　　當然,會影響目標管理推行成功與否的因素很多,筆者只在此例舉一些平常較不為人所知的失敗因素,供各位讀者引以為戒。最關鍵的節點我們還強調態度要嚴肅、工作要嚴謹、檢討要嚴格,否則走過場不僅沒辦法幫企業加分,還可能帶給企業更多缺失。

11 目標管理之實務範例

⊛ 例一:某醫美診所之策略規劃經營管理計畫書
　　見右頁。

外在環境	
威脅	1. 網路技術：由於資訊透明，因此造成消費者詢、比、議價行為更加深入，本公司若沒明顯的四項差異化（形象差異、服務差異、人員差異、產品差異）就無法有效說服顧客，提高成交率。 2. 少子化：由於少子化現象，年輕人消費者結構又向網路世代傾斜，所以在網路行銷上，若沒有一套能打動消費者的商業模式，則無法爭取他們的認同，有效提高成交率。 3. 政府政策：由於政府政策限制醫療單位之各項醫療儀器不能使用「直接療效」或某些關鍵字詞，致使在業務推廣上，較難直接讓客戶產生共鳴。因此，必須想出有利話術，以達到引流效果，進而進店諮詢，並透過諮詢師的詳細解說，讓消費者對該儀器設備所能達到之功效有清楚的瞭解，而評斷為其消費需求，進而產生購買意識，有利於諮詢師之結單，促使成交率提高。
機會	1. 五倍券：由於五倍券的發行，本公司可以提出有效的刺激消費方案，並利用五倍券來店消費之行為，吸收有效客戶，達到來店客戶增加，進而有效提升成交率、增加業績。 2. 南向政策：因南向政策，許多借探親之名義入境之外籍女子，必須在短時間內改善自身顏質，導致醫美變成剛需。因此本公司可在線上及線下，組織有利的推銷活動以爭取來店率，進而促使業績提升。 3. 中老年族群：針對該類族群開發「針對性且性價比高」的產品作為推廣對象，並結合通路組之顧問式行銷人員，開發新通路且建立有效的通路體系。 4. 性向多元化：開發時下對於性向多元的年輕人，提供友善的環境及服務，並透過通路行銷人員進行有效推廣活動，爭取更多來店率進而促使業績提升。 5. 醫美簽：針對大陸地區、港澳地區及東南亞地區欲來台做醫美手術之客戶，與相關辦理簽證之服務機關進行策略聯盟，納入通路結構管理。
內在環境	
優勢	1. 服務項目齊全：診所提供之服務項目齊全，無須外包。 2. 服務項目名列前茅：可針對此一產品加強宣傳，做為強化品牌形象地位之利器。 3. 地推部隊：擁有自己的地推部隊可以補足網路行銷之不足，並建立行之有效的間接通路之力量。 4. 諮詢部門：為客戶提供量測儀器，以模擬術前、術後之差異及效果，並將其數據化，以強化顧客接收診療信心及購買慾望。

劣勢	1. 環境佈置：診所佈置裝潢，與診所風格不協調及太過冰冷，因此必須在佈置上增添「溫暖」、「親切」之風格的素材。 2. 服務缺乏熱情：因疫情期間需長期配戴口罩，讓顧客感受不到服務人員的熱情。可透過訓練服務人員之聲音語調、肢體語言等，並透過拍照、錄影等方式標準規範，提升顧客的滿意度及賓至如歸之感受，消除傳統醫療疼痛的畏懼感。 3. 諮詢資料庫不足：各種諮詢所需之資料的完善、完整及充實，以簡單易懂的文件呈現，有效向消費者證明術前、術後之差異及效果，以提升客戶之消費慾望，實現有證明就無須說明的效果。 4. 負評攻擊：競爭業者在網路上的詆毀。

目標及方針

1. 網路技術：
   （1）提高針對詢、比、議價後客戶的實際來店並消費比率，達○○以上，營業額增加○○以上，。
   （2）針對微整形進行相關行銷活動，且成功案例數每月增加○○個、每月營業額增加○○。

2. 少子化：網路行銷之線上諮詢後，來電預約客戶的實際來店並消費比率達○○以上，營業額增加○○以上。

3. 政府政策：加強與客戶應對話術及廣告文宣製品之文案的改善，以規避政府罰款，並將處罰次數降至「零」為目標。

4. 五倍券：於五倍券使用期限內，爭取每月利用五倍券消費之客戶，每月營業額達○○以上。

5. 南向政策：地推人員利用○○月，到各地計程車排班地點，探聽可爭取策略聯盟之店家，每月增加○○家，並由通路開發之顧問式行銷人員進行通路建設與輔導，每月營業額增加○○。

6. 中老年族群：
   （1）於「母親節」、「父親節」前，由通路開發之顧問式行銷人員到各鄉鎮之老人會館，進行醫美後效果之展示及銷促活動。
   （2）於「母親節」、「父親節」前，藉由網路促銷活動，鼓勵兒女帶著雙親，一起做醫美。
   （3）雙節業績各增加○○。

7. 性向多元化：地推人員於夜店、酒吧，鼓勵通路商開發該類目標客戶市場之目標客戶群體，以達每月業績增加○○。

8. 醫美簽：針對辦理相關醫美簽證服務之服務機關，以「醫美遊學」專案進行合作，在疫情期間將通路建設完善，並在○○年內增加○○合作夥伴。

9. 利用公司各項優勢：強化術後關懷及推廣有效 Slogan 以增加引薦機會，並將引薦率提升至○○，每月業績增加○○。

10. 環境佈置：透過尋找外部優秀的空間設計師，針對診所之環境佈置提供適當方案並進行環境改善，提升顧客來店好感度，進而提升「顧客滿意度調查」中「環境佈置」好感度達○○。

11. 服務缺乏熱情：引進「NLP 訓練」改善員工在疫情期間的肢體語言，並強化視覺、聽覺及話術魅力，提升顧客駐足留店時間增加○○以上。

12. 諮詢資料庫不足：諮詢資料之齊全及美化並強化對比分析，以證明術前及術後之明顯差異效果，進而提升顧客購買欲望而增加成交率提升至○○，營業額增加○○。

13. 負評攻擊（通路）

(1) 針對一般消費者，建立完善的「教育訓練標準書」並對本院所有員工進行話術之教育訓練，對外均用統一的話術及說法。
   - 針對客戶的認知差異，在諮詢及銷售階段就應事先幫客戶做說明，降低客戶在術後恢復期的不信任感。
   - 針對不理性的客戶在網路上進行「網路問診」，蒐集各家醫美診所數據進行對比分析，以實際數據進行正面回應。若為惡意進行負面攻擊之客戶，積極正面回應不實攻擊。

(2) 針對同業惡意競爭向法務索取相關證明書，並積極且正面回應不實攻擊。

⭐ 例二：某水電維修公司之工作計畫表

見下頁。

工作項目	工作內容	日期 1月	2月	……	11月	12月	擔當者	執行地點	執行方式	評估標準	預算
於○○年○○月前排定年度課綱定計畫表及計畫表	羅列出本公司所有專業及技術項目。						A君	甲地	於○○年○○月前完成	達成率100%	
	瞭解本公司員工所短板，並製作出《教育訓練預定表》。						B君	甲地	於每月下旬編定下個月的《教育訓練預定表》。	達成率100%	
	實施、監督、考核。						A君	甲地	每季下旬考核	受測人通過率達30%	
	教材製作。						C君	乙地	依照訓練預定表，拍攝相關影片教材	達成率100%	○○元
○○年人才招募○○達○○人，而且存活率必須達○○%。	公佈內部徵才之激勵辦法及發佈相關內容。						B君	甲地	將相關文件製作完成，並於公司群組達之	達成率100%	
	制訂與證照補習班合作計畫及特別活動。 與證照補習班進行接洽，並製作招生海報。						B君	丙地	製作相關海報及文宣	達成率100%	○○元
	舉辦現場招募會。						D君	丙地	製作Line QRcode連接公司簡介	招生人數達10人	○○元
公司起薪門檻調升至○○○元。							A君	甲地	將相關文件製作完成，並於公司群組達之	達成率100%	○○元

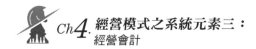

⭐ 例三：利量推移表範例

	基準	利量表一	利量表二
營業收入	$ 44,561,223	$ 72,000,000	$ 150,000,000
營業成本	$ 32,656,562	$ 52,761,600	$ 109,920,000
成本率	73.28%	73.28%	73.28%
毛利額	$ 11,904,661	$ 19,238,400	$ 40,080,000
毛利率	26.72%	26.72%	26.72%
費用額	$ 22,445,741	$ 22,445,741	$ 22,445,741
直接費用率	50.37%	31.17%	14.96%
部門損益	-$ 10,541,080	-$ 3,207,341	$ 17,634,259
共同分攤費用	$ 12,434,653	$ 12,434,653	$ 12,434,653
淨利額	-$ 22,975,733	-$ 15,641,994	$ 5,199,606
說明	現狀	若每月有 $72,000,000 之營收，但毛利率落在 26.72%，則部門損益在費用不變的情況下，仍無法自給自足，更無利分擔共同分攤費用。	若每月之營收能夠達到 $150,000,000，毛利率在維持不變的情況下，除了能自給自足，也能夠在分擔共同分攤費用的情況下，還能超過損益兩平。

👍 阿米巴經營會計之六：經營會計報表

在前面的章節，筆者已介紹過阿米巴經營模式的經營會計報表有單位工時附加價值表及經營會計報表，也在前面解說過經營會計報表在直接成本法的原則，相信讀者已經有基本的觀念了。

然而在實務工作上，會因為多樣化的業種、業態，使得經營會計報表必須隨著自家的業種、業態及組織劃分之型態，採取相對應的設計方法。在此列舉出幾種經營會計報表設計模式給讀者參考，同時也提供實務案例

給讀者學習。

 經營會計報表案例之生產型企業

表一、成本巴（生產巴－分工段之成本累積法）

科目	標準	實際	差異
材料費用			
材料 A			
材料 B			
直接人工費用			
工資			
加班費			
勞、健保費用			
各項變動製造費用			
物料費			
伙食費			
其他雜項費用			
總變動成本			
直接固定費用			
折舊			
租金			
直接的間接分攤固定費用			
品管單位費用			
倉管單位費用			
生管單位費用			
間接的間接分攤固定費用			
財務單位的費用			
人資單位的費用			
總務單位的費用			
總固定成本			
總成本			在此決定是否有超額利潤

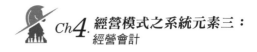
表二、利潤巴（採購巴）

科目	金額
營業收入	
內部轉撥收入	
直接成本	
外購原材、物料之費用	
本單位直接變動費用	
誤餐費	
供餐費	
邊際貢獻額（附加價值額）	
固定成本（費用）	
本單位間接固定製造費用	
租金	
折舊	
水電費	
人事費用	
直接營業利益	
直接的間接單位分攤費用	
間接的間接單位分攤費用	
本巴最終經營利益	
本巴目標利潤	
超額利潤	

表三、利潤巴（生產巴－分工段之分步成本制）

科目	金額
營業收入	
內部轉撥收入	
內部轉撥人力收入	
直接成本	
上部轉撥之半成本	
本部直接領料之材料成本	
人工費用	
本單位直接變動費用	
物料	
誤餐費	
供餐費	
邊際貢獻額（附加價值額）	
固定成本（費用）	
本單位間接固定製造費用	
租金	
折舊	
水電費	
管理人員的人事費用	
直接營業利益	
直接的間接單位分攤費用	
間接的間接單位分攤費用	
本巴最終經營利益	
本巴目標利潤	
超額利潤	

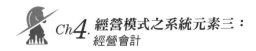
表四、利潤巴（業務巴）

科目	金額
營業收入	
直接成本	
本單位成本	
業績獎金	
廣告費用	
銷售成本	
內部轉撥	
邊際貢獻額	
固定成本（費用）	
租金	
折舊	
水電費	
本單位人事費	
直接營業利益	
直接的間接單位分攤費用	
間接的間接單位分攤費用	
本巴最終經營利益	
本巴目標利潤	
超額利潤	

2 經營會計報表案例之服務業

一般而言，服務業絕大部分都是以「市場價格倒逼法」作為內部交易規則之方法，筆者以顧問行業為例。

表一、引流巴

科目	金額
營業收入之內部轉撥收入	
內部轉撥之顧問鐘點費	
委外補充之提成成本	
本巴營業淨收入	
本巴變動費用	
教室租金	
講義費用	
餐費	
變動人事費	
業務題成	
差旅費	
廣告費	
其他變動費	
本巴邊際貢獻額（附加價值額）	
本巴固定費用	
固定人事費	
租金	
各項固定費用	
本巴分攤行政巴之公攤費用	
本巴經營利益	
本巴利潤目標	
本巴超額利潤	

表二、工程顧問巴

科目	金額
營業收入之內部轉撥收入	
輔導收入	
其他收入	
客戶負擔之交通費收入	
支援客戶補貼之收入	
本巴之營業總收入	
本巴變動收入	
講義費用	
交通差旅費用	
其他變動費用	
本巴邊際貢獻額（附加價值額）	
本巴固定費用	
保障工資	
助理工資	
本巴分攤行政巴之公攤費用	
本巴經營利益	
本巴利潤目標	
本巴超額利潤	

2 經營會計報表案例之買賣業

表一、採購巴

科目	金額
內部轉撥收入	
採購成本	
本巴變動費用	
交通費	
差旅費	
報關費	
運費	
變動人事費	
其他變動費用	
本巴邊際貢獻額（附加價值額）	
本巴目標貢獻額	
本巴固定費用	
固定人事費	
租金	
折舊	
其他固定費用	
本巴分攤共同費用	
本巴經營利益	
本巴利潤目標	
本巴超額利潤	

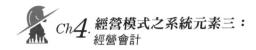
表二、銷售巴

科目	金額
銷售收入	
內部轉撥商品成本	
本巴變動費用	
交通費	
差旅費	
運費	
變動人事費	
業績獎金	
其他變動費用	
本巴邊際貢獻額（附加價值額）	
本巴目標貢獻額	
本巴固定費用	
固定人事費	
租金	
折舊	
其他固定費用	
本巴分攤共同費用	
本巴經營利益	
本巴利潤目標	
本巴超額利潤	

👍阿米巴經營會計之七：報酬預測

　　這是每一員工最關心的焦點，也是團隊的動力來源之一。因此，在目標預算編製完成後，最重要的就是要在彈性預算的情況下，分別試算公司利潤實際達到麼情況，各巴、各級人員可以分配到多少利益。

　　只有如此才能安員工的心，這也是阿米巴經營哲學邏輯演繹中所提的，讓經營成果如玻璃一般透明，讓員工從旁觀者變成參與者，進而激發員工的成就意識及危機意識，員工才會產生主動性、積極性與創新性，一心為公司出謀劃策，而有關報酬預測之範例如下表。

　　假設 2023 年的業績目標金額為 $35,000,000，經一連串的財務試算後，各職位員工以權術分配之報酬預測如下表。

	職位	巴長	儲備幹部	師傅	半技	學徒	內勤	總計
	權數	380	200	180	120	80	30	990
基本		$796,250	$305,631	$160,858	$144,773	$96,515	$64,344	$24,129	$796,250
	月	$25,469	$13,405	$12,064	$8,043	$5,362	$2,011	$66,354
1.5%		$877,500	$336,818	$177,273	$159,545	$106,363	$70,909	$26,592	$877,500
	月	$28,068	$14,773	$13,295	$8,864	$5,909	$2,216	$73,125
3.5%		$1,332,500	$511,464	$269,192	$242,273	$161,515	$107,676	$40,379	$1,332,500
	月	$42,622	$22,433	$20,189	$13,460	$8,973	$3,365	$111,042

👍 阿米巴經營會計獨立核算的特色與管理上的妙用之處

　　經營會計既然稱作企業經營的指南針，那麼它在獨立核算後所能體現的效果及管理好處，可以從下面兩張表來進一步說明。

表一、傳統雜貨店經營損益表

蔬菜、魚、肉、乾貨	
銷售額	$3,000
成本	$2,500
盈利	$500
利潤率	16.67%

表二、阿米巴經營會計損益表

科目＼產品	蔬菜	魚	肉	乾貨	合計
銷售額	$500	$1,000	$1,100	$400	$3,000
成本	$300	$700	$1,200	$300	$2,500
盈利	$200	$300	-$100	$100	$500
利潤率	40%	30%	-9%	25%	16.67%

從傳統財務報表而言，若無法分細目來編製會計報表，則只能表現出該雜貨店的經營有盈餘 $500，利潤率為 16.67%，無法體現出這些盈利的構成，甚至無法知道四種產品中，哪一種產品的營業額最大、利潤最大與利潤率最高，更無法知道哪種產品其實是虧錢的。

但若運用經營會計，就可以明確瞭解各種產品的銷售量、利潤額及利潤率等詳細狀況。企業便可以利用它來做 PPM 的產品（或事業）組合矩陣分析，以做出更好的經營決策。

👍 先健全企業的財務會計及成本會計制度

當企業要導入阿米巴經營模式時，所有人一聽到經營會計報表的第一個反應，大多是會不會增加財會人員的工作負擔，甚至如果企業主張要由巴長每日親自填寫編制，才會增加巴長的責任意識與經營意識，那絕大部分的巴長都會因為自己不是財會背景出身而感到不知所措。

其實要把經營會計報表變成一件輕鬆簡單的事情並不難，可惜在台灣，能把會計帳做好又做對的中小企業少之又少。

因此，筆者藉由這個章節來教導想導入阿米巴經營模式，但財務會計帳又沒做好、做對、做完善的企業，要如何導正財務會計，才能順利的將經營會計導入。而要做好財務會計，都必須做好下列幾件「對的事」。

⭐ 買對、用對會計軟體及選對、用對會計人員。由於代客記帳的普及化，因此有許多會計軟體，是以高效簡易的帳務處理方式為其設計理念，其實不能提供企業做出完整且完善的財務會計。加上許多中小企業無法正確認知何為優秀的會計人員，甚至會將出納人員充當會計人員，最後做出的帳都是「懶惰帳」或只是「流水帳」。亦有企業主為了節省人力成本，而不聘請具有成本會計或審計經驗的會計人員，最後必然是無法做好財務會計及

成本會計。

⭐ 帳務處理一定要做到日清、日結，千萬不要被「公司採月結制」這句話給陷於困境。所謂月結有兩個含意，其一帳務結算當然是採月結，但會計結算不代表帳務處理。所謂會計的帳務處理一定是每日根據公司八大內控的流程規定（也就是公司八大類交易事項），送交會計人員進行帳務處理（即日記帳），到了月底再進行月結算，這時候的結算指的是結算出會計四表（資產負債表、損益表、股東權益變動表及現金流量分析表），並不代表採用「月結」，平時就可以不做帳務處理。其二，公司與供應商或客戶在財務上的結算採帳款月結之制度，但帳款月結並不代表平常不做帳、進貨（進料）不入庫也不做帳、領料不出庫也不做帳。

有些製造型的中小企業，平時如上述所說原、物料在出入庫時沒有正確做帳，導致沒有《進、耗、存明細表》。另一方面，平常生產線也沒有任何與生產績效相關的記錄表單，因而無法做出成本結算相關的報表。

另一方面，由於研究工程部門的組織不健全，沒有建立六標的相關文件（標準用料、標準工序、標準工時、標準工法、標準品質及標準成本），就更無法進行成本結算。如果是成本巴或內部轉撥，要以成本累積法作為轉播方式者，會因為缺少這些成本相關的資料與會計訊息，而無法實施下去，最終因為成本會計的缺陷，導致必須花上漫長的時間重新建立與成本有關的資訊管理作業或作業流程。

如此一來，可能會導致曠日廢時，甚至是工作現場員工對於填寫報表產生牴觸，致使許多老闆因此卻步或招來員工及幹部的抱怨，而產生「未蒙其利，先受其害，成本不降反升」或「阿米巴經營模式不適合中小企業，只適合大型企業」……等怨言。

筆者在輔導過程中，所得到的心得是對中小企業而言，阿米巴經營模

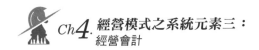
式的建置及落地，一定要進行「變革管理」，並且必須要讓「變革管理」成功，否則阿米巴經營模式在中小企業落地成功會比較艱難。因此，在阿米巴經營模式落地實施的推進工作上，要秉持一個中心、兩個基本點的路線，否則往往會以失敗告終，其推進方式如下表。

阿米巴項目運營－技術方案線	阿米巴項目運營－變革推動線
阿米巴調研診斷	高層預熱宣導
阿米巴組織劃分	阿米巴推行委員會成立
阿米巴組織劃分之制度打造	環境和氛圍營造
阿米巴核算分攤	集中陪訓和調研
阿米巴內部交易	變革標竿塑造
阿米巴經營報表	阿米巴知識競賽
阿米巴經營預算	經營哲學提煉
阿米巴運營管控	阿米巴分享和點評
阿米巴團隊激勵	阿米巴總結和傳播
阿米巴運行改善	阿米巴推廣和複製

最後總結一下企業要導入阿米巴經營模式，在公司的財會面上要先做好哪些工作。

⊛ 用對會計軟體及 M.R.P 軟體。

⊛ 軟體內的各項代碼系統要正確，代碼系統要有足夠的位數，且代碼至少要包括員工代碼、部門或巴的代碼、產品代碼、會計科目代碼（尤其要增編有關經營會計科目用的代碼）、原材物料代碼、半成品代碼及產成品代碼……等。

⊛ 設計好各巴的經營會計報表，要明確知道各巴的經營會計報表都是從財務

會計報表中提列出來的,所以必須要能夠容易、準確的抓取其中數據與資料。

⭐ 用對、用好財會人員。

⭐ 貫徹帳務處理工作要日清、日結。

⭐ 成本會計不僅是會做而已,還必須正確。

⭐ 經營會計要每日檢討。

⭐ 工作現場各項必須統計的數據,報表一定要落實且正確填寫。

⭐ 盡可能使用經營會計軟體編制經營會計報表。

👍 經營會計與數據化管理的關係與應用

談完有關經營會計在企業落地的各種具體做法後,接下來要瞭解在看懂經營會計報表後,如何有效應用經營會計報表作為改善企業經營管理的工具,讓經營會計真正發揮企業導航及指南針的功能。

要想解決這個問題,必須先解決兩件事,其一是熟練經營會計報表每個項目及每個科目之間的關係,才能有效解讀並從中思考改善或解決的對策。其二是除了發現問題外,要更進一步深入找出這些問題根源及原因,才能對症下藥。

1 經營會計報表的各項比例分析及其意義

比率一	邊際貢獻率 $= \dfrac{邊際貢獻額}{營業收入}$
	該項比率在求算公司邊際貢獻率的大小。比率越大,代表公司的產品或服務的附加價值就越大。附加價值越大,則代表公司的產品或服務的品牌價值及服務競爭力越高;反之,則競爭力越差。

比率二	$變動成本率 = \dfrac{變動成本}{營業收入}$
	在整個變動成本部分，其內容包含銷貨成本及本巴的變動費用，在此所謂的變動成本率，代表的是變動成本及銷貨成本。當發現變動成本率太高，而邊際貢獻率太低時，就必須分析是變動成本還是銷貨成本太高，才能更準確且有針對性地採取相對應的對策。若是因銷貨成本太高，則必須進一步檢討製造成本或製造能力的改善事宜；反之，則應該檢討變動成本太大的原因，接著採取相對應的措施。如降低人事費用，提高人員工作效率或提升銷售費用的效率。
比率三	$銷貨成本率 = \dfrac{銷貨成本}{營業收入}$
	該項比率若對照著比率二及比率四，就能看判斷出問題或應改善的方向。如果企業或該巴能做出標準與實際的對比分析、上下期或去年同期比較，則發現的問題就能更具體，改善的方式就能更聚焦。
比率四	$變動成本率 = \dfrac{總變動成本 - 銷貨成本}{營業收入} = \dfrac{變動成本}{總變動成本}$
	其意義與比率三相同，區別只是將此比率的焦點放在變動成本。
比率五	$變動成本占邊際貢獻額之比率 = \dfrac{總變動成本 - 銷貨成本}{邊際貢獻額} = \dfrac{變動成本}{邊際貢獻額}$
	該項比率用在不同的地方，就會有不同的意義。如用在銷售巴，是在觀察其營銷效益，尤其業務推廣及銷促的效率，若占比太高，則代表銷售活動與銷促活動效果、效率不好。若用在成本巴或預算巴，則代表有突發異常事件發生，控制重點稍有不同。
比率六	$人事費用占邊際貢獻額之比率 = \dfrac{人事費用}{邊際貢獻額}$
	在此的人事費用包含固定費用及變動費用部分之人事費用，如果固定費用之人事費用的比率太高，代表團隊太過龐大，也有可能是效率不高或冗員太多；如變動費用之人事費用變高，則有可能是計時人員或加班費變高，若相對的業務量有增加則為正常現象，否則視為異常。因此可用下列三種變化方程式，去分析效率、效果及效益的問題。 50hr/100pcs → 60hr/120pcs，此為「效果」。 50hr/100pcs → 50hr/120pcs，此為「效率」。 50hr/100pcs → 40hr/120pcs，此為「效益」。

比率七	固定成本（又稱規模成本）占經營利益比率 $= \dfrac{固定成本}{經營利益額}$
	此比率代表該單位管理的規模，其中必須再進一步去觀察是固定人事費用太高或固定資產費用（如折舊、租賃費用）過高，才能正確判斷問題，並採取適當的措施加以改善之，最常看到的改善方向是「塑身計畫」。
比率八	設備費用（折舊）占經營利益比率 $= \dfrac{設備費用（折舊）}{經營利益額}$
	該比率與上述比率息息相關，在此不多加贅述。
比率九	固定成本占邊際貢獻額比率 $= \dfrac{固定成本}{邊際貢獻額}$
	如果固定成本大於邊際貢獻額（附加價值），則一般比率分析所代表的意義如下圖所示，企業應該引以為鑑並採取相應措施，否則企業將會不安穩。 固定成本/附加價值 50% 60%　現在位置 70%　　　　　　　　　　S超良態企業 80%　　　　　　　　　　A優良企業　　　戰略目標 90%　　　　　　　　　　B普通企業 100%　　　　　　　　　C危險企業 　　　　　　　　　　　　D赤字企業
比率十	經營利益占營業收入比率 $=$ 經營利益率 $= \dfrac{經營利益額}{營業收入}$
	一般而言，邊際貢獻率不等於毛利率，但經營利益率可以稱為淨利率。對此一般筆者在輔導時，都會建議採取標竿法來進行對比評價或用國稅局所規定的「同業利潤標準」來做對比評價。對很多公司而言，有時也會以此利潤率作為目標水準，超過後進行超額利益的分配，但這並不是最好的方法，因為過度保護公司利益，反而會失去阿米巴的精神。

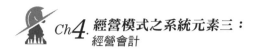

② 經營會計報表以外的各種數據化管理應用

面對企業的轉型期、激烈的競爭，企業將遇上許多前所未有的難題，因此要如何有效發現問題、進而解決問題，就必須靠一些科學性的邏輯與判斷了。所謂科學性的邏輯與判斷，無非就是利用一些事實的數據與數理的推論，只要掌握經濟的變化、社會的脈動，企業也仍然能掌握「企業生命」的脈動。

所謂脈動就是數據的意義，不幸的是許多人一談到數字（數據）管理就會退避三舍，總認為是繁瑣冗長的數字、杜撰冷僻的公式及複雜深奧的計算，殊不知這些數據背後的意義，很有可能就是企業轉危為安或是轉虧為盈的重要關鍵。

數據管理的應用，其實已經有非常久遠的歷史，例如商鞅變法，從「商君書・去強篇」一文所說，商鞅指出強盛國家應要知道幾種數字，倉庫和人口數、壯年男子與壯年女子數、老年人和中年人數、官吏和士兵人數、遊說者和混飯吃者人數及馬、牛和飼草數量。

③ 數據化管理案例

① 數據化管理案例一

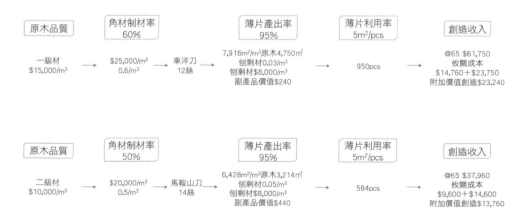

從上面收集的數據，筆者說明如下。

該木材工廠產品的製程。

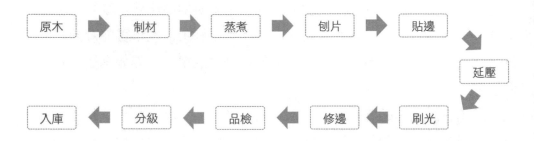

該木材工廠，經過數據收集、統計及分析的結果如下。

如購買一級材在當時為 \$15,000/m³，但若購買二級材則為 \$10,000/m³，經過制角材工序後，一級材原本可制得的角材為 0.6m³，到了刨片工序用車洋刀的刀片刨片，即可刨出 12 絲，因此在刨片工序的薄片產出量為 4,750m² 的薄片，剩下的底板為 0.03m³，而刨剩材可出售 \$8,000/m³，且換算出的副產品價值可出售 \$240。

接著再用薄片貼在三夾板上，就可以變成裝飾用的貼面板，若用一級材的薄片貼一張 4×8 的三夾板，只需耗用 5m² 的薄片即可。因此 1m³ 的原木就可以製造出 950 片的貼面板，在當時可以 \$65/pcs 出售，若扣除攸關成本及原本扣除出售底材回收的資金為 \$23,240。

相對的製程，差別只在於二級材的材質不同，所以只能用馬鞍刀片刨到 14 絲，因此其角材制材率、薄片產出率、薄片利用率、刨剩材回收金額及攸關成本核算出來後，一級材可以創造 \$23,240 的附加價值，而二級材只能創造 \$13,760 的附加價值。

而且這還沒計算出一級材對 3A 產品、二級材對 3A 產品、一級材對非 3A 產品及二級材對非 3A 產品的數量比例（一般而言，一級材的 3A 率為 98%、二級材的 3A 率為 80%，3A 的裝飾面板價格差異大約又

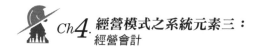

打了 8 折），若將品質等級因素再考慮進去，擇其附加價值的差距會更大。

值此，最後決定以一級材為其主要原料，公司因此轉虧為盈且產能利用率大幅提升 8%，良品率 3A 面板產出約 10,000 片，單位固定成本也降低，產能變多、生產效率變高、產值增加 8.4% 以上。

從這個案例，從經營會計報表上看到附加價值額及附加價值率皆不高，若沒有做出「數據化統計分析」，巴長要如何從中找出提升附加價值的正確改善之道？因此，企業要想讓經營會計發揮最大功能，一定要同時做好工作現場的各種數據化管理。

數據化管理的五步驟為記錄、統計、分析、應用及戰略化，一切都起源於「記錄」，然而根據筆者的輔導經驗，中小企業想要建立數據化管理系統所面臨的挑戰，其原因有二。其一是沒有人能為中小企業設計一套可以有效改善數據化管理內應有數據的報表，其二是要讓現場員工認真確實填寫這些報表，所應有的溝通說服的領導能力（管理才能）。

為了解決現場及管理者表單設計能力的問題，在此利用下頁兩張圖表引導讀者思考公司的管理表單應該如何設計，方能為公司踏出數據化管理的第一步。

The Best Manage
Method AMOEBA

表單盤點表

部門：　　　　填表人：　　　　職稱：　　　　填表日期：　　　年　　月　　日

表單編號	表單名稱	表單功能（目的）	記載內容	使用時機	表單規格	聯數	填表單位	分發對象				最終保管方法	備註說明

表單設計檢討表						填表日期			
表單名稱		編號		使用流程			設計人		
檢討項目									
用途	1. 此表示是否必須		☐ Y　☐ N		2. 是否可用其他表代替			☐ Y　☐ N	
	3. 是否可與其他表合併		☐ Y　☐ N						
內容	4. 名稱與內容是否相符		☐ Y　☐ N		5. 文字內容是否清晰妥當			☐ Y　☐ N	
	6. 各項目是否為必須		☐ Y　☐ N		7. 應有項目是否齊全			☐ Y　☐ N	
	8. 表單編號是否正確		☐ Y　☐ N		9. 表單項目是否需要編號			☐ Y　☐ N	
	10. 是否有必要複寫各聯		☐ Y　☐ N		11. 審核者是否不足或多餘			☐ Y　☐ N	
規格	12. 填寫空位是否足夠		☐ Y　☐ N		13. 排列次序是否恰當			☐ Y　☐ N	
	14. 是否充分應用填勾法		☐ Y　☐ N		15. 紙質是否適當			☐ Y　☐ N	
	16. 是否合乎標準尺寸		☐ Y　☐ N		17. 尺寸大小有無浪費			☐ Y　☐ N	
	18. 格局是否清晰美觀		☐ Y　☐ N						
檢討意見				審核					

❷ 數據化管理案例二

　　某一釉藥公司老闆要求其釉藥部門必須要改善，但該部門主管幾經思考後仍不知從何下手，後來經筆者協助下，從設計《業務人員客戶訪問及拜訪行程計畫管制表》開始，經過兩個月的記錄、統計與分析後，得出下表之結論。因此，該部門主管開始從自己業務員的銷售活動進行改善，採取一系列的措施進行優化。

A君

現有客戶	客戶月用量/本公司銷售量	平均單價	平均每月營業額
1	100kg/20kg	$ 1,400	$ 28,000
2	200kg/100kg	$ 1,300	$ 130,000
3	30kg/5kg	$ 1,400	$ 7,000
4	80kg/10kg	$ 1,500	$ 15,000
5	50kg/40kg	$ 1,300	$ 52,000

新客戶開拓率為30%
新客戶訂購成交率為20%
平均每位新客戶訂購量為15kg
行銷作業工時比率為30%
行政作業工時比率為50%
交通作業工時比為20%
舊客戶業績成長率平均為10%
舊客戶業績衰退平均為5%

B君

現有客戶	客戶月用量/本公司銷售量	平均單價	平均每月營業額
1	1000kg/600kg	$ 1,300	$ 780,000
2	800kg/50kg	$ 1,400	$ 7,000
3	300kg/200kg	$ 1,500	$ 300,000
4			
5			

新客戶開拓率為70%
新客戶訂購成交率為50%
平均每位新客戶訂購量為50kg
行銷作業工時比率為60%
行政作業工時比率為20%
交通作業工時比為20%
舊客戶業績成長率平均為20%
舊客戶業績衰退平均為5%

C君

現有客戶	客戶月用量/本公司銷售量	平均單價	平均每月營業額
1	300kg/50kg	$ 1,400	$ 7,000
2	100kg/80kg	$ 1,400	$ 112,000
3	80kg/70kg	$ 1,400	$ 98,000
4	100kg/60kg	$ 1,400	$ 64,000
5	50kg/40kg	$ 1,400	$ 56,000

新客戶開拓率為30%
新客戶訂購成交率為50%
平均每位新客戶訂購量為50kg
行銷作業工時比率為60%
行政作業工時比率為10%
交通作業工時比為30%
舊客戶業績成長率平均為8%
舊客戶業績衰退平均為3%

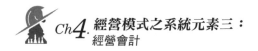

【方法一】

該巴長首先規劃了業務員推銷活動四個管理步驟作為管理的依據，如下所示。

1. 推銷活動的程序

客戶接受的程序					
接受業務	接受商品	接受公司	接受條件	相信判斷	接受感性

業務工作內容與步驟												
規劃	訪問	介紹	報價	建議	表達	比較	締結	訂貨	放款	服務	客訴	忠誠

2. 推銷行動計畫的管理循環

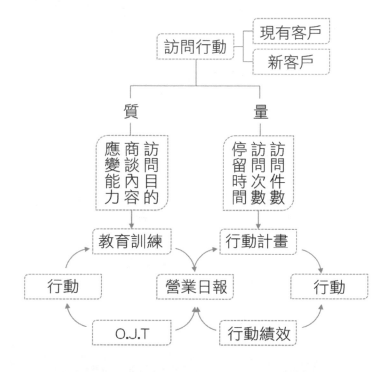

3. 開拓新客戶的步驟與效果測定標準

層次	活動對象	活動內容	效果測定
1	對象市場	調查、分析	
2	一般潛力客戶	篩選	$新客戶開拓率 = \dfrac{新客戶數}{特定潛在客戶數}$
3	特定潛力客戶	開拓活動	$有效訪問率 = \dfrac{新客戶數}{特定潛在客戶拜訪次數}$
4	新開拓的潛力客戶	下單活動	$新客戶訂購額比率 = \dfrac{新客戶訂購金額}{總訂購金額}$
5	一般客戶	銷售活動	$新客戶訂購成功比率 = \dfrac{新客戶訂購件數}{新客戶訪問次數}$

4. 開發新客戶的實施步驟

售後服務
- 擬定索賠處理，下次的商品目錄
- 以售後服務贏得客戶信任

簽約成交
- 載明交易條件
- 客戶對提案有反映意見時，予以克服

介紹
- 對上述問題的提案和討論
- 探討客戶的要求水準，找出解決方法

銷售方法
- 以開發技術員的物質為需求，讓對方信任
- 本公司商品的PR，訴求明確化

選定目標篩選開發對象
- 掌握區域內對象客戶的購買狀況
- 事前調查對象企業

【方法二】

讓 B 君現身說法分享給 A 君與 C 君，讓他們瞭解如何有效的開發新客戶與舊客戶以及客戶維護與管理，以提高客戶的市場占有率。

【方法三】

與 A 君做溝通並深入瞭解他的日常工作時間利用，以改善其在行銷及行政工時比的不當。

【方法四】

陪同 C 君拜訪客戶，提升高層的公關行銷，同時瞭解舊客戶業績衰退的原因，另外也請 B 君分享如何提升舊客戶市場占有率。

【方法五】

同 A 君進行新客戶開發活動，以瞭解 A 君對產品知識……等相關知識、話術與人格特質的弱點。

【方法六】

貫徹身為主管每日與業務員之業績與銷售活動成效的 P-D-C-A 管理循環，並利用每日績效面談時，對業務員進行行銷技巧與各種專業知識的 O.J.T，以改善人員培育的缺失。

年　　月客戶業績來源自我管制報表

銷售工程師：　　　　　　　　　　　　　　　　　　　　　　新客戶□　舊客戶□

客戶名稱	2021年業績情況 商品結構			2021年商品結構			2022年業績計畫與實際完成			經營狀況			人力資源			2022年商品結構規劃			拜訪行程計畫				
	產品A	產品B	產品C	產品A	產品B	產品C	2022年目標額	1月份額 計畫	1月份額 實際	OEM	ODM	OBM	總員工	公司推銷員	營業額	產品A	產品B	產品C	一訪	二訪	三訪	四訪	五訪

業務推廣時程計畫及管制檢討表

業務員： 　年　月　日　主管核準：

工作性質	客戶名稱工作內容及方法	拜訪性質	客戶狀態	時段（間）規劃										
				0830〜0930	0930〜1030	1030〜1130	1130〜1230	1230〜1330	1330〜1430	1430〜1530	1530〜1630	1630〜1730	1730〜1830

效率目標管制	活動效率管理	工時利用統計	業績動態	說明	客戶狀態	拜訪性質	工作性質
	有望率A數： 有望率B數： 敗戰率： 累計拜訪次數： 累計拜訪客數：	銷售工時比： 服務工時比： 行政業務工時比： 交通工時比：	今日預計： 昨日累計： 本月累計：		A. 潛在客戶 B. 培育客戶 C. 有望客戶 D. 成交客戶 E. 奉養客戶	A. 客戶來電 B. 業助安排 C. 主動規劃 D. 主管交辦	A. 會議計畫、研討 B. 推廣銷售洽談 C. 服務、收款

❸ 數據化管理案例三

　　有某模具工廠，業務在競爭的環境下好不容易接回來一張訂單，即該訂業務銷售了一套模具 200 萬元，且必須在 1.5 個月內完成交貨，但該訂單的交貨期限引發生產部不滿，生產部經理堅持必須 2.5 個月才能完成交貨，於是總經理召集財務經理、生產部經理、銷售部經理開會討論，收集到如下之廠內資訊：

　　1. 該工廠模具課共有十三人，每人每月平均工資為 3 萬元

　　2. 該工廠模具課人員平均產出率為 95%

　　3. 該工廠每月正常應上班工時二十四天

　　4. 該付模具的材料成本要占銷售價格的 10%

　　5. 該付模具的外包加工費也占銷售價格的 10%

　　6. 該工廠根據過去的資料顯示其勞動分配率為 40%

　　就以上資訊，請問如果你是生產部經理，你會怎麼做成本管理的工作（方案），確保這張訂單的履行，又能讓公司不虧錢呢？

【成本分析計算】

1. 模具收入 $2,000,000 －材料成本 $200,000 －外包費用 $200,000 ＝該模具附加價值 $1,600,000

2. 一個月薪資 $30,000 的員工在該公司現有狀態下，應從生產工作中創造多少附加價值？

$$\frac{\$30,000}{\text{附加價值}} = 40\% \text{（勞動分配率），附加價值應為 } \$75,000 \text{（人／月）}$$

3. 如該副模具由一個人統包，那麼必須完成的時間（這個時間完成下，公司才不虧錢）

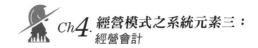
$$\frac{\$1,600,000}{\$75,000} = 21.3 \text{ 個月}$$

4. 若這副模具由這十三名員工共同完成，最少也要耗費 1.7 個月來完成，公司才不會虧錢

$$\frac{21.3 \text{ 個月} \times 24 \text{（天/月）}}{13 \times 0.95} = 41 \text{ 日} \div 24 \text{（日/月）} = 1.7 \text{ 個月完成}$$

5. 而如果生產部在客戶要求的時限內（1.5 個月交貨），則公司可以賺？

$$\left(1 - \frac{1.7 \text{ 個月}}{1.5 \text{ 個月}}\right) \times \$1,600,000 = \$188,235$$

【成本管理〈控制〉必須努力的方向分析】

1. 加強十三名模具工人的工時效率為明確的方向，但重點是怎麼加強模具工人的工時效率呢？

2. 另外可能的思考方向有：

⊛ 現場 5S 有沒有造成搬運等待、找尋、重工、修改之浪費。

⊛ 現場 Layout 及平衡產能之分析。

⊛ 模具工人的動作經濟原則。

⊛ 有沒有更好的設備可以提高部件加工的速度。

⊛ 甚至材料費、外包費能不能再找到更便宜、更好的供應商或替代性原料。

⊛ 現場加工設備是否經常故障、不精準，造成工時延誤待機。

⊛ 現場工人的成熟度、穩定度。

👍 經營會計應用的進化：經營會計之戰略化

前面的章節談及會計的演進時，有談到經營會計從松下幸之助提出後，到了 SONY 的年代由西順一郎創造了「戰略會計」。因此，在實務應用上經營會計就像是數據化管理五大步驟一樣，進入戰略化的境界。更

何況會計數據不論是損益數字或是負債數字，都是企業首要的數據，但如何應用數據，將決定一個企業興衰的結果。

因此，在阿米巴經營模式的領域內，一般文獻或一些外部顧問都只講其報表的設計及如何編制經營會計報表，很少人在教導如何把經營會計運用到極致，並形成一種戰略的工具。在此筆者認為若不把經營會計和數據化管理加以結合，並應用及進化到戰略會計的領域，會浪費經營會計的重要地位，更體現不出阿米巴經營會計是企業導航及指南針的地位。接下來會深入教導各位讀者，如何利用戰略將經營會計發揮最大的效益。

戰略會計（或稱經營會計戰略化），它是以經營會計的直接成本法再加上附加價值會計、ABC 分析、工業工程學……等綜合而成，其中最重要的九大元素與其公式如下。

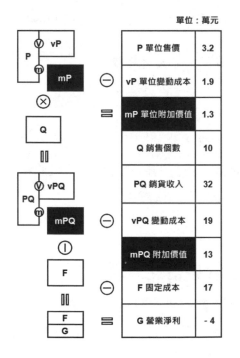

1. 損益兩平營業額=F/（1-vPQ/PQ）

2. 企業評價百分比=F/mPQ

3. PQ-vPQ=mPQ

4. Q=mPQ/mP

5. 變動成本率=vPQ/PQ

6. 1-變動成本率=附加價值率

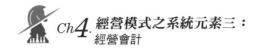

在學習完戰略會計應用的九大元素及六項計算公式後，為讓讀者能親身體驗戰略會計的應用，下列以三個戰略化應用的實例，來訓練讀者如何應用這九大元素及六項計算公式，進而找到公司真正的經營戰略。

① **戰略會計案例一**

若某家商貿公司的銷貨收入為 3,000 萬元，利潤有 150 萬元。假設該公司銷貨收入增加 10%，變動成本率是 60%，請問利潤會增加多少呢？

【解答】

認為這間公司「因銷貨利潤率是 5%，故銷貨收入增加 300 萬元時，利潤可增加 15 萬元。」的人可說是尚未瞭解「經營會計的戰略眼光」。

其正解應該是，若銷貨收入已超過損益平衡點，又因固定成本為固定不變，故銷貨收入增加，僅會增加 mPQ 數額的利潤。此時 V 率為 70%，mPQ ＝（1 － V）PQ ＝ 0.3×300 萬元 ＝ 90 萬元。相對的，如果該公司變動成本為 60% 時，則為 mPQ ＝（1 － V）PQ ＝ 0.4×300 萬元 ＝ 120 萬元。在本問題中，銷貨收入增加 10%，利潤會增加 90%，反之，若銷貨收入減少 10%，則利潤會減少 90%。相對的，如變動成本率為 60% 時，若銷貨收入減少 10%（300 萬元），則利潤就會增減 120 萬元。以下利用公式計算供各位讀者瞭解。

當變動成本率為 70%，$3,000 萬 $= \dfrac{F+利潤}{1-70\%} = \dfrac{F+150 萬}{30\%}$

$3,000 萬 × 30\% = F + 150 萬$

F（固定成本）＝ 900 萬 － 150 萬 ＝ 750 萬

若為 $3,300 萬,其計算公式如下。

$$\$3,300 = \frac{750 \text{ 萬} + X}{1 - 70\%}$$
$$X = 990 \text{ 萬} - 750 \text{ 萬} = 240 \text{ 萬}$$

因此,增加的利潤為 240 萬－ 150 萬＝ 90 萬

當變動成本率為 60%,$3,000 萬 $= \frac{F+利潤}{1-60\%} = \frac{F+150\text{萬}}{40\%}$

$$\$3,000 \text{ 萬} \times 0.4 = F + 150 \text{ 萬}$$
$$F（固定成本）= 1,200 \text{ 萬} - 150 \text{ 萬} = 1,050 \text{ 萬}$$

若為 $3,300 萬,其計算公式如下。

$$\$3,300 = \frac{1,050 \text{ 萬} + X}{1 - 60\%}$$
$$X = 1,320 \text{ 萬} - 1,050 \text{ 萬} = 270 \text{ 萬}$$

因此,增加的利潤為 270 萬－ 150 萬＝ 120 萬

❷ 戰略會計案例二

A 公司某月份損益表如下,並顯示有 500 萬元的盈餘。可是,經營實際上是處於虧損狀態,若不謀求緊急對策,則 A 公司將岌岌可危。請問你有何看法?

單位:萬元		
銷貨收入	500 台	5,000
銷貨成本	500 台	3,500
前期轉入製成品庫存	0 台	0
本月完成製成品成本	1,000 台	
材料成本		4,000
勞務成本		2,000
製造費用成本		1,000
合計		7,000
轉入下期製成品庫存	500 台	3,500

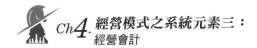

銷貨毛利	500 台	1,500
銷貨費用		1,000
營業淨利		500

固定成本＝勞務成本＋製造費用成本＋銷管費用

【解答】

1	P	平均單價	10 萬
2	VP	單位變動成本	4 萬
3	mP	單位附加價值	6 萬
4	Q	銷售台數	500 台
5	PQ	銷貨收入	5,000 萬
		V 率	0.40
6	vPQ	變動成本	2,000 萬
		M 率	0.60
7	mPQ	附加價值	3,000 萬
		F/mPQ	1.33
8	F	固定成本	4,000 萬
9	G	營業淨利	-1,000 萬
		評價	D 級

　　傳統財務會計 A 公司損益失真的原因在於，庫存品的成本含有部分固定成本，當庫存品增加時，原本應於當期沖銷的固定成本便遞延到下一期，虛增了本期利益，實際 A 公司虧損 1,000 萬元。

❸ 戰略會計案例三

　　C 公司目前製造 A、B 兩產品，但某月結算後損益表相關資訊如下，該公司總經理計畫停止製造 B 產品，以改善經營效率。請問你的看法如何？

損益表		A 產品	B 產品
單　價		20	13
1 個	製造成本	14	12
	一般管理費用	4	3
	總成本	18	15
	利益	+2	-2
生產、銷售數量		100	50
總利益		+200	-100

單位：萬元

製造成本明細表				
	A 產品		B 產品	
	單價	計算方法	單價	計算方法
製造成本	14	1,400/100 個	12	600/50 個
變動成本	10	1,000/100 個	8	400/50 個
固定成本	4	400/100 個	4	200/50 個

【解答】

			現狀			停止 B 產品的情況
			A 產品	B 產品	全公司	
1	P	平均單價	20 萬	13 萬	17.6 萬	20 萬
2	VP	單位變動成本	10	8	9.3	10
3	mP	單位附加價值	10	5	8.3	10
4	Q	銷售台數	100 個	50 個	150 個	100 個
5	PQ	銷貨收入	2,000	650	2,650	2,000
		V 率	50%	62%	53%	50%

6	vPQ	變動成本	1,000	400	1,400	1000
		M 率	50%	38%	47%	50%
7	mPQ	附加價值	1,000	250	1,250	1,000
		F/mPQ			92%	115%
8	F	固定成本			1,150	1,150
		G/mPQ			8%	-15%
9	G	營業淨利			100	-150
評價					C 危險水域	D 赤字企業

由上表可知，B 產品的附加價值尚有 250 萬元，占公司目前附加價
值總額的五分之一，在尚未有 B 產品的替代產品前，驟然停止生產 B 產
品，反而會使公司經營狀況更為惡化。

從上面三個案例中，可以明顯得看出經營會計之戰略目標—利潤其關
鍵公式為下圖。

因此，可以衍生出經營會計的四大戰略。

1. PQ 銷貨收入戰略。

2. vPQ 變動成本戰略。

3. mPQ 附加價值戰略。

4. F 固定成本戰略。

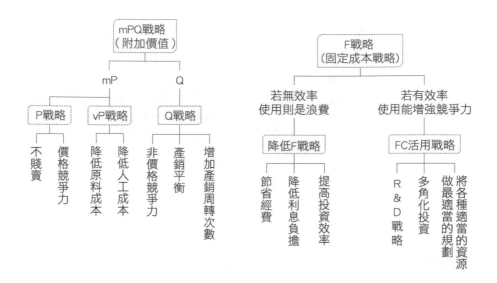

而經營會計企業評價標準如下圖所示。

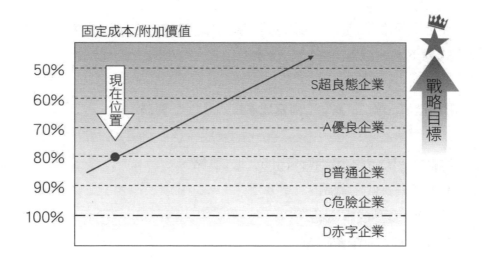

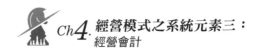

👍 會計與組織劃分之內部交易的戰略關係

項目 \ 部門（巴別）		採購	生產	行銷
營業收入		$200	$260	$320
變動費用	成本	$160	$200	$260
	…			
	其他變動費	$10	$20	$20
邊際利益（附加價值）		$30	$40	$40
固定費用	人工費	$6	$24	$20
	…			
	…			
合計		$6	$24	$20
經營利益		$24	$16	$20

高鐵能跑300公里/小時
經營理念：發揮整體作用。
動力系統：節節發力，全員驅動。

老式火車只能跑80公里/小時
經營理念：火車跑得快，全靠車頭帶。
動力系統：只有車頭一個發動機。

👍經營會計之單位工時附加價值核算方法及其戰略意義

		單位：萬元
銷售額	對公司外	14
	對公司內	36
	總額	50
內部採購		20
銷售淨額		30
費用	原材料	8
	配件	1
	電費	1
	部門內分攤	1
	SBU 間分攤	1
	合計	12
附加價值（利潤）		18
工時（小時）	正常	1,600
	加班	200
	部門內分攤	200
	SBU 間分攤	200
	合計	2,200
部門內月均總人數		8
月單位時間核算		81.8 元 / 小時

在經營會計領域內，以單位工時附加價值的方式核算，計算每位員工每小時的附加價值貢獻額。如此，便可以一目了然員工工作效率是進步還是退步，即使在中小企業還不能有標準工時，而實施 PAC 獎工制度的情況下，亦可以做為績效高低與獎勵的標準及工具。因此，其戰略意義遠比其會計核算之意義還大。

月份	111.6
營業收入	12,310,334
原物料	1,260,798
直接人工	1,779,570
銷貨成本	3,040,368
銷貨毛利	9,269,966
營業費用	7,139,024
營業損益	2,130,942
加：營業外收入	122,052
減：營業外損失	636,743
本期損益	1,616,252
直接人員	30
間接人員	25
直接人員人均產值	410,344
所有人員人均產值	223,824

　　該公司就以此進行獎勵，也因而激發出全公司的高昂工作士氣與勞資和諧的工作關係。

　　所以，在上述採購賣給生產；生產賣給行銷；行銷賣給客戶的內部交易狀態下。若採購單位希望有更多的經營利益，則採購單位的 V 戰略、M 戰略及 F 戰略就會變成採購單位是否能產生更多超額利潤關鍵所在，生產巴及行銷巴也是如此。

　　因此，在經營會計的驅動之下，三個單位就會同時思考 V 戰略、M 戰略及 F 戰略，也就是三個巴的人員同時都在思考如何才能產生更多的利益，即每個單位都在模擬市場化的經營戰略，因而形成每個單位都自備動力的概念。從戰略意義來講，則形成全體經營的思維，各單位在推動著各個企業如何能創造出更多經營利益。

經營模式之系統元素四
獎勵機制

The Best Manage
Method AMOEBA

經營模式之系統元素四：獎勵機制

Chapter 5

經營管理系統流程

在阿米巴經營模式的領域內，外面的課程絕大部分都只談到分、算、獎，唯在本書內筆者除強調阿米巴的根基（也叫經營真諦）外，還將經營會計與數據化管理，如何結合、有效運用，讓經營會計發揮最高效益的作用，甚至進入戰略會計領域內。在阿米巴經營模式系統這個獎勵機制篇章，仍會堅守企業經營管理的系統邏輯，不只討論利益如何分配，更考量台灣國情與民族文化的特色，結合古人所說「不患寡而患不均」，並加以論述在台灣如何落實「獎」這個字。有些日系顧問稱「京瓷公司」並沒有做 CPI 績效考核，但為了解決中華文化中「不患寡而患不均」的問題，在此還是需要加以著墨。

在經營管理系統流程中（如下頁圖表所示），整個模式必要的項目建置完成後，便可以開始落地執行（阿米巴經營模式的建置工作包含經營哲學、組織劃分的六項制度、經營會計的七個內容），為了提升落地執行之效果，往往採取一些獎懲的激勵措施，作為工作評價之依據，同時也作為獎勵分配之依據。因此，筆者秉持多年來輔導兩岸華人企業之經驗，針對獎勵機制提出以下建議。

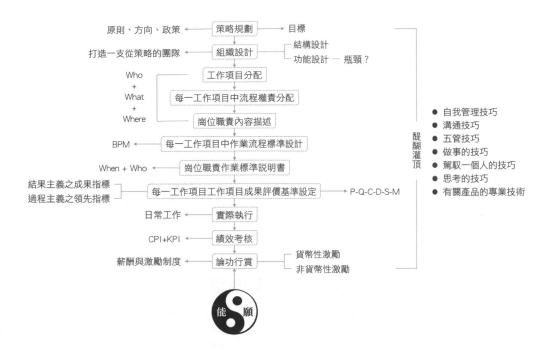

管理績效與績效管理的認知及釐清

根據管理心理學的學者專家的統計調查報告指出，一般人的內心呈現下述四種狀態。

⭐ 就一般而言，有一半的員工之績效在平均值之下，但員工多評估自己的績效應落在前面之處。

⭐ 有一研究針對八十萬名高中生進行調查，發現大部分的人，認為自己的能力在平均水準之上，且有 70 % 的人認為自己領導能力在平均水準之上。

⭐ 0% 的人認為自己與別人相處的能力在平均水準以下，60% 的人認為自己在前 10%，而 25% 的人認為自己位在前 1%，名列前茅。

⭐ 有一個研究針對五百名職員與技術人員做過調查：有 58% 的人認為自己的表現在前 10%；有 81% 的人認為自己的績效應在前 20%。

這些心理調查可以得出什麼呢？調查顯示出當我們在進行工作評價時，如果無法公開、公平、公正，甚至無法依照事實數據，來做管理績效的考評，可能至少有一半以上的人對考評結果忿忿不平，但如果利益分配，沒有一套讓人信服的考評機制來做支撐的話，即便老闆秉持著「財散則人聚，財聚則人散」的精神，把該分的錢都分出去了，仍有可能換來一句「沒分沒事，分了反而事情鬧得越大」的結果。

因此，在談利益分配機制如何建置、如何設計前，要先與各位讀者深入探究「績效管理」與「管理績效」彼此之間的關係，與其管理運作的實務問題。

1 管理績效的認知：為何要衡量管理績效

在組織劃分章節裡，雖然筆者有談及「績效管理」與「管理績效」的部分觀念，也建議各位讀者採用圍繞崗位職責履行的「管理功能」表現，即 CPI 之日常工作要項來作為「績效管理」與「管理績效」的方法。

為了要讓利益分配機制，能夠將每個人所創造出的績效互相掛勾，所以在此要來討論打造經營模式系統時，與利益分配息息相關的績效管理與管理績效的更多觀點與做法，以便台灣中小企業根據自己企業管理水平的成熟度，在各階段採取適合自身企業的管理績效評量（評價）方法。

管理績效是指管理者從事「管理功能」的表現，而此種表現又有利於增進組織績效，筆者之所以談論管理績效衡量的問題，是因為這項工作在不同目的上，會有不同的著眼點，其做法也就自然不同。

如果我們是篩選人才，應著眼在如何選擇或提拔能發揮管理績效的人才；如果是開辦訓練計畫，不論是補短板或增加新的技能，都是希望藉此增進管理人員個人或組織未來的績效表現；如果重點放在利益的分配，則是著重於其最終成果（不論效果、效率、效益）的表現，所以才有「不管

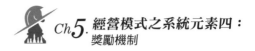
黑貓、白貓，會抓老鼠的就是好貓」的結果主義誕生，就如下表所示之績
效項目。

人力資源管理	1. 固著力／流動率 2. 出勤率 3. 勞動分配律 4. 訓練費用率 5. 直間率 6. 目標達成率 7. 制度、程序被認知率 8. 制度完整率 9. 制度遵行率 10. 5S	總務管理	1. 員工滿意度 2. 士氣度 3. 目標達成率 4. 制度被認知率 5. 制度完整率 6. 制度遵行率 7. 5S 8. 固著力／流動率
銷售管理	1. 目標達成率 2. 收款達成率 3. 毛利達成率 4. 市場占有率 5. 客戶成長率 6. 商品周轉率 7. 邊際收益率 8. 附加價值率 9. 客訴發生率 10. 固著力／流動率 11. 制度被認知率 12. 制度完整率 13. 制度遵行率 14. 5S	品質管理	1. 製程率 2. 良品率 3. 執行率 4. 品質成本減少率 5. 品質成本結構 6. 檢出力率 7. 異常發現次數 8. 標準化率 9. 制度被認知率 10. 制度完整率 11. 制度遵行率 12. 固著力／流動率 13. 標準化率 14. 5S 15. 品質意識認知 16. S、Q、C完整率

工務管理		製造管理	
1. 產能運用率	1. 目標達成率
2. 稼動率	2. 生產效率：良品率；稼動率
3. 生產效率	3. 執行率
4. 執行率	4. 除外工時率
5. 除外機時率	5. 除外機時率
6. 突發故障工時	6. 耗損率
7. 突發故障次數	7. 制度被認知率
8. 維護工時	8. 制度完整率
9. 安全實數	9. 制度遵行率
10.目標達成率	10.檢出力
11.檢出力	11.5S
12.異常反應次數	12.固著力／流動率
13.預防維修率	13.品質成本減少率
14.固著力／流動率	14.品質成本結構
15.標準化率	15.標準化率
16.制度被認知率	16.產能利用率
17.制度完整率	17.附加價值率
18.制度運行率	18.停工待料次數
	19.停工待機次數

資財管理		研發管理	
1. 存貨周轉率	1. 產品開發率
2. 存貨周轉天期	2. 產品開發採納率
3. 呆滯率	3. 產品開發成功率
4. 報廢率	4. 產品改善率：製程率；不良率；效率
5. 盤盈率	
6. 盤虧率	5. 降低成本率
7. 料帳準確率	6. 降低客訴率
8. 延誤率	7. 附加價值率
9. 供貨L/T短縮率	8. 目標達成率
10.降低成本率	9. 制度被認知率
11.5S	10.制度完整率
12.待料率	11.制度遵行率
13.目標達成率	12.固著力／流動率
14.制度被認知率	13.標準化率
15.制度完整率	14.標準工時降低率
16.制度遵行率	15.5S
17.固著力／流動率	16.檢出力率
	17.變異處理協作率
	18.良品率

財會管理	1. 正確率 2. 準時率 3. 制度被認知率 4. 制度完整率 5. 制度遵行率 6. 5S 7. 目標達成率

但在阿米巴經營模式內，究竟要不要對每級員工（如巴長及巴員）做績效管理的績效考核，以及如何衡量管理績效並進行績效管理之績效考核呢？從阿米巴利益分配的精神來看，要解決這個利益分配的問題，就必須解決三個層次的問題，第一層次是利益從哪裡來？第二層次是可分配的利益究竟有多少？第三個層次的問題，是這些可分配的利益怎麼分才會公開、公平、公正，好比「玻璃一樣的透明」，不會因為分配不均而出問題呢？這三個利益分配層次問題的答案如下。

⭐ **第一層次：**利益從哪裡來？阿米巴經營模式的精神是由各個巴自己賺。

⭐ **第二層次：**原則上是自己賺，賺多分多、賺少分少，但仍然必須依循公司所公佈的利益分享原則。

⭐ **第三層次：**怎麼分才不會患不均（也就是能做到公平、公開、公正），這就是本章要探討的問題。

究竟要如何衡量每個人在巴裡面的貢獻，而依照貢獻度進行利益分配，就變成「如何衡量每個人管理績效」的問題了。這是多年來爭辯甚多的問題，有人認為管理績效之衡量標準，越客觀越具體越好，有人認為許多十分重要的績效標準，不可能只用數字來衡量或表現，而是有賴主觀的判斷。

　　另外平時在談論各種績效評估標準時，例如利潤中心、預算、銷售成長目標……等，均需隨同組織目標訂定，而採用這些標準來衡量績效，等於以「組織績效」代替「管理績效」。其實一位主管能否達成其所規劃的目標或預算，或多或少會受其他非管理因素影響，因此，純粹根據這些標準評估管理績效，未免不公平，此「數字標準」之不切實際，早已受到嚴厲的批評。如果說在阿米巴經營模式領域中，對於巴長而言，其管理績效的綜合評價，就是用他最終有無獲利來作為巴長管理績效評價標準的話，我們可以接受且也無可厚非。但如果要作為巴員利益的分配基準，這些評價就仍有許多討論空間，也正因如此，績效管理這個課題才會經常被拿出來專門討論。

　　若以利益分配為基準的考核，對於一線的業務性質人員或是生產、服務性質的人員來說，直接用業績或是 PAC 獎工制度的生產績效是可以被接受的，但對於非一線戰鬥人員來講，這種績效管理的方法，就值得討論了。在此我們就要來好好討論，如何有效解決「怎麼分錢才不會出問題」的難題。

2 　績效管理的認知與方法介紹

　　人力管理，基本上講的就是績效管理，確保員工能夠達成績效，是管理者和被管理者關係中最重要的工作，雖然人力管理會牽涉到很多其他的管理責任（例如人事七要，包含選人、用人、育人、晉人、御人、留人、去人），但是大多和確保績效的達成有關。

　　績效管理的方法很多，有些組織採用的是制度化，建立一套績效管理制度，要求管理者和員工填寫許多詳細的表格，並遵守種種既定程序，例如前面在組織劃分所提到的 CPI。

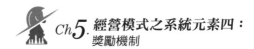
⭐ CPI 之日常工作要項、績效考核之原理

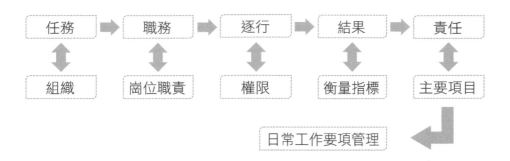

任務 → 職務 → 逐行 → 結果 → 責任

組織　崗位職責　權限　衡量指標　主要項目

日常工作要項管理

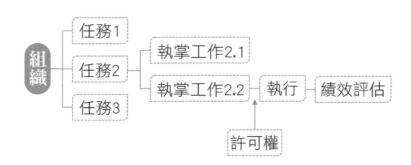

組織
├ 任務1
├ 任務2 ─┬ 執掌工作2.1
│   └ 執掌工作2.2 ─ 執行 ─ 績效評估
└ 任務3   │
           許可權 ───┘

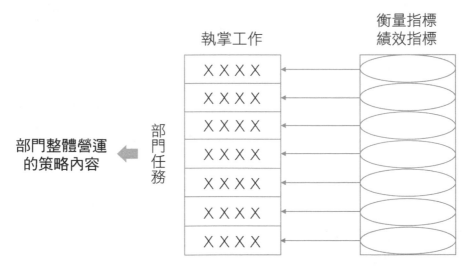

執掌工作　　　衡量指標
　　　　　　　績效指標

部門整體營運
的策略內容　←　部門任務

ＸＸＸＸ
ＸＸＸＸ
ＸＸＸＸ
ＸＸＸＸ
ＸＸＸＸ
ＸＸＸＸ
ＸＸＸＸ

1. 能量化，有實際記錄依據
2. 分結果型與過程型項目

日常要項管理項目決定表						
部門衡量項目	分 析				得分	管理項目
	上級要求	表現業績	經常發生	本身擔心		
項目 1	⊙	⊙	○	△	20	
項目 2	○	○	△	○	10	
項目 3	△	○	◎	◎	16	
項目 4	⊙	⊙	△	△	14	
項目 5	△	△	◎	△	9	

1. 上級圈選之管理項目以 ⊙ 表示，記入「上級需求欄」。
2. 各評價項目之重要度，以表示◎極重要、○一般、△輕。
3. ⊙為 8 分、◎為 6 分、○為 3 分、△為 0 分。

考核項目之評價標準及依據					
	工作量 P	工作品質 Q	降低成本 C	工作效率 D	依據表單
考核項目 1	評價標準	評價標準	評價標準	評價標準	○○表單
考核項目 2	評價標準	評價標準	評價標準	評價標準	○○表單
考核項目 3	評價標準	評價標準	評價標準	評價標準	○○表單
考核項目 4	評價標準	評價標準	評價標準	評價標準	○○表單

每日考核紀錄表				
	考核記錄			每日合計
	考核項目	考核項目	考核項目	
3/1	（得分）			
3/2				
…				
3/31				
合 計				

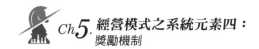
此種 CPI 績效考核又可分為兩種，一種是一般型的，即對各考核項目之考核標準，只依該項目被要求的標準作為考核之依據，但未與目標管理之目標值做結合；而另一種 CPI 考核，則對考核項目設定有標竿值、方針目標值、管理基準。

管理項目	標竿值	方針目標值	管理基準	管理方式			相關依據
				日期	方式	檢查方式	
出勤率	98%	95%	95%	周	推移圖	出勤統計表	員工守則
接待費	6 萬 / 月	6 萬 / 月	8.6 萬 / 月	月	推移圖	接待費消減記錄表	接待作業標準
電費	4 萬 / 月	5.2 萬 / 月	5.2 萬 / 月	月	推移圖	電費檢查表	照明管理規定
電話費	5 萬 / 月	7 萬 / 月	8.3 萬 / 月	月	查檢表	電話費查檢表	使用電話要領

當然，時下也有一些公司採取比較人治的方式，把確保員工達成良好績效的責任放在管理者身上，但這樣做有許多風險，就像經常聽到的抱怨「我怎麼做都錯，憑主管的高興」、「我的主管從來沒跟我說我做得如何，光會罵人」、「多作多錯，少做少錯」或是「我不懂得拍馬屁，主管才把我績效打得這麼低」。

大多數組織採取的方式都介於兩者之間，管理者及員工必須完成一些形式化（制度化）的動作，就算只是為了薪資檢討或開展某種訓練計畫也無妨，仍必須把員工績效的管理工作，當成每天管理工作的責任。例如下頁兩組績效考核表，一組是某人力資源公司提供給他們客戶使用的考核表（表一），另一組是筆者幫某家公司輔導時，所設計出來的考核表（表二）。

表一

年度考核表						
考核日期：		考核日期：		到職日期：		
姓名：		所屬部門：		職稱：		
5 分（很完美）/4 分（完美）/3 分（尚可）/2 分（欠佳）/1 分（差）						
項目	考核內容	得分	評分 1	評分 2	平均
專業知識	具有豐富的專業知識，並能充分發揮任務。	5			
	具有相當的專業知識，能順利完成任務。	4			
	具有一般的專業知識，能符合職責所需。	3			
	專業知識不足，影響工作發展。	2			
	缺乏專業知識，無成效可言。	1			
工作績效	工作效率高，具有卓越創意。	5			
	能勝任工作，效率高於標準。	4			
	工作不誤期，表現符合要求。	3			
	勉強勝任工作，甚無表現。	2			
	工作效率低，時有差錯。	1			
責任感	具有積極責任心，能徹底達成任務，可以放心交付工作。	5			
	具有責任心，能順利完成任務，可以交付工作	4			
	尚有責任心，能如期完成任務。	3			
	責任心不強，需有人督促，方能完成任務。	2			
	欠缺責任心，時時督促，亦不能如期完成任務。	1			
協調工作	善於協調，能自動自發與人合作。	5			
	樂意與人協調，順利達成任務。	4			
	能與人合作，達成工作要求。	3			
	協調不善，致使工作發生困難。	2			
	無法與人協調，致使工作無法進行。	1			
發展潛力	學識、涵養俱優，極具發展潛力。	5			
	具有相當的學識、涵養，可以培育訓練。	4			
	稍有學識、涵養，可以培育訓練。	3			
	學識、涵養稍有不足，不適培育訓練。	2			
	內缺學識、涵養，不具發展潛力。	1			

差勤狀況	全勤。	5			
	無遲到、早退，能事先請假。	4			
	偶有遲到，尚未超過規定。	3			
	時有遲到或補辦請假手續。	2			
	經常利用上班時間處理私務或擅離工作崗位不假外出。	1			
品德言行	品行廉潔、言行誠信、守正不阿，足為楷模。	5			
	品性誠實、言行規律、平易近人。	4			
	言行尚屬正常，無越軌行為。	3			
	固執己見，不易與人相處。	2			
	品行不佳、言行粗暴。	1			
成本意識	成本意識強烈，能積極節省，避免浪費。	5			
	具備成本意識，並能節省。	4			
	具備成本意識，尚能節省。	3			
	缺乏成本意識，稍有浪費。	2			
	成本意識欠缺，常有浪費。	1			
填表人：					

表二

個人工作評價評分表—員工

姓名：　　　　部別：　　　　組別：　　　　到職日期：　　年　　月　　日

項次	考核項目	不滿意 1	2	3	勉強 4	5	6	好 7	8	9	很好 10	11	12	優秀 13	14	15
1	工作品質：施工或工作品質結果是否符合品質標準要求。	施工或工作品質合格率在96%以下，且顧客滿意度96%以下（所從事之個案客訴率4%以上）。			施工或工作品質合格率達96%，且顧客滿意度亦達96%（所從事之個案客訴率4%）。			施工或工作品質合格率達97%，且顧客滿意度亦達97%（所從事之個案客訴率3%）。			施工或工作品質合格率達98%，且顧客滿意度亦達98%（所從事之個案客訴率2%）。			施工或工作品質的合格率達100%，且顧客滿意度達100%（所從事之個案無客訴現象）。		
	自我評價															
	上級評價															
2	工作成本：施工或工作的效率、重工與賠償次數。	所有個案施工效率之標準符合工時符合標準之合格率96%以下，且重工或賠償事故發生率4%以上。			所有個案施工效率符合工時符合標準之合格率96%，且重工或賠償事故發生率4%。			所有個案施工效率符合工時符合標準之合格率97%，且重工或賠償事故發生率3%。			所有個案施工效率符合工時符合標準之合格率98%，且重工或賠償事故發生率2%。			所有個案施工效率皆符合標準之要求，且重工或賠償無發生事故。		
	自我評價															
	上級評價															

	評價項目							
3	工作技能：施工工作所需技能位要求是否各滿足崗位要求。	具備80%施工工作技能，其所需崗位技能條件見工作崗位技能條件表。	具備90%施工工作技能，其所需崗位技能條件見工作崗位技能條件表。	施工或工作技能符合個人職稱等級之要求，但尚無具備高一階層之工作技能，其所需崗位所需崗位技能條件表。	施工或工作技能符合個人職稱等級之要求，並具備高一階層之工作技能，能20%工作技能，其所需崗位之崗位技能條件表。	施工或工作技能符合個人職稱等級之要求，並具備高一階層之職能有50%工作技能，其所需崗位之崗位技能條件表。		
	自我評價							
	上級評價							
4	團隊合作：是否主動協助其他人的工作，不計較彼此。	能自行完成分內工作，不需他人協助。	無法自行完成分內工作，需要其他人員協助，並且較計較工作內容或工作分配。	主動、積極並能有效協助其他人員之工作，但尚無法提高團隊工作效率及組織團隊運作。	主動、積極並能有效協助其他人員且能提高工作之團隊工作效率組織團隊運作。	主動、積極能有效協助其他人員，且能提高工作之團隊效率及有效組織團隊運作。		
	自我評價							
	上級評價							
5	工作承擔：無論工作是否為自己的工作，都能積極承擔並於勇於從事。	只能完成自身工作範圍，非自身範圍工作，需主管指派才能承擔。	只願意完成自身工作範圍，其餘一概置身事外。	除自身工作範圍內，還能承擔自身工作範圍外的責任。	除自身工作範圍內，積極承擔自身工作範圍外並能提升團隊效率。	除自身工作範圍內，還能積極承擔自身工作範圍外並能引導和學習、負責且利他，同儕承擔其他。		
	自我評價							
	上級評價							

項目	最低		中等		最高
6 學習能力：學習及接受新技術與新知識的意願與積極性。	完全無法接受他人意見、懶於自學習，故自封、進步不再，成為現代文盲。	只能勉強在工作中學習新技術及新知識、無法接受他人意見，且自我感覺良好。	只能在工作中學習新技術及新知識，尚能接受他人意見，但自我感覺良好。	能夠主動且積極學習新技術及新知識，也能接受他人意見，但尚無法有效運用。	能夠主動且積極學習新技術及新知識，並能在最短時間內，有效運用。
自我評價					
上級評價					
7 正向思維：遇到問題能積極思考面對，且勇於思善改善。	無法發掘與解決任何問題。	只能解決找上門來的問題之能力。	具備有能解決顯現的問題、感覺、找上門的問題之能力。	具備有發掘問題並能解決問題、感覺、找上門來的問題之能力。	具備有發掘問題、創造問題、並能解決問題、預想到的問題、感覺到的問題、找上門來的問題之能力。
自我評價					
上級評價					
8 工作精神：是否符合四無精神（無任何要求、無任何監督、無任何藉口、無條件執行）	完全不符合四無精神。	需要監督及要求才能有條件的執行工作。	仍須監督及要求才能做到無任何藉口、無條件執行之工作精神。	仍須監督才能做到無任何藉口、無條件執行之工作精神。	符合四無精神。
總得分					

但不論實際做法為何，績效管理過程的核心精神，在於老闆和主管、主管和下屬之間，必須完成一個類似「訂約」的動作（心靈契約也算）及「績效面談」，否則就不會促使阿米巴經營模式發揮效益及企業與個人獲得改善。

我們再從績效管理的定義來看，筆者認為不論經營哲學有再多的威力，經營會計有再多利益驅動的力量，但基於心理學家所說，要三年才能成習，五年才能成性，十年才能成形的狀況下，在企業剛導入這種新型

> 績效管理是對績效實現過程「各要素」的管理，是其於企業戰略基礎上的一種管理活動；是通過對企業戰略的建立，目標分解，業績評價，並將績效成績用於企業日常活動的管理中，藉以激發員工業績持續改善，並最終實現組織目標的一種正式活動。

的經營模式，員工行為還沒改變過來。在員工已經完全由被動進入主動、管理技術水平已經達到各崗位的基本管理技術水平，而巴長也已經達到所期待的管理才能與經營意識前，有效運用管理績效的績效管理技法是必要的。

至於要用哪種的績效考核方法，依照筆者多年來對國內中小企業的輔導經驗，為配合文化塑造，總結出如下表的運用，不失為上策。

導向別	目的及應用 考核內容	績效獎金 利益分配	薪資 調整	職位 異動	員工 選拔	補短板	能力 開發	額度
產出 導向	崗位稱職	◎	◎	○	◎	◎	◎	每日 1次
產出 導向	工作績效	◎	○	◎	○	◎	○	每月 1次
輸入 導向	工作態度	○	○	○	◎	◎	○	每月 1次

輸入導向	專業能力		◎	◎	◎	◎	◎	每季1次
輸入導向	人格特質		○	◎	◎	○		每半年1次

👍 阿米巴經營模式之報酬激勵

從阿米巴經營模式原來的精神來看，是把內部原本工作的交付，變成一種內部交易的模式。其理想的報酬模式，應該是從「利潤」而來的報酬激勵，在組織劃分的章節裡曾談到阿米巴組織型態有四種，四種型態中以交易行為作為獨立核算之機制的，只有一種「利潤中心型」，其餘「成本中心型」、「費用中心型」及「事業部制」，都沒有經過內部交易。

因此，在利益分配的報酬激勵方法上，以所謂超額利潤作為分配利益的基準的，只有「利潤中心」及「事業部」兩種型態的組織，但無論是有沒有內部交易型態的巴，在「超額利潤」的引導之下，遂變成四種型態的組織。

為了界定有無超額利潤，都必須要編製預算、訂定目標，才能產生超額利潤的觀念，其差別只在於一個是透過交易創造利潤；另一個是透過成本控制，或是降低成本等之手段，來達到降低成本及費用，相對促使利潤增加。

怎麼分才會公開、公平、公正而不會出事，應該要秉持這個章節討論的依據績效考核外，其餘可以分多少的環節本就沒有絕對答案，只是站在老闆的立場，除了要看老闆有多少「分享心」外，還要看老闆的心態是不是「只有虧錢的老闆，沒有虧錢的員工」，為此有怎麼分、分多少的課題產生。筆者經過多年的實際輔導經驗，累積出一套利益分配的模式，僅以下列各種狀況下，採取不同的分配方案。

雖然稻盛和夫先生說他不把績效考核的結果與超額盈餘利益分配掛

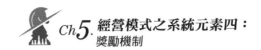

勾,只是用來作為培養阿米巴經營人才與阿米巴經營循環改善之用,也就是促成各巴之間進入良性競爭、提升經營績效,是業績改善的工具,也是發現人才的方法,卻不是獎金分配的依據。

但筆者以為,目前在台灣的中小企業中不適合,至少要等中小企業把現在的「單一薪酬制度」徹底改變,變成一種「多管道晉升制度」才能脫鉤。此種制度具有多種激勵內核的薪酬制度,基本就有至少七種激勵管道。一般而言,有升等、升級、物價指數、職涯發展的晉升路徑、專業管理才能的成熟、工作上之技能的多能工發展、管理技術之多能工成長……等。

因此,筆者在此僅以稻盛和夫的阿米巴經營模式及經營哲學之精神,列舉一般常用之分配方案如下。

阿米巴經營激勵體系之超額利益分配方案										
巴別:				月份:				單位:元		
員工級別	工資	人數	工資總額	基本利潤目標	實際完成利潤目標	利益分配	實際完成利潤額	利益分配	實際完成利潤額	利益分配
高層	80,000	1	8萬					0.5個月		3個月
中層	50,000	2	10萬	1,000萬	1,000萬	0.5個月	1,200萬	1個月	1,500萬	1.5個月
基層	35,000	5	17.5萬			1.5個月		1.8個月		0.5個月

而為什麼要採取這種方式之利益分配方案呢?因其係以阿米巴經營模式,是以人力成本來進行核算的,尤其是以單位工時附加價值為主要的判斷標準。因此,其利益分配是按利益超額的水準,用階段性之方式來進行核算,並在組織內依員工級別,依比例進行分配,其理由有三。

⊛ 在只完成基本利潤目標時,說明組織內高層領導(巴長)的經營才能,對組織收入及利潤的增加,並沒有起到任何作用,而此情形屬基層員工的作用最大,所以基層員工獲得獎金應該最多。

⭐ 當組織除了完成基本利潤目標後,還能創造出些許的超額利潤時,說明在此階段組織內,中、高層人員的經營才能發揮了一定的作用,但這時仍然是基層員工有著主導性的作用,所以利益分配上,雖然中、高層也有分配,但仍然以基層員工分配的比例最大。

⭐ 顯示了組織內的中、高層幹部的經營才能發揮了重大的影響與作用,因此分配的比重,就往中、高層下去傾斜。

　　至於企業主最常問的,也是最擔心的問題,就是下列三個問題:

⭐ 如果公司虧錢,但仍有些巴是有超額利潤的時候,那這些有超額利潤的巴,是否還要進行利益分配?

⭐ 雖然公司賺錢,但沒有產生超額盈餘,那麼對有超額利潤的巴,是否還要進行利益分配?

⭐ 雖然公司有賺錢,也有超額利潤,但如果有些巴把超額利潤分配以後,公司就沒有或只剩下少許的超額利潤了,那這時候又該怎樣呢?

【解答】

1. 一定要貫徹目標管理與預算制度,每月進行 P-D-C-A 之檢討及預控分析之工作。既然經營會計是企業經營的導航系統,那麼每日不斷檢討、修正,不就是經營會計的核心工作嗎?所以只要公司的經營會計有正常運作的話,這個問題還是不會發生的,除非企業在落地實施阿米巴經營模式時,沒按照經營會計的精神下去運作。

2. 雖然公司也有按照經營會計的精神每日檢討、不斷修正,但有時遇到外部環境與競爭太大,企業採取的因應對策沒有那麼快產生效果。因此,這時候如果光是成本巴及預算巴有超額利潤,但公司整體營收並

沒有達到損益兩平點時，光是節省開支、降低成本，就已不能支撐經營，可以在剛一開始制訂利益分配實施辦法時，就明確規定清楚，公司可以不進行超額利益。但如果這種現象是公司始料未及之事時，公司則可用協商方式，改變另一種激勵方式進行激勵，並降低原本利益分配之百分比。筆者相信，如果經營哲學之企業文化教育成功的話，員工就會以同理化來思考這一件事，如果日後企業已經擺脫虧損狀況，企業主則應該及時補上，這樣對企業主的人格有加分現象，對以後和員工在互信上，也會往好的方面去發展。

3. 在正常的情況下，筆者都會建議企業比照公司常用的方法，即於平常有超額利潤時，就依「股東權益」之盈餘分配與利用方式，如提列法定公積、資本公積及彌補前三年之虧損後再進行合理化之盈餘分配……等，也就是「三倉哲學」的水庫管理方法，其中 1/3 於當期就發放，1/3 作為年節獎金，最後 1/3 作為保留盈餘或公積金，而這個公積金可以規定一個資金池的高度，若高於這個資金池就可以拿出來分配。

　　最後是超額利潤勞資雙方究竟是 8：2、7：3、6：4、5：5 或反過來 2：8、3：7 或 4：6，沒有一定標準，關鍵在一句話：「如果把錢分對了，別人就幫你做死；如果分錯了，就自己做死。」這完全看經營者的價值觀了。

經營模式之系統元素五
人才培育

The Best Manage
Method AMOEBA

 經營模式之系統元素五：
人才培育

Chapter
6

👍 人才培育的認知

　　從阿米巴經營哲學的邏輯演繹過程中，我們清楚的知道要實現企業三化（成本最小化、利潤最大化、員工老闆化）就必須培育員工的經營意識與經營才能，且要全員經營。因此，在前面學習完一套有效的通往成功之道的經營模式系統元素後（包含經營哲學、組織劃分、經營會計、目標管理與預算編制、績效管理與獎勵機制），還有最後一哩路，就是如何在企業內建構一套行之有效的人才培育機制，以下僅就筆者在顧問領域數十年的經驗，提供各位讀者或想導入阿米巴經營模式的企業主參考。

✪ 企業要滿足員工不斷增加的物質與文化之需求，員工才能不斷滿足於企業日益發展的科技和管理上的需求。

✪ 企業要把員工變作公司的資產，而不是成本。

✪ 做人應該做正確的事情，要把員工放在首位。

✪ 培訓員工的目的是要讓我們的員工，有能力去和我們的競爭者一較長短，不是一種浪費。

✪ 各位巴長必須要具備的八項技能：

　1.須具有處理問題的思維技巧，即要有分析問題的能力，並能建議可行的解決方法。

　2.須具有處理人際關係的技巧，巴長是貫通上級和下屬的橋樑還要扮演調停者或仲裁者的角色，避免組織內的不同意見或紛爭影響其他員工的士

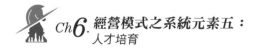

氣和生產力。

3. 管理人員要掌握技術性技巧，巴長要對公司所屬行業，公司本身生產與銷售情況及科技發展等有一定的認知，否則可能做出不符實際情況的決策，妨礙達成目標。

4. 工作上的知識。

5. 職責上的知識。

6. 領導的技能。

7. 教導的技能。

8. 改善的技能。

⭐ 現代中小企業員工在企業內的學習生態詬病：

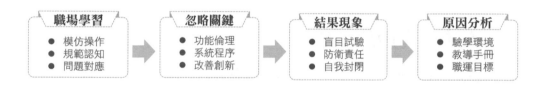

現在中小企業員工除了企業管理技術的水平極低外，甚至還有員工會問老闆「我為什麼要學，那些課程跟我的工作又沒關係」的情況發生。因此，在這樣環境下的企業要想變革成功，並將阿米巴真正落地變成全員經營，非從員工培訓入手不可。

⭐ 企業競爭從競爭規律與自然法則角度來看就是「優勝劣敗，不進則退」，而企業內導入阿米巴經營模式後，要想把作為人何謂正確的六項精進，且變成企業內各員工的「共同信念、共同價值觀」，就是要在企業內讓每個人都有一種想法。而這種想法就是「對個人能力侷限的承認，且是始終的承認」，也就是六度波羅蜜的精進精神及阿米巴經營哲學作法為人，何為正確的六項精進第一項的「永遠不亞於別人的努力的精神」，只有這種想

法才能讓人不斷學習，企業才可以破解「人們不拒絕改變，但拒絕被改變」的矛盾心態。只有如此才能將員工從以利驅動的「物質」需求的滿足提升到「精神」的需求，以滿足員工「以創造價值為己念的精神」，才能讓阿米巴真正做到員工主動的轉心、轉念，從「公司老板要」轉變成「我自己要」。

　　而對一個非人力資源主管在人力資源管理領域內的管理技術，其中除了晉人、御人、用人之管理技術外，筆者在這裡還要教導各位管理幹部學習「育人」的管理技術，尤其是「教練技術」的學習。當然，我也希望在此能撥亂反正，從眾多嘩眾取寵的「教練技術」中走出來，真正進入一個對「人」具有加工能力的管理者狀態中。

👍人才培育的加工理論

　　誠如前面所說，「人」這項資源的管理，就好像「材料」這種資源一樣，必須經過製造的過程（加工程序），才能變成具有附加價值的商品。因此，人力資源的管理除了要管理員工的「願」（敬業精神）外，還必須要管理員工「能」的問題。

　　也正因為如此，在管理界就用「製造產品之前，先要培育人才」這句話，來形容人力資源管理之「人才培育」這項工作的重要性。然而對於「人才培育」這件事，就像我們在「悟道」中所說一樣，它也有「形而上」的「哲學思想」在引導著「形而下」的「管理科學」（管理技術），所以就讓我們先來瞭解一下在「人才培育」這個領域中的哲學思想，究竟是哪些思想。

⭐ 強將手下無弱兵。

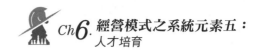

⭐ 因材施教，百年樹人。

⭐ 培育下屬是為了讓自己有接班人（分身），這樣才有機會晉升，否則你的
工作沒人代替，就永遠脫不了手、無法晉升。

⭐ 培育下屬是為了讓下屬有能力來為我們辦好事，與競爭者一較長短。

⭐ 訓練員工是一種改善的利器與機會，是一種改善的必要過程，而非彌補的
良藥。

⭐ 訓練是變革管理工作的重要組成部分，因此我們不能把參加訓練看作是一
種干擾、獎勵或是懲罰，而是一種無限的投資。

　　正見才能正思維，而後才能正語、正業，有了人才培育的正確見解與
思維後，我們開始來學習有關人才培育的諸多「技術性」的問題。

1 徹底認識人為什麼必須學習的道理

⭐ 人是因為心智的思維形成了想法，而想法引領著人行動的方針，一切的行
動重複則形成一個人的行為模式（一年成習，三年成性，十年成形），所
以行為的模式最終則變成一個人的習性（習慣）。習慣日久則形成一個人
的性格特質（人格特質），而性格特質最後則決定了一個人的命運，所以
要改變命運，必須改變一個人的性格特質，性格特質的改變則有賴於行為
的改變，行為的改變與否又取決於心智是否得到了改變，而心智的改變與
否又取決於學習，所以說人類學習的目的是每個人命運改變的源頭！

⭐ 正見→正思維→正語→正業→正勤→正念→正定→正命之道理是也。

⭐ 作為一個主管要培育下屬，首先要讓他知道這層道理，並堅信這層道理，
否則下屬是不會主動想要學習的。

2 **正確認知學習的障礙原因與突破障礙的方法**

⭐ **學習障礙的原因：** 作為每一個主管要想培育下屬，除了讓他瞭解學習的意義，還得協助他找出學習障礙的原因，並幫他突破這個障礙，否則下屬學不下去，最後也會失敗。而學習障礙的原因一般為「處於舒適圈的環境裡，對每個人而言，安全和確定的環境是由舊有習慣和已知事物所組成的，唯有跳開舒適圈，才會進入未知、不安、恐懼的狀態。對於一位想要吸收新知的人而言，遠離舒適圈而進入未知的環境裡，才能真正面對學習的成長。因此，學習和成長的機會往往是和糾結複雜的情緒一起發生，當面對未知而嘗試新知時，通常會因體驗到新的事物而感到興奮，然而卻也會有恐懼的心理發生，即使所面對的改變是正面的、是有益的，但就在學習與成長的過程當中，情緒的反應卻是極為複雜的，這也是學習會產生障礙的原因，這時身為主管必須協助下屬突破障礙。

⭐ **突破下屬學習障礙的方法：**

1. 正確認知並告訴下屬「在我們新的學習模式中，犯錯也是屬於學習的另一種方式，而不是學習過程中所得到的壞結果。」鼓勵下屬將所有的小錯化為回饋的過程，再將回饋的過程當作學習，只要經過這一連串的行為或過程，我們就可以開始享受學習的樂趣而帶來的進步與成長，進而改變命運。

2. 為了協助下屬進入一個學習成長的長久目標，我們必須想辦法協助下屬離開舒適圈的順境。要協助下屬離開原來的舒適圈，必須先讓下屬採取小的步驟，且不斷重複直到下屬感覺舒適、無壓力為止。如此重複及耐心地學習，最終方能讓員工順應學習，甚至養成學習的習慣，並得到一個全新的行為模式。

⭐ **激發下屬學習的動機：**

由於動機的複雜性，激發學習動機是相當困難的，優秀的教練技術應該是

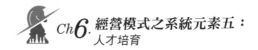
從激發學員動機開始，但如何有效激發下屬的學習動機是一件困難的事。某種方法對特定的情境或物件可能有效，但在不同時間、不同物件上，可能又變得無效，誠如台灣林寶山、費改傑、陳柏容三位博士所歸納出常用的十種激發學習動機的方法，如下。

1. 建立學員的自尊感。
2. 利用學員現有的動機。
3. 引發潛在學習興趣。
4. 協助學員發展另一合適的發展目標。
5. 發展學員的擴納態度。
6. 確保學習後的利益。
7. 提供舒適的學習環境。
8. 利用增值原理。
9. 以身作則且提供良好的示範作用。
10. 創造積極的班級氣氛。

👍 人才培育的學習三律之實務應用

從實務當中我們發現多利用學習聯結論中的練習律、準備律、效果律的引導是最好激發下屬學習動機的方法。

引導學習動機是教練能否開展訓練工作的前奏，表面看來似乎不重要，但若稍加觀察，則能發現引發動機是下屬培育成敗的關鍵。總之動機是學習的原動力，下屬如果缺乏學習的動機，你就很難發揮你的教練技術。

當然，如果下屬的動機已經被你激發出來，這時你必須採用什麼樣的「教練技術」才能真正解決員工「能」的問題，從而到最後徹底根治「帶不動人」的企業痛點呢？誠如前文之「人才培育的哲學」所云，既然培訓

教育訓練（教練）的方法是「水無常形」，必須因人而異，那就不能只限於某一種方法。我們必須從基礎的培訓與學習的理論知識學起，因為只有掌握這些「培訓與學習」的理論知識之後，才能於實務工作中採取「因材施教」之最適當的教練技術，把下屬帶好、教好，使下屬能真正為企業效力而創造出貢獻。

1 學習理論之聯結論

聯結論為心理學家桑代克所創立，個人經過多次的刺激與多次的反應，終會使其兩者間建立一個聯結，此種刺激與反應間的聯結就是學習，而這種聯結的強弱則是下列幾個原則所支配。

⭐ 練習次數的多寡（亦稱為練習律）。

⭐ 練習的次數愈多，則刺激與反應間的聯結愈強。

⭐ 個人自身的準備狀態（亦稱準備律）。

⭐ 個人在準備獲取或解決疑惑的狀態下，如果有了回饋即會感到滿足，而感到滿足就會促使其繼續準備，所以學習的準備律愈是充足，效果自然也就愈好，這也就是大家所說的「學習要好，就必須帶著問題來上課」的道理。

⭐ 學習反應後的效果（亦稱效果律）。

⭐ 簡單講就是學以致用的報酬（效果或利益）如果很好，那麼人就會更加的努力學習。

所以從聯結論中帶給我們在人才培育（教練技術）的啟示可以用下列幾點來說明。

⭐ 培訓本質上是一種教育訓練，是改造人的行為和過程，而想要改造人，顯然不是一次努力就奏效的。所以在一次性的培訓中，有 98% 是「泥牛入海」印跡全無，跟沒做一樣；另外 2% 則是「泥牛入池」，有點反應，但那只是留下一片渾濁與困惑。所以培訓要有效，則必須掌控下列方法與技巧。

1. 課前的準備，需找準課題，最好把這個課題跟績效與獎勵的項目掛勾。

2. 採取煽動性講授方法。

3. 採取小型討論、發表之方式進行。

4. 鼓勵（獎勵）員工利用課程知識提出目前工作上的合理化建議。

5. 內部報紙、專欄、海報等，把一些好的建議、好文章、好做法發表出來，如「告訴大家一條經驗」。

6. 培訓的表現（學習成果）與薪酬考核掛鉤。

7. 重視每次培訓後的後續活動。

⭐ 必須圍繞著崗位職責中之各職類及級別的人員建立一個有系統的體系，並加以強制執行。如下圖之生產體系員工之品保類職工之人才培育體系。

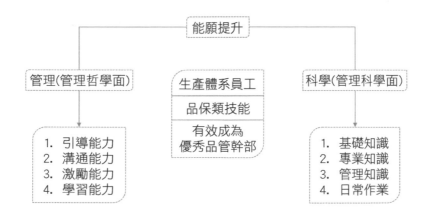

人文 （管理哲學面）	基礎知識	專業知識	管理知識	日常工作
1. 生涯規劃與工作態度 2. 領導與被領導的藝術 3. 溝通與自我成長 4. 自我激勵與壓力性管理 5. 如何學習突破現狀、脫穎而出、為自己升官發財 6. 如何成為一個被喜愛的員工	1. 商品的名稱、規格、機能、用途、出產條件、品質標準、不良現象、不良因素 2. 產品（原材料）名稱、規格、機能、用途、生產方法、用量、品質標準、不良現象、不良影響 3. 製造流程、管制點、管制方法、檢驗方法、造成不良原因及影響 4. 使用設備名稱、原理、作業標準、標準工時、異常現象等	1. 品質的定義 2. 品質管制 3. 品質保證 4. 品質管理 5. O'7 6. N'7 7. 各項檢驗 8. 品質保證體系之設計 9. SPC之統計製程管制 10. 品質成本之應用	1. 問題分析與解決能力 2. 擬訂計畫能力 3. 推行計畫能力 4. 士氣銷售能力 5. 下屬銷售能力 6. 工作改善能力 7. 工作關係能力	1. 各項基本制度 2. 各項業務制度 3. 各項表單使用 4. 自我管理

② 學習理論之心靈地圖法

　　要想成為一個優秀教練，在學習理論上除了前述之聯結理論外，一定必須要搞清楚的就是學習的方法，如下圖之「心靈地圖法」。

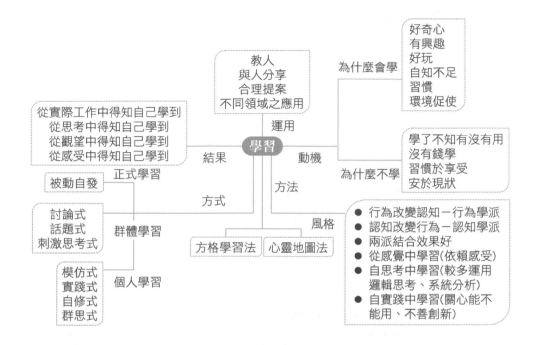

　　古人云：「隔行如隔山，但隔行永遠不隔理。」當你掌握了學習的原理後，你怎樣在面對不同學生（下屬）用不同的方法，使其在最大可能下學習到為公司做事的技能組合，這就是身為主管的你，要如何發揮「教練技術」帶動員工學習，又能為我們做事的基本功底了。

👍 決定人才培育內容的三個構面

　　學會有關學習的理論知識後，如何因材施教的「教練技術」也掌握後，接下來就是教各位如何在實務中，為每個員工制訂一份有效的人才培育體系，首先，你可以從「下屬培訓需求評價構面」做起，有關下屬培訓需求評價構面的內容及實務應用案例說明如下。

1 需求評價構面

任務分析

是確定各職位的各項任務能力，精細確定出各項任務的難度，並揭示出要完成任務所需要的知識、技能及態度的理想狀況。

組織分析

是判斷組織中哪些員工或哪些單位需要培訓，這其中可以績效的弱點來看需求，也可以從單位的工作勝任特徵來看需求。

人員分析

是從員工的實際狀況的角度，分析現有狀況與理想任務要求之間的差距，即「目標差」以形成培訓目標與內容的依據。

以一個生產體系基層主管的培育體系為例：

領導才能	職業技能面	工作管理與改善面
P-D-C-A 管理習性 下屬培育的技術 工作關係的管理技術 領導技術 （情境領導）	品質管理面技術 設備管理面技術 工藝技術管理面技術 人力資源面管理技術 環境管理面技術	降低成本工作計畫 問題分析與解決 工作改善四大專案 工作管理四大專案 目標管理之推行

另外，也可以從企業人才培育的五大途徑中，去努力建構有效的人才培育體系。其中尤為重要者就是 OJT 在職訓練，以下僅就 OJT 人才培育體系建構的系統思維及實際做法介紹。

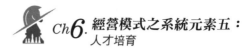

2 OJT 實施的實力與體制

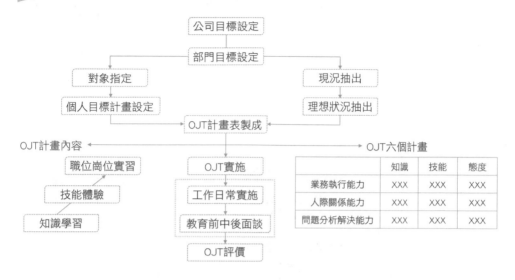

The Best Manage
Method *AMOEBA*

OJT 計畫表		對象者	所屬	財務部	構想	一年內培育成主管人選（課級以上幹部）	年　月　日	
							責任者	
			姓名	林大民			擔任者	
姓名	對象能力	現狀水準	目標水準	O.J.T 之戰略的展開			日程規劃	擔當者
				知識學習	技能體驗學習	架構體質的對應		
	領導統御能力的養成	1.不考慮老幼尊卑、沒大沒小。 2.常常採取單獨行動。 3.別人還沒講完話就喜歡插嘴。 4.會做事但不會叫人去做事。	1.會講客套話。 2.能和同事們採取一致行動。 3.能夠當一個優秀的傾聽者。	1.課長向她說明領導統御的結構。 2.購買領導統御的書籍給他看。 3.由課長向他說明個人目標之關聯性。 4.由課長教他情境領導的運作實務	1.讓他在課長後面跟著學習及道單位討論與決策有關事宜。 2.讓他在適當的機會代行工作。 3.讓他在書中讀過的章節，寫出自己的心得及應用的方法。 4.各項問題之分析與解決方法。	1.會議在司儀主席，讓他輪流擔當。 2.設置一個實習課長之職位，讓他進入學習訓練狀態。		

　　再者，筆者必須協助各位在你想成為一個優秀教練的管理者時，要怎麼掌握人才培育五大途徑的優劣點，以便將來在各種不同情境或物件前採取較為適當的人才培育方法。

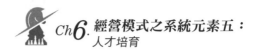

③ 企業人才培育關聯圖及五大途徑

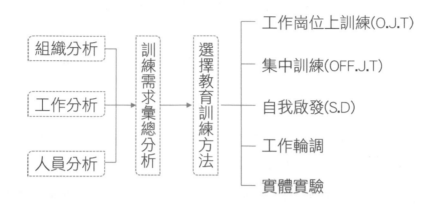

④ 三種主要人才培育途徑的優、缺點對比

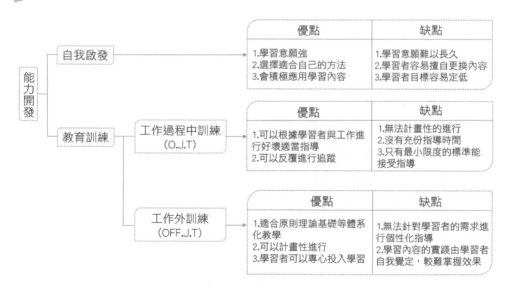

當然，人才培育體系的建構尚有很多方法，如同心圓法等，但不論哪一種方法，關鍵皆在於你怎麼掌握整個人才培育之各種相關專業知識，並加以巧妙組合應用，而不在於形式。

👍 人才培育的培訓方法

學過激發員工（下屬）學習動機的方法、學習與培訓的基礎理論知識與邏輯、人才培育體系的建構方法、人才培育的各種途徑後，筆者最後來教各位「教練技術」的最後一招，即工作教導方法與教育訓練方法的各種招式。

1 ▶ T.W.I（Training within Industry for supervisor）之工作教導法

在工業管理的領域裡，生產（工作）現場第一線督導者的訓練是管理工作的最前沿，也是最為重要的事情，其內容包括了 JI（Job Instruction）工作教導、JM（Job method）工作方法改善、JR（Job Relation）工作關係、JS（Job Safety）工作安全。

其中工作教導方法如下。

⭐ **第一階段：學習籌備**

　1.使他平心靜氣。

　2.告訴他將做何種工作。

　3.查知他對這工作認識的程度。

　4.營造出使他樂於學習的氣氛。

　5.引導使他進入正確位置。

⭐ **第二階段：傳授工作**

　1.將主要的工作一步一步的：講給他聽→寫給他看→做給他看。

　2.強調要點。

　3.清楚地、完整地、耐心地教導。

　4.不要超過他的理解能力。

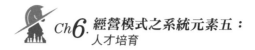
⭐ **第三階段：**試做

　1.讓他試做，改正錯誤。

　2.讓他一面試做，一面說主要步驟。

　3.再讓他做一遍並說出要點。

　4.教到確實瞭解為止。

⭐ **第四階段：**考驗成效

　1.讓他開始工作。

　2.指定協助他的人。

　3.常常檢查。

　4.鼓勵發問。

　5.逐漸減少指導。

　　當然，在實務中教導的方法也不全是一成不變，筆者總結出下面十種方法，可以交叉使用、因材施教。

第一種	第二種	第三種	第四種	第五種
責備當做教導	講給別人聽	做給別人看	說給別人聽 ↓ 做給別人看	做給別人看 ↓ 說給別人看
第六種	第七種	第八種	第九種	第十種
說給別人聽 ↓ 做給別人看 ↓ 叫他做給我看	做給別人聽 ↓ 說給別人看 ↓ 說了做給我看	叫他做給我看 ↓ 做給他人看 ↓ 說給別人聽	叫他做給我看 ↓ 做給別人看 ↓ 說給別人聽 ↓ 再叫他做給我看	叫他做給我看 ↓ 說給別人聽 ↓ 做給別人看 ↓ 再叫他說給我聽

② 常用的訓練方法

★ 講授法

1. 性質：講師以演講方式，單向地傳達訓練內容。

2. 適用狀況：

　（1）能同時對多數學員授予知識觀念。

　（2）對知識教育有效。

　（3）不受學習人數限制，經濟有普遍性。

　（4）講述的資料容易記錄並保存。

　（5）最普遍常用的教學方式。

3. 限制：

　（1）缺乏將知識付諸行動的效果。

　（2）較不易照顧到學生的個體差異與需求。

　（3）不容易瞭解學員的理解程度。

　（4）忽視學員水準，只能統一教育。

　（5）學員較被動，針對課程內容很少積極。

★ 會議指導法

1. 性質：針對一個問題，學員充分交接意見，綜合整理出解決問題的對策和方法。簡單的說，這一方法可以集合眾人智慧，得以正確結論的同時，也可以訓練要解決問題的必要思考方式。

2. 適用狀況：

　（1）討論內的內容及經過討論後內容匯出的結論，事先都已設定。

　（2）指導發揮已定的課題，依已定的步驟，向學員提問題。

3. 限制：

　（1）事先對議題要有充分的經驗與瞭解。

　（2）對於學員們沒有經驗過的議題，要求他們發言是有困難的，所以

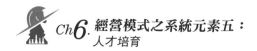
一般都用於顧問輔導培訓。

⭐ 個案研討法（Case Study）

1. 性質：面對同一個例子，學員要針對該例子狀況與發生因素，提出一些解決方案並加以討論之。

2. 適用狀況：

（1）學習問題解決方法。

（2）啟發學習效率。

（3）培養思考能力及知與行的能力。

（4）提供決策經驗的訓練。

3. 限制：

（1）情境的背景往往被忽略，而容易誤導學習。

（2）費時，參加人員若未達到一定程度，則效果不佳。

（3）參與者投入的情況不同，參加者意願可能低落。

⭐ 角色扮演法

1. 性質：讓學員扮演一特定角色，使其再扮演別人角色中更能使學員體會到別人的感受，增進個人之人際敏感度。

2. 適用狀況：

（1）可以引起興趣，願意積極參與。

（2）可以獲得具體的感受，體會實際的生活情境，增加同理心。

（3）從活動中可以探索到個人適性發展的方向。

（4）可達到由不知→知→行的要求。

3. 限制：

（1）內向學員不易配合的很好。

（2）部分學員會認為幼稚和不重視，而變成一種遊戲。

（3）如問答問題準備不周全時，無法順利推展。

⭐ 工作崗位訓練法（On the job Training，OJT）

1. 性質：又稱為「職場內訓練」，由於訓練越接近實際工作其效果越顯著，尤其是管理技術方面的訓練，如能在工作中進行比較具有應用性和持久性。

2. 工作崗位訓練法，約有下列數種可以應用：

實務教導	複式管理
職位輪調	接替計畫
特別指派	研讀書面資料
工作專案小組	個別討論法

⭐ 討論教學法

1 性質：由學員針對各式各樣的問題進行討論，並得到一個團體性的結論，借此促使學員獲得知識、能力提升外，最重要的是凝聚團隊共識的力量。

2. 類型：

（1）問題解決型。

（2）目標達成型。

（3）創新創意激發型。

3. 限制：

（1）此種方法跟前面的會議指導法有點類似，因此在會議指導法會出現的問題，在此也可能出現。

（2）講師們（訓練者／教練）非得熟知訓練技巧不可，教練若沒有優良的引導技巧，就容易招致離題及少數人意見的缺失，而就會產生有人在這樣的訓練過程中沒有學到知識或技能。

根據以上方法，可以總結出，要想成為一個優秀教練，必須要懂得並

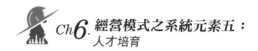
能靈活運用很多的「教練技術」，才能真正突破「因材施教」的瓶頸，當然，技術創新也是一個優秀教練面對未來的重大挑戰。

也因此在阿米巴經營模式體系內，「內部講師」或「內部顧問」是人才培育中一個很重要的機制。所以筆者常見企業主在進行阿米巴組織劃分時，對沒有經營意識或企圖心的中堅幹部，讓他們在變革的過程中，幫他們找到一個最好的歸宿，也就是先將這些人訓練成優秀的內部講師或內部顧問，再把這些人作為人才培育的種子人員。如此，既不會在阿米巴變革管理中折兵損將，又可以發揮人才培育的一股強大力量、助力，讓阿米巴經營模式落地成功。

阿米巴經營模式的
運營控管

The Best Manage
Method AMOEBA

 阿米巴經營模式的運營控管

Chapter
7

👍 變革管理成功的八步驟

　　將前面有關阿米巴經營模式的建置工作學會了以後，並不代表你的企業阿米巴經營模已經落地了，恰恰這時候才是阿米巴經營模式落地運營挑戰的開始。因此，筆者要在這一章節向各位報告應如何掌握各項落地運營的關鍵工作，才能讓阿米巴真正在你企業落地生根，且能產生效益。

　　任何的改變對企業來講，都可以說是一場變革的管理，而變革管理是否成功，筆者在此先給予定義後，才能在後面繼續談論，如何有效的讓阿米巴經營模式落地運營成功。

⭐ 成功的變革，要經過多個階段的陣痛並蓄積足夠的動力、能量，把各種管理作為都變成一種慣性，才可以叫做變革成功。

⭐ 成功的變革，只有在卓越領導人的經營管理思維全部阿米巴化以後，才是成功的開始，而不是靠管理者或顧問的推動下實現的。

⭐ 成功的變革，是要將阿米巴經營模式二十四種思維方式，深植於企業文化中，且變成所有人價值、是非、對錯的判斷。

⭐ 變革成功的標誌，不是完成一個項目（或走完一個變革項目的流程），而是形成全員的信念，變成一種自覺的行為。

⭐ 變革成功是要讓全員看到公司未來的希望，並且積極的朝向公司設定的使命、願景邁進。

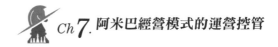

變革管理的八步驟如下。

❶ 步驟一：阿米巴運營管理專案小組的成立

1. 明確總體職能、成員構成、職責分工、運作規程。

2. 界定運營管控委員會總體職能。

   （1）阿米巴經營模式落地運營推進規劃。

   （2）阿米巴經營資源調配。

   （3）阿米巴落地運營關鍵決策。

   （4）阿米巴落地運營之交易協調仲裁。

   （5）阿米巴落地運營督導精進。

3. 阿米巴落地運營之組織運行方法：顧問團隊將公司的幹部，以項目小組的形式組織起來，按阿米巴進行運營管理，同時成立工作小組，讓這兩類小組，在領導委員的領導下，進行知識轉移和自主操作，最終實現自主運營。如其中第 9 項人員，待阿米巴組織劃分確定，並選出巴長後，巴長自動成為委員。

序號	委員會職務	姓名	現任職務
1	主任	×××	董事長
2	執行主任	×××	總經理
3	副主任	×××	人資行政中心主管
4	委員	×××	企劃室主任
5	委員	×××	財務部主管
6	委員	×××	稽核室主管
7	委員	×××	資訊管理專員
8	執行秘書	×××	總經理秘書
9	委員	各巴巴長	略

4.制訂阿米巴落地運營控管階段性獎勵規則

② 步驟二：研擬落地推行（含試點）計畫

③ 步驟三：制度說明宣導及實施人才培訓

1.由顧問團隊編制教育訓練預定表，依計畫實施教育訓練，其訓練課題如前面篇章之人才培育。

2.在企業內，由各巴巴長對其他各巴成員進行已建置之各項規章制度的訓練，包含功能任務、崗位職責、作業流程、績效考核、經營會計之會計科目、各項費用分攤、內部轉撥定價、內部交易規劃、經營會計報表內容、績效考核辦法、利益分配辦法等及報酬預測與利潤目標。

3.在企業內部舉辦或推行相關活動，如論文比賽、實施成果分享會、各種標語比賽及考試成績競賽。

④ 步驟四：遴選試點或示範推行單位

⑤ 步驟五：舉辦試點或示範單位，推行成果發表與觀摩會

⑥ 步驟六：工作檢討及改善政策

1.針對已打造但有疑慮的制度，進行修改與完善

2.對降低成本提案，實施成果檢討

3.對銷售最大化提案，實施成果檢討

⑦ 步驟七：績效考核及利益分配公開說明及表揚大會

⑧ 步驟八：後續推動計畫擬定與實施

常見的職場上抗拒變革的原因

關於變革管理，在筆者所輔導的經驗中，所遭遇抗拒變革原因和對克服的對策，其實和其他專案（項目）的變革管理，沒有太大的差異。因此，筆者在此也就將一般職場上常見的抗拒變革原因羅列如下，以作為大家在落地運行時的控管做法。

1 對未知的恐懼

變革代表著不確定，而不確定就是不安適。對於可能發生事件的未知感，常導致更高度的焦慮。大多數的人會用盡手段去減輕自己的焦慮程度，抗拒變革就是減輕焦慮的行為之一。

2 害怕失敗

新秩序也許需要超過我們自身能力所及的技巧與能力。既然已知道如何經營現存的秩序，我們便會抗拒去嘗試新的方法，因為很可能會失敗。記得在 1980 年到 1990 年間，當文書處理技術第一次引進職場時，大多數的員工都表現出斷然抵抗的態度，明明可以得心應手地使用打字機，他們實在找不出任何必須學習電腦的原因。

那種擔心無法學會新技術的恐懼感，會促使當時的人極度抗拒放棄傳統的打字技術，所以在電腦化的過程中相當辛苦。

3 不瞭解變革的必要性

這一點就像平常所認為的「如果東西沒壞，就別去修理它。」觀念相同。在面臨實現重大變革的企業組織中，其內部員工所普遍抱持的就是一種不認定變革的必要性的觀念。「我們之前所使用的方法一直很成功呀！為什麼突然要求我們去改走另一條截然不同的路呢？」這是員工們最常質疑的。

4 不認同變革的必要性

另一個造成抗拒變革的相關因素，就是員工們所認定的「過去失敗或錯誤的經驗」，在企業內部最常看到的是員工會說：「這個也是一下子就會完蛋的。」造成這種心理障礙的原因，是過去很多的變革（不論外力或自發），都因為在變革管理上，缺乏完整的約束力，而草草了事、草草執行。最後導致公司沒事也變有事，所以會認為沒有變革也沒關係，並採取應付、觀望的態度。

5 上位者只出一張嘴，沒有實質的行動改變

最常見的是行為沒有以身作則的言行不一致的影響，俗語說的「詛咒給別人死」及「只許官家放火，不許百姓點燈」就是這種寫照。也就是管理學中常講的「瓶頸」總是在上面，而這一點上位者必須在變革之初，要能很平心靜氣的和員工進行「直接的對話」，有則改之，無則說明用意及理念或沒辦法的原因。沒有經過員工與老闆這樣真情的對話，過去那種效果律的陰影與障礙，是永遠無法改變員工的行為的。畢竟「所得權與工作權」的威力在目前還是大於其他。

6 喪失好處，害怕失去

這項變革終究會淪為「WIIFM」（what's in it for me!，這對我有什麼好處？）你可以針對策略性的任務，以及在全球化環境中經營企業的複雜性大放厥詞，但是所有員工真正想知道的是這項變革會對他們造成什麼影響？

如果你無法針對這一點深入與他們溝通，就絕對無法讓他們完全信服，如果他們認定最後會因變革而有所損失，必然會產生抗拒，若員工所預期的損失越嚴重，其反抗也就越劇烈。

7 惰性

千萬別小看疲勞與倦怠感的力量。變革往往需要付出許多努力才能達成，其努力程度是極度辛勞的，而最大的衝突是老闆認為大家都有時間、有體力，只是不努力罷了，因此絕大部分是在一種壓迫勞力狀況下去進行，而員工呢？

所以，在這種狀況下，能真正為自己的成長努力，而沒有惰性的只有3%的人，請問怎麼辦？若變革不成，究竟是誰比較不利呢？對員工也許下一個工作會更好？以上這些問題的答案誰又會知道呢？

克服抗拒變革原因的對策

而對於克服抗拒變革原因的對策，筆者討論如下。

1 抗拒對未知恐懼的對策

克服對未知恐懼的最佳方法，就是幫助員工對未來建立更正面的展望，你或許無法鉅細靡遺地勾勒出企業發展的狀況，但你應該至少可以說出公司對未來走向的展望。重點在於要讓員工明白新的方向是個正確的方向，也就是如果公司繼續留在原來的舊跑道，他最後可能會導致嚴重的損害。

2 害怕失敗的對策

在處理害怕失敗的疑慮時，你必須幫助員工發展自信心，讓他們相信自己能夠在新秩序中自處。因此，你必須要表現出鼓勵與積極正面的態度，而不是擺出高高至上的權威姿態。剛進入新的工作狀態時，沒有人能立即發揮最高效率，每個人都是學習曲線上的一點，而有些人就是學得比別人快，但大部分人終究會到達同樣的程度，所以幫助員工克服工作焦慮

的過程是相當重要的。

3 不瞭解變革之必要性的對策

　　管理階層所認定必須改變的主因與項目，基層員工不一定會認同。如果你希望所有的員工都能理解變革背後的原因，必須將注意力集中在前線的直接監督者身上，因為他們會以員工能理解的方式，去向員工溝通，如果失去了他們的認同，那麼他們也會用員工所理解的方式去表達變革的不好之處。因此，確認直接監督者確實瞭解所有狀況，且會以積極的語言向員工說明變革意義是一種重要的關鍵，千萬不要認為只有經理人才是變革的重要關鍵。

4 不認同變革之必要性的對策

　　這是一種方向性的認知問題，這時傾聽是公司老闆相當重要的必備技巧，傾聽能夠幫助建立彼此間的信任，你可以表示自己完全能夠理解他們的觀點，然後才堅定地指出，公司已經做出政策性決定，只是你要讓他們支持配合公司的決策。

5 喪失好處的對策

　　若想要處理人們認定會因為變革失去好處而產生的抗拒，你首先必須要誠實以對。員工的想法或許是不正確的，但你若只是一味企圖說服他們沒有任何損失，只會損及你的信用。試著先去定義出會「失去」的是什麼，是金錢、權力還是工作保障？這是十分重要的。

　　許多製造業公司從傳統營運方式轉變為小組式管理的過程中，直接監督者會將自己視為損失最慘重的一方，因為直接監督者的傳統角色，是命令計時員工按照指示工作，其中高壓統治的方式是最常見的，而直接監督

者會認為公司是間接要他們離開……等，都是變革過程中一位經理人或老闆必須去想到的，也是老闆必須去解決的，而不是一味地「責怪員工不對」。試想即使員工不對，但變革無法成功，究竟對誰較不利呢？

6 惰性

對於因為惰性所產生的抗拒，世上實在找不出最有效地克服方法。然而顯而易見的，你帶入辦公室的熱情與活力，將會對員工的反應態度帶來強大的影響，這種批評的態度大多是由數十年的慘痛經歷所造成的，也實在很難在一夜之間扭轉死硬派老闆們的態度，更何況是員工呢？變革流程之中相當重要的一大元素，是在員工之間建立「互信感」，因此，如果你也以身作則且言行一致、克服自己、以誠相待，將有助於建立信用，讓變革較易於成功。

👍 阿米巴經營落地成功的三大關鍵

據菲利浦・科特勒在《行銷5.0》中所提到，每個世代都會有不同的價值觀、態度及行為，而現今有五個世代正在共同生活，如下。

- 📍 **嬰兒潮世代（1946 ~1964）**：高齡化經濟龍頭。
- 📍 **X 世代（1965 ~1980）**：中生代領袖。
- 📍 **Y 世代（1981~1996）**：問東問西的千禧寶寶。
- 📍 **Z 世代（1997~2009）**：第一批數位原生族群。
- 📍 **α 世代（2010~2025）**：千禧世代的子女。

因此，在現今社會五代同堂的情況下，企業在推行阿米巴經營模式除了將要面臨第一章節中所提的三大落差（世代落差、繁榮兩極化及數位落

差的風險與願景），還要面臨當企業五代同堂時，如何共同努力完成阿米巴經營模式的成功推行，其中有三大關鍵點務必要貫徹到底。

1 P-D-C-A 管理循環

不論你是否從事品質管理工作，但幾乎只要在企業內從事管理工作的人，都經常可以聽到轉動 P-D-C-A 管理循環及管理好壞與否的 KSF（成功的關鍵要素），而這究竟是什麼樣的管理學概念呢？為什麼阿米巴落地運行管控的成功三要素，第一要素就是 P-D-C-A 管理循環呢？

P-D-C-A 四大概念，原本是由美國著名管理學家戴明，在品質管理領域中所提出之品質管理觀念，其各自的意義分別如下：

❶ 計畫（Plan）

此正是孫子兵法所謂的「夫未戰而廟算勝者，得算多也，未戰而廟算不勝者，得算少也」、「勝兵先勝而後戰，敗兵先戰而後勝」，以及「計先定於內，而後兵出境也」，最通俗的說法就是「謀定而後動」之義。

原本用在品質管理之原意，是秉持第一次就做對、做好的精神，謹慎思考該怎麼做？即在產品製作前，周延地規劃各項標準程序（作業標準）、製程規格（製程品質）及各項管控之措施……等，在後來被管理者引用，尤其在管理才能 MTP 之訓練模組之中，更把工作管理的工作計畫擺在第一位，然而在實務上，對於現代企業的管理人員如何做計畫，卻是讓人相當失望。

因此，筆者在此不厭其煩地再深入講解工作計畫的各重要觀念外，也再用一個實例來引導大家怎麼做好、做對一個工作計畫。

1. 計畫的意義：計畫是企業組織內個人的「協作溝通」及「指揮溝通」與「借力溝通」最佳的工具，計畫是到達目的（達成目標）的最佳路徑。
2. 工作計畫編制的方法與步驟。
3. 工作計畫編制方法的五位老朋友：5W2H。

⭐ **WHAT / 方案：**一定要配合目標，運用腦力激盪術，提出各種大小形式的方案，尤其在「交差」給執行的「目標人」這個關鍵工作上，然後針對方案分析可行性的判斷並做出良好、客觀的選擇，因為 WHAT/ 方案，就是為達成目標應該做些什麼事的意思，它是戰略性及方向性的問題，所以可以說這是在工作計畫時首先要解決的問題，也就是要先有「想法」的意思。

⭐ **HOW TO DO / 辦法：**這是依據方案（戰略或想法）訂出具體的施行辦法，而在這點上，也是一般工作計畫是否能有效達成目標的最關鍵要素，即俗稱的有想法後，也必須要有做法，如沒有具體做法，想法最後只會變成一種口號，它不會變成一種「行動的力量」。當然，在問題分析與解決的角度上，這是你在決定這個辦法究竟是治本或治標的方法（辦法），如果你在計畫中所採取的辦法是治標的，問題則可能解決，但也有可能只是一時的，並沒有真正獲得解決，尤其在「交差」時，如果這種「變革交差」的工作事項是治標的，那代表員工只是表面同意執行，實際上是口服但心不服。因此，在擬定「辦法」時，一定要利用台塑精神「追根究底，點點滴滴」，也就是要連續問五次的 WHY 五次的 IF，如此反覆思考，才能進入治本的狀態，如下舉例。

想想看：問題與原因的思考路徑

• 為什麼機械停了呢？（因為超負荷，所以保險絲燒斷了）

• 為什麼超負荷呢？（因為軸承部分的潤滑不夠）

• 為什麼潤滑不夠呢？（因為潤滑幫浦不能充分汲上）

• 為什麼不能充分汲上呢？（因為幫浦的軸心產生磨耗，產生震動搖晃現象）

• 為什麼會磨耗呢？（因為未裝防護罩（過濾器），切削粉末掉進去了）

　　因此，如要治本就必須加裝防護罩，如只是治標的辦法，則只要換換保險絲即可。至於管理者如要在「工作計畫」上能正確有效地進行「計畫」呢？在此，筆者鼓勵大家向生產管理的問題分析與解決的 N'7（新品管七大手法）的系統圖法學習，而系統圖法的應用說明如下。

系統圖法

• 系統圖就是要實現的目的與需要採取的措施或手段，系統地展開並繪製成圖，已明確問題的重點，尋找最佳手段或措施的一種方法。

• 是應用了在 VE 機能分析圖的整法或做法的一種方法，即設定目的、結果等標的，而將達成此目標的手段或方法的展開。系統圖依據其使用方法可分為構成要素展開型及目的手段型兩種。

• 此法為工作計畫（無論是問題解決型或目標達成型）編寫的最重要的手法，只

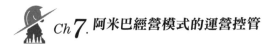
要此法一通今後填寫工作計畫表就可容易製作。一般而言，問題解決型常利用

構成要素；目標達成型則常利用展開型方法（手段）。

• 系統圖法之結構性系統就像 B.O.M 一樣，以機械性原理展開。

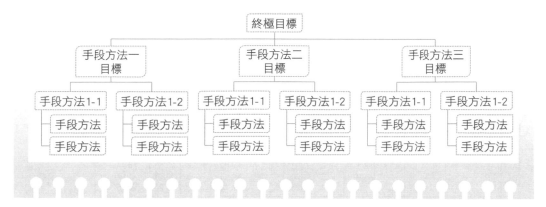

○○年○○月○○公司專案改善計畫表

序號	工作項目	工作內容與步驟	工作方法描述	負責人	指導人	監督人	成果標準	時程 1	2	…	31	績效評估方法 1.時限70%	2.品質30%
1	顧問師行銷團隊人員招募	1. 需求人數、層次及專業經驗的條件界定	由行銷部召集管理部、總經理室商討界定標準				行銷部以簽呈方式把人數和界定標準送呈總經理批准後轉達管理部						
		2. 招稿文稿的擬定	由管理部擬定文案、行銷部企劃設計				彩稿設計完成，共三份						
		3. 招募試卷的編擬	行銷部擬定、招聘現場使用				試卷一份單張複印一百份						
		4. 招募前招募管道收集分析報告	管理部與人才市場、報紙聯繫				分析報告一份送呈總辦						
		5. 招募執行計劃	管理部擬定、含費用預算				送總經辦						
		6. 實施招募活動	管理部與行銷部指定專人往定點地點招募				符合界定條件人選質量和數量						
		7. 招募考試及面試	管理部組織對應召優秀人員到公司考試及面談，總經理室確認面談入選				每位人員都有親歷考試，每位面談人員都有記錄						
		8. 錄用審查會	營銷部組織行銷部及參與面談的公司領導參與				確定人教作簡歷清單送總經理室及行銷部						
		9. 錄用通知	依據審查會的確認清單由管理部電話通知				所通知的人員全部準時到位，並安排好住宿						
		10. 錄用人員安置標準就緒進入位的確認及新進人員的迎接	管理部組織行銷部及公司領導對新進人員住宿安排				每人有來、有被、有枕頭，情緒穩定，不會跑掉一個人						

制訂：

審核：

○○年○○月○○公司專案改善計畫表

序號	工作項目	工作內容與步驟	工作方法描述	負責人	指導人	監督人	成果標準	時程 1	2	…	31	績效評估方法 1.時限 70%	2.品質 30%
1	培訓教材準備	1. 修改和印刷行銷手冊	1. 修改行銷手冊內容 2. 開請購單委托外印刷或自行複印				新版行銷手冊出台，印刷完成五十份						
		2. 生產流程國家教材準備及國家標準印刷	1. 編寫流程 2. 請購印刷或自行複印				生產流程教材確定、印刷五十份完成						
		3. 行銷部服務作業流程系統完成	跟進行銷專案一組人員對原有制度執行修改				服務作業→流程系統→文件送審→完成						
		4. 培訓教材匯總	行銷部安排人員以魚骨夾的方式匯總成冊，作編號標誌以便分發時登記				所有印刷文件標識清提，以魚骨夾匯總成冊，轉由○○保管分發						
2	顧問師行銷團隊「制度」擬定	1. 與董事長、總經理溝通、聽取在薪資、管理、新考核等方面績效的構想	主動與公司領導座談，利用晚上時間				管理薪資→績效考核→有記錄						
		2. 行銷團隊薪資制度制訂	依據公司領導指示思路，寫導整理審批				管理薪資→思路明確→有記錄						
		3. 行銷團隊管理辦法制訂	依據公司領導指示思路，打印、提交總經理審批				總經理審批完畢						
		4. 行銷團隊績效考核制度制訂	依據公司領導指示思路，小組成員打印、提交總經理審批				總經理審批完畢						

制訂：　　　　　　審核：

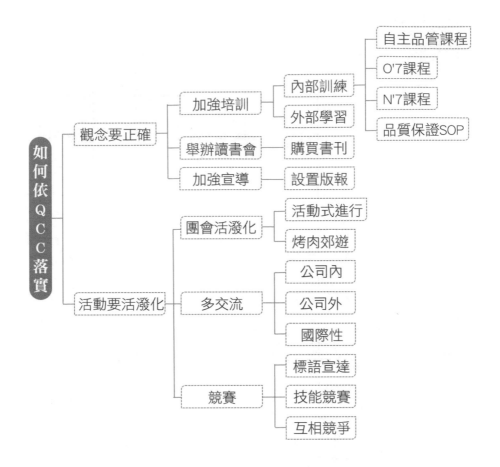

⊛ **WHO／人力**：即依據辦法做出人員（人力）的配當，然後充分的授權與責任的賦予，當然這也就是 KPI 的考核項目。

⊛ **WHERE／地點**：即依據方案、辦法賦予最適當的單位、部門或場所，以明確責任單位或實施地點及場所的選擇。

⊛ **WHEN／日程或時程規劃**：即依據方案、辦法排定日程或時程，而試著運用完成期限回推日程，如此才能充分體現時效、時機及效率的規範與控制。

② 執行（Do）

依據先前制訂的工作計畫，準確地執行各項規劃的工作，惟這一點是輔導過程中，必須啟動「駐廠顧問」的最重要環節，因為很多中小企業的經營者不是那種霸氣型或較高度極權的老闆，使得執行力一開始往往出不來，尤其在巴長的人才培育還沒成熟之前，更是要由派駐的顧問發揮傳、幫、帶的功能，否則，執行力一時是很難發揮的。

③ 查核（Check）

在執行過程中，必須隨時檢查執行的情況及方案、辦法的有效性，倘若發現計畫（Plan）和實際執行（Do）發生落差時，就隨時提出改善的方案及方法（如工作分配的改善或工作方法的改善）。

④ 處置（Act）

針對第三步驟檢討後所提出的改善之道，重新修訂工作計畫，然後再依修訂後的工作計畫，重新執行一輪。

依據筆者的多年經驗發現，任何變革或目標的達成與否，企業管理者有沒有有效地轉動 P-D-C-A 管理循環，是成功與否的首要關鍵，當然，阿米巴經營模式的落地也一樣，當你把機制都打造好以後，P-D-C-A 的導航系統，才是挑戰的開始。

▶ 2 CIM 人力戰術的運作

任何一項變革過程中，最重要的是與目標人進行有效地調頻、調幅，這就是所謂共識，而在阿米巴經營模式的整個系統結構中，任何一個環節（分、算、獎）都是建立在「共同價值觀」的經營哲學上，況且到了落地階段，可能會發生老員工無法改變過去一、二十年老舊習慣的情況，而針

對習慣改變的習性進化上，大家也都知道「江山易改，本性難移」這句老話，因此，在整個落地實施（運行）的環節，「有效地溝通」絕對是阿米巴成功與失敗的重要因素。

值此，我們要喚醒企業中每個阿米巴經營委員會的核心成員，務必把 CIM 人力戰術的功夫練到爐火純青的地步，否則，應了「好話一句三冬暖，惡言半句六月寒」的結局。

因此，有關 CIM 的認識，筆者僅以底下幾張圖示說明其學習的重點方向，至於能不能熟練，那真的就看大家下多少功夫。

3 **一念為善，一念為惡的經營管理正、負循環**

其中思維方式只要有稍微一點負面的思維，那採取的作為一定會從控制、防弊的手段入手，如果是這樣，就會把整個人心導向負面思維的爭求與要求的對立面去，如下頁圖。因此，在整個落地運行過程中，在稻盛老先生的手法上，是以「空巴」的方式來與員工產生心靈上的連結，並且一路上以激勵之方式來進行。

在此，我們最後提供給各位參考十二個字夢想、信任、分享、負責、承擔及利他，與各位讀者共勉，也可以此作為阿米巴經營模式落地運行成功的座右銘與企業文化的打造的核心內容。

經營管理正循環

多能工
學習型組織建構

品質上升
且平穩

人員流失率低
士氣高昂
（向心力）

流程優化
提案獎勵

提升員工薪資、福利，待
遇優於同業20%以上

全面提升各項優化
降低公司內部管理成本

公司內部整體
活動力上升

公司業務戰鬥部隊
攻無不破

再研發新產品
再投入先進生產設備

客戶優質化
公司淨利潤上升

一念天堂 　　 一念為善

激勵政策

經營管理逆循環

控制員工薪資
福利待遇最低化

公司內部整體
活動力下降

人員流失率高
訓練成本與失敗成本高
（離心力）

嚴格控制
各項成本

軍心渙散
情緒惡化

公司淨利潤下滑

品質下降
重工頻繁

公司業務
戰鬥部隊崩解

客訴增加
退貨增加
外部失敗成本增加

優質客戶大量流失
商譽下滑

一念地獄 　　 一念為惡

防堵政策

313

附件一 ○○陶瓷內部交易規則

○○有限公司	檔編號	○○○○○○	版 次	第○版 第○次修改
內部交易實施總綱	頁 次	第 1 頁 共 17 頁	制訂日期	○○○○年○月○日

一、目的：明確各工序產品有價轉移，提高生產流程控制能力和管理精細化程式及員工的主動
性、積極性，明確資材部、生產處、銷售處之間的權益及責任，建立有效激勵機制，
組成責、權、利的共同體，形成自我管理、自我約束的新體制。

二、範圍：本綱適用於公司成本考核流程控制。

三、職責：

1、總經理負責原材料、色料等貴重生產物資的採購審批。

2、總經辦負責處理各部門介面工作及監督實施成本考核制度。

3、生產處負責制訂需求計畫或各種生產物資的請購。

4、生產處負責原材料的接收、試驗及生產工藝流程的控制。

5、資材部負責物資採購、送修、加工件及倉庫進出管理。

6、生產處負責制程檢驗及對原輔材料等生產物資的進貨檢驗、試驗。

7、銷售處負責最終產品的檢驗、試驗、確認接收及完成公司下達的銷售指標任務。

8、銷售處負責提供樣品並對樣品的小試、中試及大生產時的產品確認及成品接收確認。

9、行政部負責人力資源及後勤保障工作。

10、財務部負責各處的成本核算統計。

四、控制程式：

1、指標執行時間：2007 年 1 月份起（其中 1 至 5 月份按本指標重新核算）。

2、考核流程控制規定：

2.1 礦土原料（以乾重計算）、煙煤生產處依據生產排程就下個月的需求於當月 25 日填寫《物
資月需求計畫表》報送資材部。因生產排程無法排到一個月，物資需求可以按旬計畫填寫《物資
旬需求計畫表》。

2.2 紙箱由資材部根據生產排程和安全庫存向合格供方採購。

2.3 色料、釉料、常備五金配件、包裝帶、膠紙、彩瑪紙、澱粉由資材部根據安全庫存自行請
購；模具（芯）、瓷管、墊板、柴油、球石、非常備五金配件、範本由生產處向資材部提出請購，
交期以請購單的需貨時間為準，造成物資脫節的損失，應按本綱第 4 條款規定賠償給生產處。

2.4 生產處臨時請購或加急請購填寫的需貨時間不得低於規定交貨時限，在規定交貨時限內造成
物資脫節，資材部不予承擔責任；資材部如超過請購單的需貨時間造成物資脫節的損失，應按本
綱第 4 條款規定賠償給生產處，交貨時限詳見附件三《物資申購交貨時限規定》。

2.5 資材部應根據所呈報的物資需求計畫填制《物資採購計畫表》，報總經理批准執行採購，總
經理必須在二小時內批覆，特殊情況電話聯繫答覆。

擬制	總經辦	審核		批准

○○有限公司	檔編號	○○○○○○	版　次	第○版　第○次修改
內部交易實施總綱	頁　次	第 2 頁　共 17 頁	制訂日期	○○○○年○月○日

2.6 物資進廠後，資材部應通知生產處對採購物資進行驗收，模具（芯）由設備部驗收，其他物資由生產處驗收。所有驗收都必須按《檢驗規程》和《驗收標準》進行。驗收包括數量和品質驗收，如資材部或需求部門對檢驗結果有異議，可提請生產處重新檢驗，生產處應在異議方參與的情況下重新檢驗。

2.7 各種物資進出庫管理應嚴格按照附件五《物資進出庫規定》執行。

2.8 五金、機械配件因不具備檢驗條件原因，生產處在使用過程中首次出現品質事故，資材部應承擔 50% 責任，並採取糾正預防措施，如再次出現同樣的品質事故，則所有損失 100% 由資材部承擔。

2.9 生產處各種物資接收憑證經值班管理簽字視為接收。

2.10 生產處按《檢驗規程》和《驗收標準》進行檢驗時，發現某種物資有嚴重變異或嚴重不符合品質標準要求的，應在十八小時內通知資材部到現場驗證，資材部確認後應予以退貨或對供應商過行索賠，生產處有權不使用該種物資。

2.11 如雙方協可讓步接收的物資資材部應按 5.1 條款標準打折扣給生產處。

2.12 某種礦土（石）原料因某一礦點資源耗盡或供方變更，資材部應提前十天通知生產處進行配方調整，資材部負責新礦點的開發及樣品試製。否則每延遲一天賠償生產處 200 元。

2.13 生產處技術員認真檢驗所用原輔材料是否合格，否則經使用不合格原輔材料所造成的粉料、釉水品質變異而產生損失由生產處自行負責。

2.14 試樣、化驗新開發的原料、色料樣品，資材部應按：試樣費 15 元 / 個、煙煤化驗費 100 元 / 個、其他化驗費 70 元 / 個支付給生產處。

2.15 生產處在生產過程中應提高制程式控制制能力及管理精細化，以減少產品變異的產生；凡製造出來的產品不符合公司《內控標準》的產品即為讓步接收產品或合格品。

2.16 銷售處應嚴格按客戶的訂單及市場需求情況合理地、科學地安排生產，釉面磚提前五天下達《生產任務書》，通體磚提前八天下達《生產任務書》（特殊情況另行協商，緊急插單必須在五天以上），《生產任務書》必須寫明產品色號、類型、生產數量、何人負責、客戶名稱、訂貨或常規產品、交貨期限及產品執行標準、包裝要求、是否補燒產品等相關條件；若要插單生產，銷售處需以《插燒申請單》的方式經資材部、生產處簽字確認，如因銷售處《生產任務書》下達有誤，造成生產產品無法滿足客戶需要則損失由銷售處負責。

2.17 交貨期延誤賠償規定：

　①未按「生產排程」生產，生產處賠償銷售處 2,000 元 / 天，至 10,000 元為止。

　②整批產品變異，待檢影響交貨期（以《訂貨生產確認單》的初始日期為準），生產處最多負責承擔兩天的交貨期延誤賠償，每拖延一天賠償 2,000 元。超過兩天銷售處自行負責。

擬制	總經辦	審核		批准	

○○有限公司	檔編號	○○○○○○	版　次	第○版　第○次修改
內部交易實施總綱	頁　　次	第 3 頁　共 17 頁	制訂日期	○○○○年○月○日

2.18 生產處接到「生產任務書」後，根據各課性能及實際生產情況會同各相關部門進行宏觀調控於當天制訂「生產排程」，並限於次日上午傳達至銷售處、資材部及財務部。

2.19 生產處依銷售處提供的樣品或原始樣品進行試製（小試），小試樣品經銷售處簽字確認後，方能投入粉料（或釉水）生產。

2.20 銷售處應認真嚴肅對待小試、中試的樣品確認（含吸水率），當大生產產品顏色與小試樣品顏色、中試樣品顏色接近（顏色判定按國際執行），銷售處應簽字確認。

2.21 生產通體磚應嚴格執行附件四《關於通體磚小試、中試及大生產確認程式規定》。

2.22 生產常規（庫存）產品在不超過計畫數量（通體磚 650 ㎡、釉面磚 500 ㎡）時，生產數量以釉水或粉料生產完為基準，通體磚超過 650 ㎡或釉面磚超過 500 ㎡需經銷售處簽字同意後方可生產；訂貨產品（指客戶訂貨）不允許多燒或少燒，否則全部按 8.5、8.6 條款規定打折扣給銷售處（除非經銷售處區域經理簽字同意餘粉燒完）。

2.23 銷售處臨時突然增加或減少生產數量時，若增加產量，且生產所需的通體粉料或釉水已經準備完畢，需再重新備料時，生產處可按不同批次產品核算；若減少產量，且通體粉料或釉水已經準備完畢時，減少數量的通體粉料或釉水（底釉、點釉、白光釉水及透明釉除外）所有損失成本由銷售處負責照價賠償。

2.24 銷售處緊急插單（七天內）應補貼：①資材部 1,000 元；　②通粉課漿桶延遲攪拌電費每天 1.5 元 /T（電費 400 元 / 天 ÷ 產能 200T/ 天 =2 元 /T）；　③生產該產品的窯爐 1,000 元 / 次（無換模除外）。

2.25 因生產計畫需要改線生產不同規格的產品，其過程損失由製造一、二部自行負責；重新開窯的公司一次性給予補貼調試成本：窯體有技改的小窯 30,000 元、大窯 50,000 元，窯體無技改的小窯 20,000 元、大窯 30,000 元。

2.26 生產處生產的產品若出現品質變異需重檢或評色時，重檢或評色成本由生產處自行負責，並需銷售處檢驗合格後方可入庫；如因裝箱片數錯誤造成成本增加部分由生產處負責。

2.27 銷售處檢驗人員應嚴格按照《內控標準》規定對成品進行嚴格檢驗，更換產品必須在二小時內確定理化性能檢驗結果，否則，因檢驗不及時所造成生產處未能及時調整的損失由銷售處負責；產品符合《內控標準》要求視為正常，否則，則需按第 7 條款進行打折扣給銷售處。如特殊原因須臨時生產加厚或偏薄產品，以銷售處通知為準；其所影響的坯料、燃料等成本在成本核算中由銷售處給予的加價或減價。

2.28 產品銷售發生顧客投訴所造成的投訴成本，按下表責任認定單位承擔。

擬制		總經辦		審核			批准	

○○有限公司	檔編號	○○○○○○		版　次	第○版　第○次修改	
內部交易實施總綱	頁　次	第 4 頁　共 17 頁		制訂日期	○○○○年○月○日	

投訴專案		責任認定	
色差、尺寸偏差（厚度）		經評色、評級	銷售處 80%，生產處 20%
		未經評色、評級	生產處 70%，銷售處 30%
尺寸偏差（長度）		生產處 80%，銷售處 20%	
理化性能（吸水率、破壞強度、斷裂模數、耐急冷急熱性等）超標		生產處 50%，銷售處 50%	
暗裂、暗炸、夾層		生產處 70%，銷售處 30%	
尺寸偏差（平整度、邊直度、直角度等）及其他表面品質（缺角、裂紋、釉裂、粘模、毛邊、熔洞、釉泡、滴釉、針孔、剝邊等）		未經評色、評級	生產處 70%，銷售處 30%
		經評色、評級	銷售處 70%，生產處 30%
破損（包裝箱內有破片及人為引起的碎片）		銷售處 100%	
多裝、少裝、混裝		未經評色、評級	生產處 80%，銷售處 20%
		經評色、評級	銷售處 100%
發錯貨（含多發、少發、混發）		銷售處 100%	
貼紙產品貼錯（色號、比例等）		生產處 80%，銷售處 20%	
貼紙產品縫隙不均、掉片、彩瑪紙偏離等		生產處 70%，銷售處 30%	
彩瑪紙受潮脫落		銷售處 100%	
包裝品質	紙箱品質	銷售處 100%	
	蓋章品質	經評檢	銷售處 100%
		未經評檢	生產處 70%，銷售處 30%
交貨期延誤		未經評色、評級	生產處 100%
		經評色、評級	生產處最高負責二天
服務品質		裝車	銷售處 100%
		其他服務	銷售處 100%

說明：①客戶投訴所有理賠憑證均必須經總經理簽字批准，否則視為無效，其賠償額由銷售處自負；②凡客戶投訴造成退貨的，該批產品全部合格品計算；③客戶投訴未作賠償處理的，則責任認定按每次賠償 1,000 元給總經理（符合內控標準除外）。

2.29 產品吸水率標準：①通體磚：墊板產品 E≤0.5%；裸燒產品 0.5% ＜ E≤3%，②釉面磚：3% ＜ E≤6%；超過規定範圍的產品需按 7.3 條款規定打折扣給銷售處。

2.30 特殊產品（或處理品）銷售規定：須經總經理批准後方可銷出庫，銷售處損失部分成本由總經理承擔（破碎出庫生產處每件承擔 2 元成本）。

2.31 如銷售處要求生產處生產細炻磚產品須執行炻瓷磚標準或炻瓷磚執行瓷質磚標準，銷售處應補貼生產處燃料及產品變異成本 2 元 /m^2。

擬制		總經辦		審核		批准	

○○有限公司	檔編號	○○○○○○	版　次	第○版　第○次修改
內部交易實施總綱	頁　次	第5頁　共17頁	制訂日期	○○○○年○月○日

2.32 銷售處按客戶需求下達《試樣任務書》，生產處接到「試樣任務書」後，於當天制訂「試樣排程」，並限於次日上午傳達至銷售處；生產處每試製一種樣品，銷售處應按：1㎡以內500元／個、1㎡以上1,000元／個支付給生產處，如生產處樣品未按「試樣排程」提交確認，每延遲一天降價100元。

2.33 各處（部門）一切相關介面均應以「工作聯繫單」形式交接，雙方簽字確認方可有效，若出現有爭議時，由總經辦裁決，若總經辦無法裁決，再由總經理裁決，各處均必須無條件接受。

2.34 當不可抗拒之因素（颱風、暴雨等自然災害）或檢修停產時，核算專案可不計入考核。

2.35 生產各課每月技改預提成本作為生管中心收入，實際發生的技改費用經生管中心（副）主任審批後送財務部核算，作為生管中心實際技改成本，每年底結算一次盈虧及獎懲。

3、資材部物資指標規定：

3.1 指標價格＝物資採購價格×（1＋工資、折舊利息指標成本比例）

3.1.1 工資指標成本比例：原料1.3%，色料1%，釉料1%，五金易耗品1.5%，包裝0.55%，燃料0.8%；

3.1.2 折舊利息指標成本比例：原料0.7%＋堆場租金1%，色料2%，釉料3%，五金易耗品4%，包裝0.65%，燃0.2%；

3.1.3 合計採購成本比例：模具成本按實際採購價格實報實銷給生產處（不考核資材部）。

成本專案	原料	色料	釉料	五金	包裝	煙煤
工資成本單價（比例）	1.3%	1%	1%	1.5%	0.55%	0.8%
折舊利息成本單價（比例）	0.7%	2%	3%	4%	0.65%	0.2%
倉庫租金成本單價（比例）	1%	0%	0%	0%	0%	0%
合計成本比例	3%	3%	4%	5.5%	1.2%	1%

注：工資、折舊利息、倉庫租金指標成本不考核，指標價格詳見附表五—附表九

3.2 採購折價補貼：其中實際採購價格超過下表規定的範圍外由公司給予資材部加價或減價，但須經總經理批准，各指標範圍比例規定如下：

成本專案	原料	坯體色料	釉料	釉水色料	五金材料	包裝材料	煙煤
範圍比例	±2%	±0.5%	±2%	±0.5%	±2%	±2%	±2%

3.3 採購物資申購交貨時限：詳見附件三《物資申購交貨時限表》

4、申購物資脫節賠償規定：由資材部承擔賠償

物資名稱	賠償指標	物資名稱	賠償指標
礦土（石）原料	3,000元／天	包裝材料	200元／小時
釉料、色料	2,000元／天	五金配件、易耗品	200元／天
燃料	200元／窯．小時	模具（芯）	100元／小時，造成改產另加1,000元／次

說明：不可抗拒力（颱風、地震等自然災害）影響到交通運輸時，上述賠償應扣除運輸所影響的時間。

擬制	總經辦	審核		批准	

○○有限公司	檔編號	○○○○○○	版　次	第○版　第○次修改
內部交易實施總綱	頁　次	第 6 頁　共 17 頁	制訂日期	○○○○年○月○日

5、採購物資讓步接收規定：資材部、總經理各按採購盈虧比例分擔讓步折價金額

5.1 原料接收標準：依採購合同標準執行。

5.2 煙煤接收折扣計算公式：

　　5.2.1 內外水分合值折扣（元/T）＝煙煤指標價格×（實際水分合值－指標水分合值）

　　5.2.2 煙幹石含量折扣（元/T）＝煙煤指標價格×（實際比例－指標比例）

　　5.2.3 煤粉比例折扣（元/T）＝（煙煤指標價格－煤粉指標價格）×（實際比例－13%）

5.3 其他採購物資折扣率標準列表：

物資名稱	折扣率計算（%）
範本、膠紙、澱粉、彩瑪紙、瓷管、墊板	由生產處在檢驗結果通知單中予以體現
紙箱	實際耐破度÷標準耐破度×100%
包裝帶	（1-超標重量÷標準重量）×標準平直度÷實際平直度×100%
球石	實際密度÷標準密度×100%

說明：①折扣率公式中如有二個專案折扣的，檢驗時其中有一個專案是符合品質標準的，則該專案不列入公式中。②如色料、釉料、礦土原料生產處判定為合格，則色差近似率為100%。

　　計算公式：折扣總額＝指標價格×折扣率×實際數量

　　驗收標準詳見附件 Q/HD.J.JS.02《進廠物資檢驗標準》

5.4 各部門每月請購同種五金配件次數不予超過三次，且每次請購間隔時間應在五天以上，否則，請購部門應每次補償資材部採購成本費用 500 元。

5.5 非常備五金配件因請購數量超量造成呆滯的，請購部門應補償資材部：

　　補償金額＝呆滯數量×採購價格×80%

6、產品入庫成本指標規定：

6.1 釉面磚產品入庫指標價格：　　　　　　（單價：元/m²）

規格	生坯重量克/片	粉料用量kg/m²	產品入庫規格	規格	生坯重量克/片	粉料用量kg/m²	產品入庫規格	貼紙產品加價
73×73 仿石	85	16.0	10.6	73×73 平面	78	14.6	11.5	1.0
45×95 仿石	65	15.2	10.6	45×95 平面	64	15.0	11.9	0.8
60×108 仿石	102	15.7	10.3	60×108 平面	95	14.7	11.3	1.3
45×145 仿石	99	15.2	10.0	45×145 平面	96	14.7	11.2	1.6
45×195 仿石	132	15.0	10.1	45×195 平面	134	15.3	11.5	
60×200 仿石	185	15.4	10.1	60×200 平面	170	14.2	11.1	
75×200 仿石	231	15.4	10.2	75×200 平面	231	15.4	11.5	
40×232 仿石	160	17.2	11.0	40×232 平面	164	17.7	12.5	
52×235 仿石	198	15.6	10.5	52×235 平面	191	15.6	11.6	
52×235 摩沙	198	16.2	10.9	60×240 平面	208	14.4	11.2	

60×240 仿石	208	14.4	9.9	100×100 平面	145	14.5	11.1	
60×240 仿石	270	18.8	11.3	100×100 印花	145	14.5	12.1	
100×100 仿石	153	15.3	10.0	100×200 平面	306	15.3	11.7	
100×200 仿石	335	16.7	10.8	150×150 平面	405	18.0	12.4	
100×200 仿石	348	17.4	11.1	150×150 印花	405	18.0	13.5	
150×150 仿石	400	17.8	11.1	200×200 平面	750	18.8	12.7	
200×200 仿石	750	18.8	11.3	200×200 印花	750	18.8	13.7	
112×255 仿石	472	16.5	11.3	250×500 仿石	2685	24.5	13.3	
112×255 仿石	560	19.6	12.6	112×255 文化石	801	28.0	17.8	
80×300 仿石	427	17.8	10.6	150×300 文化石	1175	26.1	16.9	
80×300 摩沙	478	19.9	11.7	200×400 文化石	2247	28.1	17.0	
150×300 仿石	860	19.1	11.9	250×500 文化石	3585	28.7	20.3	
200×400 仿石	1520	19.0	11.6	300×600 仿石	4170	23.2	15.4	
250×400 仿石	1933	19.3	12.1	300×600 文化石	5830	32.4	22.6	

擬制		總經辦	審核			批准	

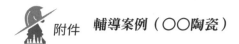

○○有限公司	檔編號		○○○○○○		版　次	第○版　第○次修改
內部交易實施總綱	頁　次		第7頁　共17頁		制訂日期	○○○○年○月○日

6.2 裸燒通體磚產品入庫指標價格：　　　　　（單價：元／㎡）

規　格	生坯重量克／片	粉料用量kg/m²	中色產品價格	正打產品加價	鐵紅產品加價	常規大顆粒加價	濕拌大顆粒加價	幹拌大顆粒加價	貼紙產品加價
73×73	79	14.8	11.7	0.4	0.9	0.3	0.5	0.8	1.0
45×95	66	15.4	12.3	0.5	0.9	0.3	0.5	0.8	0.8
60×108 平面	100	15.4	11.7	0.5	0.9	0.3	0.5	0.8	1.3
60×108 麻面	95	14.7	11.4	0.4	0.9	0.3	0.5	0.8	1.3
60×120	111	15.4	11.8	0.5	0.9	0.3	0.8	0.5	
60×128	120	15.6	11.9	0.5	0.9	0.3	0.9	0.5	
45×130	91	15.6	11.8	0.5	0.9	0.3	0.8	0.5	
45×145	100	15.3	11.5	0.5	0.9	0.3	0.8	0.5	1.6
45×160	110	15.3	11.8	0.5	0.9	0.3	0.8	0.5	
45×195	140	16.0	11.9	0.5	0.9	0.3	0.8	0.5	
60×200	186	15.5	11.6	0.5	0.9	0.3	0.6	0.9	
60×200 橫條紋	205	17.1	12.3	0.5	1.0	0.3	0.6	0.9	
60×227	203	14.9	11.3	0.4	0.9	0.3	0.5	0.8	
52×235	196.5	16.1	12.0	0.5	1.0	0.3	0.6	0.9	
60×240	230	16.0	11.9	0.5	1.0	0.3	0.6	0.9	
60×240 水溝槽	235	16.3	12.0	0.5	1.0	0.3	0.6	0.9	
40×250	180	18.0	13.3	0.5	1.1	0.4	0.6	1.0	
40×250 加厚	275	27.5	19.3	0.8	1.7	0.6	1.0	1.5	
80×250	375	18.8	13.3	0.6	1.1	0.4	0.7	1.0	
95×95	138	15.3	11.5	0.5	0.9	0.3	0.5	0.8	
100×100	154	15.4	11.5	0.5	0.9	0.3	0.5	0.8	
100×200	312	15.6	11.8	0.5	0.9	0.3	0.5	0.9	
150×300	820	15.6	13.4	0.5	1.1	0.4	0.6	1.0	
150×300 印花	820	18.2	17.3	0.5	1.1	0.4	0.6	1.0	
300×300 印花	1630	18.1	17.9	0.5	1.1	0.4	0.6	1.0	
200×400	1470	18.4	13.3	0.6	1.1	0.4	0.6	1.0	
200×400 印花	1470	18.4	17.2	0.6	1.1	0.4	0.6	1.0	
200×400 蘑菇石	2075	25.9	17.9	0.8	1.6	0.5	0.9	1.4	
300×600	3622	20.1	15.8	0.6	1.2	0.4	0.7	1.1	
300×600 印花	3266	20.1	20.0	0.6	1.2	0.4	0.7	1.1	
600×600 印花	9693	26.9	20.4	0.8	1.6	0.5	0.9	1.5	

擬制		總經辦		審核		批准	

The Best Manage Method AMOEBA

○○有限公司	檔編號	○○○○○○	版　次	第○版　第○次修改
內部交易實施總綱	頁　次	第 **8** 頁　共 **17** 頁	制訂日期	○○○○年○月○日

6.3 墊板通體磚產品入庫指標價格：　　　　　　　　（單價：元／㎡）

規　格	生坯重量克／片	粉料用量 kg/m²	中色產品價格	鐵紅產品加價	常規大顆粒加價	濕拌大顆粒加價	幹拌大顆粒加價	貼紙產品加價	
								單色	混貼
23×23	7	13.2	16.5	0.8	0.3	0.5	0.7	4.3	5.1
18×38	9	13.2	16.1	0.8	0.3	0.5	0.7	4.2	5.0
23×48	14	12.7	14.2	0.8	0.3	0.4	0.7	2.8	3.1
45×45	29	14.3	15.9	0.9	0.3	0.5	0.8	1.2	
73×73	77	14.4	14.5	0.9	0.3	0.5	0.8	1.0	
45×95	62	14.5	14.7	0.9	0.3	0.5	0.8	0.9	
25×100	37.5	15.0	14.4	0.9	0.3	0.5	0.8	2.2	
60×108 平面	97	15.0	14.9	0.9	0.3	0.5	0.8	1.4	
60×108 麻面	92	14.2	14.4	0.9	0.3	0.5	0.8	1.4	
23×145	49	14.7	14.2	0.9	0.3	0.5	0.8	2.3	
45×145	100	15.3	14.9	0.9	0.3	0.5	0.8	1.6	
60×120	108	15.0	15.0	0.9	0.3	0.5	0.8		
45×130	89	15.1	14.9	0.9	0.3	0.5	0.8	23×23、18×38、23×48、25×100 23×145 無直接包裝成本	
45×160	109	15.1	15.2	0.9	0.3	0.5	0.8		
45×195	140	16.0	15.5	1.0	0.3	0.6	0.9		
60×200	186	15.5	15.0	0.9	0.3	0.5	0.9		
60×240	230	16.0	15.4	1.0	0.3	0.6	0.9		
95×95	138	15.3	15.1	0.9	0.3	0.5	0.8		

6.4 產品入庫指標價格計算說明

　　6.4.1 產品入庫指標價格＝坯料成本＋釉水成本＋燃料成本＋模具成本＋易耗品成本＋員工工資成本＋固定管理工資成本＋計件工資成本＋水電成本＋固定折舊利息成本＋固定技改費用成本＋包裝（貼紙）成本

　　6.4.2 坯料成本＝生坯重量（T/㎡）×粉料價格÷指標良品率。

　　6.4.3 釉面粉料成本價格：生產成本 108 元/T，制程損耗按 5%，扣除粉料含水率 7%，實際損耗 -2%

　　　①小磚粉料價格 180 元/T（原料成本 72 元，折乾料配方指標成本 72 元/T×1.02=74 元）

　　　②大磚粉料價格 200 元/T（原料成本 92 元，折乾料配方指標成本 92 元/T×1.02=94 元）

　　6.4.4 通體粉料成本價格：生產成本 140 元/T，制程損耗按 5%，扣除粉料含水率 7%，實際損耗 -2%；粉料價格 350 元/T（原、色料成本 210±25 元，折乾料配方指標成本 210 元/T×1.02=215±25 元）

322

6.4.5 釉水成本：

①裸燒窯：平面磚釉水成本：0.7kg/ ㎡ ×3.5 元 /kg÷ 指標良品率；

　　　　　　麻面磚釉水成本：0.35kg/ ㎡ ×3.5 元 /kg÷ 指標良品率；

②通體磚透明釉、雲彩、印花釉成本：裸燒窯 0.06 元 / ㎡、墊板窯 0.09 元 /m^2（施釉量按 0.06kg/m^2）

6.4.6 釉水價格：底釉、透明釉 1,000 元 /T; 面釉、大白釉、雲彩、印花釉 3,500 元 /T。

6.4.7 燃料成本＝生坯重量（T/m^2）× 煤氣耗量 ×350 元 /km^3÷ 指標良品率，煤氣耗量詳見 6.5《相關成本指標數據》。

擬制		總經辦	審核		批准	

○○有限公司	檔編號	○○○○○○	版　次	第○版　第○次修改
內部交易實施總綱	頁　次	第 9 頁　共 17 頁	制訂日期	○○○○年○月○日

6.4.8 煤氣價格：煤氣成本 300 元 + 生產成本 50 元 = 350 元 / km³

　　　　煤氣成本 =（750 元 - 煤粉率 12%×450 元 - 焦油率 2.5%×2,000 元 - 煤渣 25%×30 元）÷88%÷ 產氣值 2.42km³

6.4.9 模具成本 = 每壓次成本 ÷ 每壓次數量 ÷ 指標良品率。

6.4.10 易耗品、工資、水電成本 = 月成本總額 ÷30 天 ÷ 日產量，具體詳見 6.5《相關成本指標數據》

6.4.11 墊板成本 = 墊板價格 ÷600 轉次 ÷ 每板成品數量（m²）。

6.4.12 窯後、評檢工資成本：詳見附表一《計件工資單價表》。

6.4.13 包裝成本 =（紙箱價格 + 膠紙成本 + 打包帶成本）/ 件 ÷ 包裝數量（m² / 件）÷99.9%（損耗按 1 計算），詳見附表二《包裝成本指標規定》。

6.4.14 貼紙、包裝成本 = 澱粉 + 彩碼紙 + 範本 + 工資 + 水電 + 易耗品 + 紙箱 + 膠紙 + 打包帶 + 打包工資 + 合格證 + 塑膠袋

6.4.15 貼紙損耗成本 =（無貼紙入庫產品價格 - 包裝成本）× 損耗率（45×45 以下按 0.7%、以上按 0.5%）。

6.4.16 貼紙產品加價 = 貼紙、包裝成本 - 無貼紙入庫指標包裝成本（貼紙產品數量按實際包裝平方數計算）。

6.4.17 特殊產品補貼 = 生坯重量 × 粉料補貼成本→粉料補貼成本：①正打產品補貼裸燒窯 30 元 /T、②鐵紅產品補貼 60 元 /T（其中通體漿制程 5 元、窯上 55 元）、③常規大顆粒產品補貼 20 元 /T（窯上）、④乾拌大顆粒產品 55 元 /T（其中通粉制程 35 元、窯上 20 元）、⑤濕拌大顆粒補貼 35 元 /T（其中通粉制程 15 元、窯上 20 元）；注：①大顆粒補貼未含正打補貼，②實際核算按生產排程數量補貼。

6.5 合格品成本價格 = 優等品價格 ×40%。

6.6 生產處每月上繳固定管理工資、折舊利息、技改費用及相關指標數據：（單位：元 / T km3，萬元 / 月）

部門	專案	指標良品率	燃料成本	易耗品	員工工資	月上繳固定管理工資	水電成本	月上繳固定折舊利息	月上繳固定技改費用	球石	生產成本合計
制漿課	釉粉	102%	40 元 / T	5 元 / T	7 元 / T	1 萬元 / 月	20 元 / T	24 元 / T	2 元 / T	10 元 / T	108 元 / T
制粉課	通粉	102%	52 元 / T	8 元 / T	18 元 / T	16.5 萬元 / 月	32 元 / T	15 元 / T	5 元 / T	10 元 / T	140 元 / T
供氣課	塊煤產氣值 2.42km3/T		253 元 /km3	1.5 元 /km3	4 元 /km3	0.8 萬元 / 月	19.5 元 /km3	20 元 /km3	5 元 /km3		50 元 /km3
制釉課	底釉 98%、面釉 95%		5 元 /T		130 元 /T	2 萬元 / 月	100 元 /T	117 元 /T	35 元 /T	13 元 /T	400 元 /T

										說明必看：①月上繳固定管理工資含本單位管理、課長、技術員、經理及生產處公共人員、公司行政辦公人員；②釉面印花產品良品率90%；③成本考核區域含本表部門別及生技課、試樣課、貼紙課。
A窯	釉面磚	91%	0.36 km3/T	3	4.1	2.9萬元/月	8	18萬元/月	3萬元/月	
	通體磚	93%	0.33 km3/T	2.5						
B窯	通體磚	95%	0.26 km3/T	3	3.9	4.4萬元/月	9	34萬元/月	3萬元/月	
C窯	通體磚	95%	0.3 km3/T	3	3.9	4.4萬元/月	9	30萬元/月	3萬元/月	
E窯	釉面磚	91%	0.33 km3/T	3.5	3.9	3.8萬元/月	9	23萬元/月	3萬元/月	
	通體磚	93%	0.3 km3/T	3						
5窯	釉面磚	91%	0.4 km3/T	4	4.3	3.9萬元/月	10	16萬元/月	3萬元/月	
	通體磚	93%	0.38 km3/T	3.5						
6窯	通體磚	95%	0.26 km3/T	2.5	3.9	3.1萬元/月	8	28萬元/月	3萬元/月	
墊板窯	通體磚	96%	0.8 km3/T	3	4.4	4.2萬元/月	11	30萬元/月	3萬元/月	

擬制		總經辦		審核			批准		

○○有限公司	檔編號	○○○○○○	版　次	第○版　第○次修改
內部交易實施總綱	頁　　次	第 10 頁　共 17 頁	制訂日期	○○○○年○月○日

7、銷售成本考核指標規定：

7.1 上繳成本、降低庫存、應收帳款指標規定：上繳成本含管理費用、資產折舊利息、流動資金利息、預提資產收入。

（單位：萬元）

上繳成本指標規定	上繳成本專案	金額
	上繳管理費用	800
	上繳折舊利息成本	387
	上繳資金利息成本	504
	預提資產投入	2000
	合計	3691

降低庫存、應收帳款指標	
指標專案	金額
應收帳款總額	4574.0
年降低應收帳款	490.4
年降低公共庫存	772.0

降低庫存、應收帳款至 2007 年 12 月 31 日增幅部分獎懲按月利息 0.6%×6 個月年底一次性計算。

7.2 每月銷售比例、上繳成本及待攤廣告費用成本一覽表　　（單位：萬元）

專案	1月	2月	3月	4月	5月	6月	7月	8月	9月	10月	11月	12月	合計
銷售比例	4.3%	2.0%	6.9%	8.7%	10.7%	10.3%	11.2%	11.8%	11.2%	10.2%	8.0%	4.8%	100%
上繳成本	157.3	73.9	255.7	322.9	395.2	379.1	412.4	435.3	413	376.4	294	175.7	3691
待攤廣告	29.8	14	48.2	61.2	75.1	71.9	78.3	82.6	78.3	71.4	55.8	33.4	700

7.3 庫存成品值交、接收標準規定（過程月結核算庫存值＝期初值＋入庫指標值－出庫成本值）

7.3.1 優等、一級品（每堆 200 ㎡以上）：庫存成品值＝庫存數量 × 銷售價 ×60%。

7.3.2 優等、一級品（每堆 200 ㎡以下）：庫存成品值＝庫存數量 ×（銷售價 ×30% － 1 元）

7.3.3 合格品：釉面磚 2 元 / 件、通體磚 4 元 / 件、釉面文化石 4 元 / 件、通體蘑菇石 6 元 / 件

7.4 應收帳款交、接收計算標準規定：其中業務部應收帳款不打折。

7.4.1 有業務往來欠款按 90% 計算；

7.4.2 無業務往來：

7.4.2.1 一年以上兩年以內按 80% 計算；

7.4.2.2 兩年以上三年以內按 70% 計算；

7.4.2.3 三年以上欠款按 50% 計算。

7.5 業務部考核補充規定

7.5.1 工程課、外貿課退備金計算：公司徵收 5% 退備金成本，年底返還 2%（以補償利息支出）；

7.5.2 工程課、外貿課應收款計息規定：從發貨之日起開始計算 0.9% 利息。

8、入庫產品讓步接收

8.1 非主檢號產品扣 2 元 /m²，主檢號按附表 3《主檢號標準規定》；

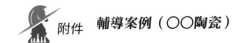

8.2 次色產品折價（主色號以銷售處確認為準）：每批產品只允許一個主色號，鐵紅、摩沙、印花、乾拌大顆粒產品可允許有兩個色號；其中釉面磚訂貨數量≥10,000m^2、通體磚訂貨數量≥15,000m^{2}可允許有兩個色號，但其中每堆數量必須在200m^2（含）以上。

8.3 次色①產品扣2.5元/m^2，次色①以外產品扣5元/m^2。

8.4 一級、吸水率偏高產品扣2元/m^2，鐵紅產品吸水率偏高除外。

8.5 每堆數量＜50m^{2}的折價（訂貨產品主檢號除外）產品扣5元/m^2。

8.6 訂貨多燒數量＞墊板窯50m^2/裸燒窯100m^{2}以上部分數量產品扣5元/m^2。

8.7 訂貨少燒（無論是否補燒）折扣＝{訂貨數量-優等品數量（含降級、次檢、次色）}×5元/m^2

擬制		總經辦	審核		批准	

○○有限公司	檔編號	○○○○○○	版　次	第○版　第○次修改
內部交易實施總綱	頁　　次	第 11 頁　共 17 頁	制訂日期	○○○○年○月○日

9、生產補貼規定（由銷售處補貼）：

9.1 通體粉料補貼：

　9.1.1 每批通體產品粉料數量 <23T 補貼粉料課 700 元 / 次。

　9.1.2 每批通體粉料補貼生產處（技術部）40 元 / 次小試燃料成本。

　9.1.3 粉料配方成本折補：

　①乾料配方 140 元 ÷1.02（實際損耗為 -2%）=135 元 /T 以下每 T 粉料返還銷售處 75 元 /T；

　②乾料配方 165±25 元 ÷1.02=160±25 元 /T 範圍每 T 粉料返還銷售處 50 元 /T；

　③乾料配方 265±25 元 ÷1.02=260±25 元 /T 範圍每 T 粉料由銷售處補貼 50 元 /T；

　④乾料配方超過 290 元 ÷1.02=285 元 /T 以上部分成本按粉料出庫數量補貼給技術部。

9.2 釉水補貼：

　9.2.1 單個釉水配方超過 3,500 元 /T 以上部分成本，按釉水出庫數量補貼給制釉課；

　9.2.2 釉面磚每批產品數量 ≤1000 ㎡補貼給制釉課 500 元 / 次（含通體釉面磚）

　9.2.3 冰紋產品在麻面釉水指標基礎上補貼施釉成本 0.75 元 / ㎡給制釉課（施釉量以 0.55kg/ ㎡計算）。

9.3 生產車間補貼：

　9.3.1 雲彩、噴點在兩道（含）以上的產品，每道補貼良品率 1%（按生產排程數量補貼）

　9.3.2 換模補貼：①釉面磚：600T 壓機 1,000 元 / 次、1600T 壓機 2,000 元 / 次，

　　　　　　　　　②通體磚：600T 壓機 800 元 / 次、1600T 壓機 1,500 元 / 次；

　9.3.3 生產使用不同粉料或仿石、平面與文化石轉換及通體小磚（80×300 以下）與大磚轉換的產品，銷售處給予補貼：①轉換 250×500、300×600 文化石或轉換通體大磚 3,000 元 / 次，②轉換 200×400 文化石 2,500 元 / 次，③轉換通體及釉面其他產品 2,000 元 / 次。

　9.3.4 通體釉面磚釉水補貼：墊板窯施釉損耗按 40% 計算。

　①裸燒窯：平面磚補貼 2.7 元 -0.06 元 =2.65 元 / ㎡，麻面磚補貼 1.35 元 -0.06 元 =1.3 元 / ㎡；

　②墊板窯：平面磚補貼 4.08 元 -0.09 元 ≈4 元 / ㎡，麻面磚補貼 2.04 元 -0.09 元 =1.95 元 / ㎡；

　③施增白釉：裸燒窯補貼 0.55 元 -0.05 元 =0.5 元 / ㎡，墊板窯補貼 0.89 元 -0.09 元 =0.8 元 / ㎡（施釉 0.15kg/ ㎡）

　9.3.5 小批量補貼：訂貨以排程數量為準，常規以實際生產數量為準。

　①釉面磚：600T 壓機——排程數量 ≤1,500 ㎡補貼 15,000 元 / 次，1,500 ㎡< 排程數量 ≤2,500 ㎡補貼 1 元 / ㎡；

　　　　　　1600T 壓機——排程數量 ≤2,000 ㎡補貼 2,000 元 / 次，2,000 ㎡< 排程數量 ≤3,000 ㎡補貼 1 元 / ㎡；

　②通體磚：600T 壓機——排程數量 ≤1,000 ㎡補貼 1,000 元 / 次，1,000 ㎡< 排程數量 ≤2,000 ㎡補貼 1 元 / ㎡；

　　　　　　1600T 壓機——排程數量 ≤1,500 ㎡補貼 1,500 元 / 次，1,500 ㎡< 排程數量 ≤2,500 ㎡補貼 1 元 / ㎡；

10、產能不足補貼（每月由總經理補貼，銷售部年底總結再折補總經理）

　①釉面月產能不足 6000T，每 T 補貼 5 元；通體粉料月總產能不足 21000T，每 T 補貼 16 元。

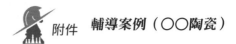
②釉水月產能不足 300T，每 T 補貼 110 元。

③煤氣月產能不足 12000km3，每 km3 補貼 3.5 元。

11、訂貨產品銷售加價規定

　11.1 實際加價低於指標應加價：不足部分由總經理補貼給銷售處；

　11.2 實際加價超出指標應加價：超出部分由銷售處上繳給總經理；

12、成本考核獎懲辦法：詳見 Q/HD.G.ZB.04《績效考核控制程式》。

擬制	總經辦	審核		批准	

The Best Manage
*Method **AMOEBA***

○○有限公司	檔編號		○○○○○○		版　次	第○版　第○次修改
內部交易實施總綱	頁　　次		第 12 頁　共 17 頁		制訂日期	○○○○年○月○日

附表一：計件工資單價表

產品規格	裝箱片數	包裝數量	撿磚包裝		評長短單價	計件工資合計	
			裸燒窯	墊板窯		裸燒窯	墊板窯
23×23	3168	1.68		0.61			0.61
18×38	2464	1.69		0.61			0.61
23×48	1584	1.75		0361			0.61
45×45	792	1.60		0.61			0.61
73×73	188	1.00	0.15	0.23		0.15	0.23
45×95	234	1.00	0.16	0.24		0.16	0.24
25×100	693	1.73		0.40			0.40
60×108	152	0.98	0.13	0.23		0.13	0.23
60×120	140	1.0	0.13	0.22		0.13	0.22
60×128	130	1.0	0.13	0.22		0.13	0.22
45×130	153	0.90	0.13	0.22		0.13	0.22
45×145	153	1.00	0.13	0.22		0.13	0.22
45×160	114	0.82	0.13	0.22	0.170	0.30	0.39
45×195	114	1.00	0.13	0.22	0.143	0.27	0.36
60×200	80	0.96	0.13	0.22	0.125	0.26	0.35
60×227	74	1.01	0.13	0.22	0.120	0.25	0.34
75×200	66	1.0	0.13	0.22	0.112	0.24	0.33
40×232	100	0.93	0.13	0.22	0.152	0.28	0.37
52×235	80	0.98	0.13	0.22	0.120	0.25	0.34
60×240	70	1.0	0.13	0.22	0.120	0.25	0.34
40×250	80	0.8	0.13	0.22	0.120	0.25	0.34
80×250	50	1.0	0.13	0.22	0.120	0.25	0.34
95×95	100	0.90	0.12	0.22		0.12	0.22
100×100	100	1.00	0.12			0.12	
100×200	40	0.80	0.12		0.125	0.25	
150×150	44	1.0	0.13		0.151	0.28	
200×200	22	0.88	0.12		0.120	0.24	
112×255	35	1.00	0.12		0.120	0.24	
80×300	40	0.96	0.13		0.125	0.26	

150×300	22	1.0	0.13		0.151	0.28	
300×300	11	1.0	0.13		0.151	0.28	
200×400	15	1.20	0.13		0.117	0.25	
250×400	12	1.20	0.13		0.117	0.25	
250×500	11	1.38	0.15		0.110	0.26	
300×600	7	1.26	0.17		0.12	0.29	
600×600	4	1.44	0.17			0.17	
112×255 文化石	15	0.43	0.17		0.127	0.30	
150×300 文化石	11	0.50	0.17		0.240	0.14	
200×400 文化石	8	0.64	0.17		0.187	0.36	
250×500 文化石	6	0.75	0.22		0.200	0.42	
300×600 文化石	4	0.72	0.28		0.208	0.49	

注：評色工資 0.3 元，同時評色和評級 0.35 元。

擬制	總經辦	審核		批准	

○○有限公司	檔編號	○○○○○○	版　次	第○版　第○次修改
內部交易實施總綱	頁　　次	第 13 頁　共 17 頁	制訂日期	○○○○年○月○日

附表二：包裝成本指標規定

產品規格	紙箱價格	包裝數量（㎡／件）	紙箱成本	膠紙成本	打包帶成本	打包成本	合格證成本	墊紙、泡沫成本	合計成本（元／㎡）
45×45 系列	0.58	0.91	0.637	0.029	0.069	0.038	0.003	0.302	1.078
73×73 系列	0.58	1.00	0.580	0.028	0.066	0.035	0.003	0.115	0.826
45×95 系列	0.59	1.00	0.590	0.027	0.095	0.035	0.003	0.139	0.889
60×108 系列	0.71	0.98	0.722	0.024	0.093	0.036	0.003	0.128	1.005
60×120 系列	0.72	1.01	0.715	0.023	0.063	0.035	0.003	0.131	0.970
60×128 系列	0.72	1.01	0.715	0.023	0.063	0.035	0.003	0.131	0.970
45×130 系列	0.6	0.90	0.671	0.032	0.073	0.039	0.003	0.137	0.955
45×145 系列	0.6	1.00	0.602	0.029	0.065	0.035	0.003	0.123	0.856
45×160 系列	0.6	0.82	0.732	0.035	0.079	0.043	0.004	0.149	1.042
45×195 系列	0.62	1.00	0.620	0.024	0.091	0.035	0.003	0.124	0.897
60×200 系列	0.63	0.96	0.657	0.028	0.096	0.036	0.003	0.078	0.899
75×200 系列	0.61	0.99	0.617	0.024	0.097	0.035	0.003	0.066	0.842
60×227 系列	0.67	1.01	0.665	0.024	0.092	0.035	0.003	0.073	0.892
40×232 系列	0.72	0.93	0.777	0.027	0.103	0.038	0.003	0.088	1.035
52×235 系列	0.69	0.98	0.707	0.027	0.096	0.036	0.003	0.089	0.957
60×240 系列	0.77	1.01	0.765	0.025	0.095	0.035	0.003	0.080	1.001
40×250 系列	0.72	0.80	0.901	0.037	0.119	0.044	0.004	0.137	1.241
40×250 系列	0.72	0.56	1.287	0.053	0.169	0.063	0.005	0.196	1.773
80×250 系列	0.72	1.00	0.721	0.029	0.095	0.035	0.003	0.110	0.993
95×95 系列	0.69	0.90	0.765	0.028	0.103	0.039	0.003	0.062	1.000

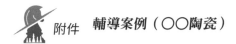

100×100 系列	0.72	1.00	0.721	0.026	0.094	0.035	0.003	0.056	0.935
100×200 系列	0.67	0.80	0.838	0.037	0.112	0.044	0.004		1.035
112×255 系列	0.76	1.00	0.761	0.025	0.096	0.035	0.003		0.921
80×300 系列	0.65	0.96	0.678	0.031	0.104	0.036	0.003		0.852
150×150 系列	0.71	0.99	0.718	0.025	0.097	0.035	0.003		0.879
200×200 系列	0.67	0.80	0.838	0.031	0.1214	0.044	0.004		1.038
150×300 仿石	0.71	0.99	0.718	0.027	0.100	0.035	0.003		0.883
300×300 仿石	0.71	0.99	0.718	0.027	0.100	0.035	0.003		0.883
200×400 仿石	0.73	1.20	0.609	0.027	0.050	0.038	0.003		0.726
250×400 仿石	0.73	1.20	0.609	0.027	0.053	0.038	0.003		0.729
250×500 仿石	0.9	1.38	0.655	0.029	0.051	0.033	0.002		0.770
300×600 釉面仿石	0.98	1.26	0.779	0.037	0.057	0.036	0.002		1.932
300×600 通體仿石	0.98	1.44	0.681	0.032	0.050	0.031	0.002		1.691
600×600 仿石	1.47	1.44	1.022	0.032	0.157	0.047	0.002	0.278	1.538
112×255 文化石	0.76	0.43	1.776	0.059	0.225	0.082	0.007		2.148
150×300 文化石	0.71	0.50	0.436	0.053	0.201	0.071	0.006		1.767
200×400 文化石	0.73	0.64	1.142	0.051	0.093	0.070	0.005		1.361
250×500 文化石	0.9	0.75	1.201	0.054	0.093	0.060	0.004	1.820	3.232
300×600 文化石	0.98	0.72	1.362	0.065	0.100	0.063	0.004	1.788	3.382
200×400 蘑菇石	0.73	0.80	0.913	0.041	0.074	0.056	0.004		1.089

注：1、紙箱損耗按 1 計算，膠紙、打包帶損耗按 1% 計算。
　　2、指標成本計算公式：
　　　　①紙箱成本（元／件）＝紙箱價格（元／個）÷0.999
　　　　②膠紙成本（元／件）＝膠紙指標長度用量（m／件）×膠紙價格（元／個）÷膠紙標準長度（m／個）÷0.99
　　　　③打包帶成本（元／件）＝打包帶指標長度用量（m／件）×打包帶價格（元／kg）×打包帶標準重量（kg/m）÷0.99
　　　　④指標成本（元／㎡）＝每件成本÷每件包裝數量（㎡）

擬制		總經辦	審核			批准	

○○有限公司	檔編號	○○○○○○	版 次	第○版　第○次修改
內部交易實施總綱	頁　次	第 14 頁　共 17 頁	制訂日期	○○○○年○月○日

附表三：主檢號標準規定

規格 ＼ 檢號 ＼ 尺寸	檢 1	檢 2	檢 3	檢 4	以合格品價格計算的產品尺寸
23×23	23±0.25				22.75> 尺寸 >23.25
25×25	25±0.3				24.7> 尺寸 >25.3
18×38	38±0.4				37.55> 尺寸 >38.45
45×45	45±0.5				44.45> 尺寸 >45.55
23×48	48±0.5				47.4> 尺寸 >48.6
73×73	73±0.5	釉面			72.1> 尺寸 >73.9
73×73	72.6±0.4	通體			72.1> 尺寸 >73.9
45×95	94.5±0.5				93.9> 尺寸 >96.1
95×95	94.5±0.5				94> 尺寸 >96
25×100	100±0.5	釉面			99> 尺寸 >101
100×100	99.5±0.5	通體			99> 尺寸 >101
60×108	107.5±0.5				106.7> 尺寸 >109.3
60×120		119-120	120-121		118.6> 尺寸 >121.4
60×128		127-128.5	127.5-129	主檢號只能選取其中一個，如三色混貼，則必須生產同一檢號，否則視為次檢。	126.4> 尺寸 >129.5
45×130		128.5-130	129-130.5		128.5> 尺寸 >131.5
25×145		143.5-145	145-146.5		143.3> 尺寸 >146.7
45×145		143.5-145	145-146.5		143.3> 尺寸 >146.7
150×150		149-150.5	149.5-151		148.9< 尺寸 <151.1
45×160		158.5-160	160-161.5		158.1> 尺寸 >161.9
45×195		194.5±0.5	195.5±0.5	196.5±0.5	192.7> 尺寸 >197.3
40×232		230.5±0.5	231.5±0.5	232.5±0.5	229.7> 尺寸 >234.3
52×235		234.5±0.5	235.5±0.5	236.5±0.5	232.7> 尺寸 >237.3
60×200		198.5±0.5	199.5±0.5	200.5±0.5	198> 尺寸 >202
75×200		198.5±0.5	199.5±0.5	200.5±0.5	198> 尺寸 >202
100×200		198.5±0.5	199.5±0.5	200.5±0.5	198> 尺寸 >202
200×200		199±0.5	200±0.5	201±0.5	198.5> 尺寸 >201.5
60×240		238.5±0.5	239.5±0.5	240.5±0.5	237.6> 尺寸 >242.4
60×227		225.5±0.5	226.5±0.5	227.5±0.5	224.8> 尺寸 >229.2

40×250		249±0.5	250±0.5	251±0.5	247.5> 尺寸 >252.5
80×250		249±0.5	250±0.5	251±0.5	247.5> 尺寸 >252.5
112×255		254±0.5	255±0.5	256±0.5	253.1> 尺寸 >256.9
80×300		299.5±0.5	300.5±0.5	301.5±0.5	297.8> 尺寸 >302.2
150×300		299.5±0.5	300.5±0.5	301.5±0.5	298.2> 尺寸 >301.8
200×400		399±1.0	401±1.0		397.6> 尺寸 >402.4
250×400		399±1.0	401±1.0		397.6> 尺寸 >402.4
250×500		498±1.0	500±1.0	502±1.0	497> 尺寸 >503
300×600		598±1.0	600±1.0	602±1.0	597> 尺寸 >603

說明：

釉面磚主檢號可根據不同生產批次變動，但尺寸必須是相鄰的三個檢號且不得超過合格品尺寸。如客戶特殊要求生產一個或兩個檢號的產品，以客戶要求為準。

擬制		總經辦	審核		批准	

○○有限公司	檔編號	○○○○○○	版　次	第○版　第○次修改
內部交易實施總綱	頁　次	第 15 頁　共 17 頁	制訂日期	○○○○年○月○日

附表四：成品厚度指標規定

規格型號	編　號	厚　度	規格型號	編　號	厚　度
釉面磚					
73×73 平面	7301-7370	7.0±0.1	100×200 仿石	2001-2035	7.5±0.1
73×73 仿石	7101-7170	7.2±0.1	100×200 仿石		8.8±0.2
45×95 平面	9501-9570	7.0±0.1	200×200		8.0±0.1
45×95 仿石	9101-9135	7.2±0.1	60×240	白坯白條	6.7±0.1
60×108 平面	6101-6135	7.0±0.1	60×240	平面/仿石	7.0±0.1
60×108 仿石		7.2±0.1	60×240 仿石	6401-6470	10.0±0.2
45×145 平面		7.0±0.1	112×255 仿石	2501-2592	7.6±0.2
45×145 仿石	1501-1535	7.0±0.1	112×255 仿石	加厚	9.0±0.2
45×195	平面/仿石	7.2±0.1	80×300 仿石	8301-8370	8.0±0.2
45×195 三色磚	加厚	7.9±0.1	80×300 摩沙	加厚	9.0±0.2
60×200	平面/仿石	7.0±0.1	150×300 仿石	3101-3199	8.8±0.2
75×200	平面/仿石	7.6±0.1	200×400 仿石	4101-4199	9.0±0.3
40×232 地圖	401-435	8.3±0.1	250×400 仿石	4001-4070	9.0±0.3
40×232 仿石	2301-2335	8.3±0.1	250×500 仿石	4610-4670	9.0±0.3
52×235	白坯白條	6.7±0.1	300×600 仿石	3621-3699	10.5±0.3
52×235 平面		7.0±0.1	112×255 文化石	2581-2588	19.0±0.4
52×235	仿石、摩沙	7.5±0.1	150×300 文化石	3151-3166	19.0±0.4
100×100 平面	1001-1070	7.0±0.1	200×400 文化石	4251-4266	19.0±0.4
100×100 仿石	1101-1170	7.5±0.1	250×500 文化石	4601-4609	22.5±0.4
150×150		8.0±0.1	300×600 文化石	3601-3609	22.5±0.4
通體磚					
23×23（墊板）		5.5±0.1	60×200 橫條	62200-62236	7.8±0.1
18×38（墊板）		5.5±0.1	60×227 冰紋		7.0±0.1
23×48（墊板）		5.5±0.1	52×235		7.0±0.1
45×45（墊板）		6.4±0.1	60×240		7.0±0.1
73×73 裸燒		6.8±0.1	60×240 水溝槽	6501-6520	9.0±0.1
45×95 裸燒		6.8±0.1	40×250		9.0±0.1
25×100（墊板）		6.4±0.1	40×250 加厚		13.0±0.1
60×108 裸燒		6.8±0.1	80×250		9.0±0.1

60×120 裸燒		6.8±0.1	95×95（墊板）		7.0±0.1
60×128 裸燒		6.8±0.1	100×200		7.0±0.1
45×130 裸燒		6.8±0.1	150×300		8.3±0.2
45×145		7.0±0.1	200×400		8.3±0.2
45×160		7.0±0.1	300×600		8.5±0.2
45×195		7.0±0.1	600×600		9.5±0.2
60×200		7.0±0.1	200×400 蘑菇石		15.0±0.4

注：①73×73、45×95、60×108、60×120、60×128、45×130 規格產品墊板窯比裸燒窯厚度少
0.2mm。

②如有特殊原因須臨時生產加厚或偏薄產品，以評磚場另行通知為準；其所影響的坯料成本在成本核算
過程中再給予產品加價或減價（如 60×240 鐵紅）。

擬制		總經辦	審核		批准	

○○有限公司

總辦字（○○○○）第○○○○號

關於成本結算應提供的報表規定

　　為保證成本核算的及時性及有效性、達到成本考核管理目的，從○○年○○月份起，對成本考核各項數據必須在規定時間內報送及確認，具體內容重新規定如下：

提交部門	報表名稱	報送時間	確認部門	確認返回時間	送交財務部時間
資材部	土料、色料、釉料、包材、五金的耗料明細表（其中包材應提前一天）		生管中心		每月 5 日 9 點前
	土料、色料、釉料、包材、五金進耗存匯總表及實際的耗料明細表				每月 3 日 9 點前
生管中心	窯上成品的入庫量、值 特殊產品的加價 返回貼紙補貼 小批量、換模、對色、印花、雲彩等補貼 釉水工藝互補（制釉課與窯上） 特殊產品的粉料互補 粉料、釉水、小批量產能不足補貼 釉水配方補貼 粉料配方互補（銷售部與生技課，粉料課與生技課）	每月 2 日 17 點前	銷售部	每月 4 日 17 點前確認返回	每月 5 日 9 點前
質檢課	原料索賠		資材部		
	粉料、泥漿、泥色漿、色漿、釉水的期末庫存量、值		財務部		
	（待）評檢未入庫數量		生管		

部門	項目	上報時間	確認部門	確認返回	完成時間
生管中心	待評、待貼紙產品的量、值				每月5日9點前
	各課瓷管、墊板、水電、五金耗用表				每月5日9點前
	各課的員工工資明細表				每月2日17點前
行政部	考勤上報				每月4日17點前
銷售處	銷貨成本 各課產品折價匯總表 產成品的進銷存匯總表	每月3日17點前	銷售處	每月5日17點前確認返回	每月6日9點前
財務部	當月瓷管、墊板的入庫及盤存數據	每月3日17點前	生管中心		
	當月產成品庫存折後值		銷售處		
	應收賬款匯總表		銷售處		
	銷售處的雜費、回扣費、利息收支、其他營業外收支、工資		銷售處		
	各課的工資總額	每月6日17點前	生管中心		
	模具成本		生管中心		
	貼紙成本總額		生管中心		
	各處的損益表	每月7日17點前	各處	每月9日9點前確認返回財務部	

各部門如未能及時上報，每超 1 小時扣責任部門績效評分考核 0.5 分。

○○有限公司

總經辦

批准：　　　　　　　　　年　月　日

主送：各部門

報送：董事長、副董事長、總經理

 附件二　**六月份經營檢討報告**　

○○陶瓷有限公司——資材部經營檢討報告。

一、盈虧狀況分析

類別	銷貨收入	銷貨成本	銷貨毛利	其它支出	盈利額	盈利率
原料	3755085.6	3654751.81	100333.79	135353.34	-35019.55	-0.93%
色料	2018291.62	1857036.4	161255.22	129802.24	31452.97	1.56%
釉料	706211.53	637689.53	68522	64397.65	4124.35	0.58%
煙煤	6983130	6038355	944775	852218.25	92556.46	1.33%
包材	1790453.77	1706941.99	83511.79	56160.95	27350.84	1.53%
五金	1623348.24	1495031.44	128316.8	117121.9	11194.9	0.69%
合計	16876520.76	15389806.46	1486714.3	1354784.33	131929.97	0.78%

　　六月份資材部經營利益狀況如上表所示，其中原料處於虧損狀態，其原因分析如下：

類別	銷貨濕重成本	應銷貨收入	實際銷貨收入	銷貨收入差異	備註
原料	3718882.33	3830448.8	3755085.6	75363.2	

　　注：應銷貨收入＝銷貨濕重成本總額×1.03（成本比率）

　　原因1：含水率檢測的標準不統一（據調查進檢課與制檢課在乾燥箱內烘烤的時間不一樣），如當天直接入料倉使用的原料進檢課按合同檢驗標準檢測未超標，但制檢課投罐檢測結果卻超出指標，因此造成購入原料

折幹重售出後便產生虧損。多項原料如此就產生月底累計銷貨收入不足而造成虧損。

改善措施：建議統一檢測標準。

原因 2：堆場調撥運費（六月份 87136.47 元）歸資材部付出是否合理？

改善措施：建議總經辦召集兩個部門針對此費用的歸屬問題進行協商並確定由誰承擔。

二、原物料進耗存狀況分析

單位：元

物資類別	上期結存金額	本期入庫金額	本期出庫金額	本期結存金額	庫存增減金額
五金	2138270.65	380728.99	417711.63	2101288.04	-36982.61
釉料	1869679.64	622584.48	634803.08	1857461.04	-12218.6
色料	3121774.52	1369333.6	1846524.94	2644583.18	-477191.34
原料	8741481.02	4516137.59	5825215.52	7432403.09	-1309077.93
包材	1032490.87	1751063.15	1705753.05	1077800.91	45310.04
合計	16903696.7	8639847.81	10430008.22	15113536.29	-1790160.44

以最小的庫存資金來滿足正常生產的需求是我們一直追求的目標。這也是我們物資管理的最大難點，就好像生產中的良品率控制在 99.9% 以上，成品庫存周轉率達到 99.9% 以上一樣，都是一門難以精通的學問，是我們必須深入研究探討的重大課題。

如上表所示，六月份資材部五個庫區中有四個庫區的庫存資金都有所降低，五金、釉料、色料應該說是我們在六月份控制的比較有成果的庫區；原料庫存資金雖然降低一百多萬，庫存降低最多，但不能滿足正常生產，這是我們日常工作控制中的一項失誤（造成脫節及低於安全庫存量，

不能及時供應生產的需求）。所以，下期工作中如何控制原料庫存的幅度，也就是說庫存數量的主次應搭配適當，以達成我們庫存控制的目的。

　　包材方面的控制可以說是一種失敗，不但沒有降低庫存反而產生了脫節現象，其中原因分析如下。

⭐ 排程跟蹤不準確，未精確瞭解排程的需求。

⭐ 進貨控制不協調（需求少的進貨量多，需求多的不能及時滿足）。

⭐ 庫區管理人員未能有效控制庫存量。

⭐ 直接主管的監督協調工作不到位。

　　改善措施：倉庫管理人員與採購人員全力配合跟蹤排程的需求，並與進檢課相互配合控制各供應商的供貨進度，對沒有接貨通知單的進貨物資堅決給予退貨，以免造成因各種原因產生的損耗、呆滯和資金積壓現象。同時相關管理人員應加強與供應商、相關部門、直接下屬的溝通與協調，確保達成管理目標。

三、計畫與實際的對比

物資名稱	單位	請購數量	實際投用量	計畫採購量	實際採購量	備注
田坑黑土	噸	900	1167.921			
赤湖白土	噸	1,500	1645.897	1,000	945.83	
同安白土	噸	500	126.456			
南靖白土	噸	500	305.411			
角美白土	噸	1,500	1837.589			
平和白土	噸	1,200	657.903			
大田高嶺土	噸	2,500	2119.479	2,500	613.3	進永安 944.2 噸
永春高嶺土	噸	1,000	440.73			
南安高嶺土	噸	1,800	778.679	1,500	876.07	
魁鬥高嶺土	噸	400	352.443			
江西膨潤土	噸	300	310.047	800	124.57	
黑滑石	噸	700	912.513	1,000	1242.12	
南平透輝石	噸	1,500	1460.737	1,500	1396.55	進三明 443.78
玉門石米	噸	2,000	509.723	1,500		進官橋 1721.23
安溪鈉長石	噸	1,000	160.6			
大田鉀長石	噸	1,000	847.661	1,500	329.15	
江西長石沙	噸	800	1191.379	1,000	1193.08	
城關石米	噸	1,500	2860.012	2,000	1616.32	
美湖石米	噸	400	178.038			
平和臘石米	噸	800	812.402	800	772.59	
三明長石	噸	800	369.781			
華安鉀長石	噸	500	121.603			
蓋德石米	噸	2,000	958.831	1,500	1323.37	
東頭石米	噸	3,000	2481.218	3000,	1313.22	
南平鈉長石	噸			1,200	27.45	
南安沙	噸			2,000	31.17	
合計	噸	28,100	22607.153	22,800	10188.47	合：13297.68

需求計畫達成率為 80.5%，採購計畫達成率為 58.32%。

本月需求計畫準確率比前期提高很多，原料採購計畫達成率明顯下降，其主要原因是市場價格上調、供應商供應不足以及符合生產要求的優化替代品難找等原因。因此積極尋找優化替代品是我部後期的工作重點（如本月永安替代大田單價降低 12.00 元）。

請購數量與實際投用以及計畫採購與實際採購之間的對比						
物資名稱	單位	請購數量	實際投用量	計畫採購量	實際採購量	備註
純黃	噸	12	7			
桔黃	噸	50	33.41	35	19.988	
黑色	噸	40	37.7	25	43.978	
釩鋯蘭	噸	5	1.005			
鐠黃	噸	5	1			
咖啡色	噸	5	2.6	10	9.94	
鋁紅	噸	3	1.5			
錳紅	噸	45	40.2			
解膠王	噸	2	1.15	5	5	需求計畫達成率
H101 鐵紅	噸	7	1.5			為 70.9%
分散劑	噸	0	0			採購計畫達成率
鈷蘭	噸	5	5.125	6	4.1	94.2%
H130 鐵紅	噸	18	13.825	27	27.025	
三聚	噸	1	0.4			
鉻綠	噸	1	0			
珊瑚紅	噸	45	36.725	20	29.95	
珊瑚黃	噸	5	0.2			
S110 鐵紅	噸	30	16.6	44	22	
增稠劑	噸	3	0			
合計	噸	282	199.94	172	161.981	

四、採購及時率目標（100%）

物資類別	申購項次	達成項次	未完成項	本月及時率	上月及時率	上升率
五金配件	917	915	2	99.78%	99.8%	-0.02%
釉料	21	21	0	100%	100%	達成
色料	8	8	0	100%	100%	達成
包材	327	324	3	99.1%	98.9%	0.2%
原料（數量達成率）	需求 22,800 噸	實際 16,001.99 噸		70.18%	67.25%	2.93%

釉料計畫需求與實際投用以及計畫採購與實際採購之間的對比						
物資名稱	單位	計畫需求量	實際投用量	計畫採購量	實際採購量	備註
鈉長石	噸	50	40.578	55	55	
鉀長石	噸	40	13.038	20	0	用量少
雙飛粉	噸	25	22.9245			
滑石粉	噸	20	12.3006	15	16.2	
碳酸鋇	噸	15	8.822			
矽酸鋯	噸	25	15.4279	30	20	用量少
氧化鋅	噸	4	2.139	5	3	用量少
136 熔塊	噸	20	10.5235	20	7.86	用量少
126 熔塊	噸	20	10.421	25	8.437	用量少
98 熔塊	噸	25	12.055	20	8.24	用量少
8807 高嶺土	噸	20	17.856	15	11.63	
石英粉	噸	10	5.521			
腐鈉	噸	6	1.36545	5	0	用量少
甲基	噸	0.6	0.25118			
鋰長石	噸	30	30.602	30	64.25	戰略庫存
合計	噸	310.6	203.82	240	194.617	

需求計畫達成率為：色料 70.9%、釉料 65.62%，採購計畫達成率為：色料 94.2%、釉料 81.1%。

六月份釉、色料需求計畫與採購計畫的準確率都有所提高，望能繼續不斷完善。

　　本月釉、色料採購保持達標，原料、包材的計畫達成率有所提高（原料未達成我們預定的 80% 以上目標），但造成了脫節。五金配件有所下降，具體的原因分析如下：

　　原因 1：五金配件兩項不及時的為維修主油泵和 45KW 電機，其原因主要應是機械損壞不正常（六月份下旬主油泵連續壞三台，經及時搶修後又不能正常使用，致使一段時間的緊急狀態。45KW 電機因備用兩台經維修人員鑒定為無維修價值的報廢電機，造成一時的緊張狀態。）

改善措施：為避免以上不良現象，經與設備部門溝通，後決定將主油泵維修三台備用，45KW 電機也及時購入二台做為備用，以應對因天氣炎熱或機械報廢而產生的緊急需求狀態。

原因 2：包材採購不及時（體 45×45 優超薄、體 60×240 優 /69 片、釉 73×73 優 /188 片）的原因有兩種（一是排程確認疏忽，二是部門人員之間確認不仔細而造成失誤。）

改善措施：七月份要求倉庫管理人員每日必須跟蹤排程的變化，並制訂出排程需求與投用跟蹤表及包材時段需求計畫表，呈交採購人員，配合採購人員按照排程需求及時採購，滿足生產的需求。同時建議需求部門在申購過程中，應寫明所需物資的詳細內容，並與採購人員仔細確認以避免不必要的損失。

原因 3：原料採購不及時的原因主要是上半月受雨季的影響以及個別礦山被政府封閉以及部分原料漲價所導致，因而讓生產造成一定的影響。

改善措施：七月份對部分未達成的品種加大力度進行跟蹤，並積極尋找一些替代品來滿足生產的需要。

原因 4：六月份我部人員積極配合生產的心態已有所提高，但仍然不夠，特別是與相關人員的溝通方面仍存在問題，無法達到一種最好的和諧氣氛。

改善措施：日常工作當中應加強與各部門相關人員的協調溝通，達成相互理解、相互幫助、共同進步的目的，攜手創造和諧的工作氛圍，將各自的工作效果推向一個新階段。

五、採購脫節原因分析

序號	脫節物資	產生原因
1	釉 73×73 優 4,100.3/188	用點 2 紙箱改裝未經生產處確認，同時未重視更改後的影響。
2	體 60×240 優 4,100.2/69	未與需求單位溝通私自主張用 70 片裝，結果未被認可。
3	體 45×45 優超薄 /792	沒有認真查閱排程，至需要時才發現產品厚度不一樣。
4	體 60×240 優出口 /70	與外貿部確認不仔細，造成紙箱偏小只能裝 60 片，數量不夠。
5	大田鉀長石	礦區被封，無法開採。

六月份紙箱脫節現象比本年度任何月份都嚴重，經對其進行分析研討，具體原因基本體現如下：

1. 個人主義強，未經請示彙報或經相關人員書面同意私做主張，無紀律、無原則、無全面考慮而判斷失誤造成脫節（如以上 1、2 點所示）。

改善措施：明確規定採購人員在下期工作當中對有疑義的包裝產品應彙報給相關領導協商認可，或采取工作聯繫單的方式找相關單位負責人確認。如未經許可私自做主或認可後無確認單而造成不良影響的，將追究採購人員的相關責任。

2. 責任心不強，工作疏忽大意，沒有體會到脫節對生產與銷售以及公司發展的重大影響。

改善措施：加強對採購人員的思想意識指導，使其明白因紙箱脫節會造成生產的混亂和延誤銷售的交貨期，甚至影響公司的信譽度而不利於公司的穩步發展。同時要求倉庫管理員積極配合採購人員（採取遞交排程需求跟蹤表的形式）準確掌握排程要求，確保及時供貨。

3. 工作重新分配後，一時不能適應工作的壓力，造成工作的疏忽。

改善措施：積極與與相關人員溝通，分清日常工作的主次，避免工作的忙亂，而產生不良現象。同時幫助其緩解小部分壓力，給其一段時間的

適應過程，待工作穩定後再逐步增加工作量，直至達到預定的工作要求。

4.改善措施：大田鉀長石我部已經聯繫一種新原料來替代（德化長石7月1日已經到貨試用，但試用效果不佳，現積極聯繫新華安鉀長石試用。）。

六月份的脫節現象非常嚴重，我們對相關人員給予嚴重的處罰（倒扣工資）並在各項會議中嚴厲批評，同時隨時抽查其日常工作，全力避免不良現象的再次發生。以上不良現象也反映出我們對下屬工作的監督力度不強，因此七月份以後，下屬工作的有效監督轉為執行的重點。

六、不合格物資入廠分析

七月份物資的品質變異現象稍有改善，沒有品質不良退貨現象。品質不良具體還是體現在紙箱尺寸偏大或偏小、抗破強度不夠、烟煤的水分和熱卡不達標、原料的品質折扣等方面。

1.紙箱品質狀況明細

單位：個

供應商	送貨數量	抗破不達標數量	抗破合格率	尺寸偏差數量	尺寸合格率
長盛	391280	104900	73.2%		100%
佳華	48335	23855	50.6%	20780	57%
明華	94220	68620	27.2%	13200	86%
順興	40800	5200	87.3%		100%
鑫洋祥	267990	191290	28.6%	76240	71.6%
興利達	896580	104890	88.3%		100%
合計	1739205	498755	71.3%	110220	93.7%

原因1：尺寸偏大或偏小屬供應商製作過程控制不嚴格。

改善措施：要求公司能委派質檢人員與採購人員定期共同到供應商廠裡抽檢其製作過程，並說明公司所要求的標準且必須達成共識。對個別不

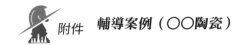
規範的生產廠家取消其合作資格。

　　原因2：抗破強度不夠應屬供應商采用的紙質有問題、天氣的影響、抗破的方式是否正確等有關。

　　改善措施：在到供應商處抽檢時注意採用底紙、面紙、瓦楞紙的質量，看是否符合公司提供的質量標準，如發現不符合的應按合同給予嚴肅處理。同時相關單位應嚴格按照公司規定的驗收標準執行驗收，一視同仁，避免各種原因影響供應商的合作心態，不利於公司日常工作的開展。

　　2. 煙煤品質狀況明細

供應商	檢驗指標數據			實際檢測數據			品質達標狀況		
	水分	煤矸石	熱值	水分	煤矸石	熱值	水分	煤矸石	熱值
天利達	≤16%	≤3%	≥5500 大卡	19.04%	2.5%	5640.76 大卡	超 3.04%	達標	達標
福州	≤16%	≤3%	≥5500 大卡	19.1%	2.79%	5549.6 大卡	超 3.1%	達標	達標
宇昌	≤16%	≤3%	≥5500 大卡	17.48%	1.68%	5385.8 大卡	超 1.48%	達標	97.9%
吳清河	≤16%	≤3%	≥5500 大卡	18.9%	3 %	4917.9 大卡	超 2.9%	達標	89.4%
留清根	≤16%	≤3%	≥5500 大卡	21.64%	2.71%	4767.27 大卡	超 5.64%	達標	86.7%
黃志明	≤16%	≤3%	≥5500 大卡	21.52%	3%	5244.5 大卡	超 5.52%	達標	95.4%
榮華	≤16%	≤3%	≥5500 大卡	14.86%	4.88%	5400.08 大卡	達標	超 1.88%	98.2%
黃自力	≤16%	≤3%	≥5500 大卡	19.64%	9.39%	5730.7 大卡	超 3.64%	超 6.39%	達標
許若鵬	≤16%	≤3%	≥5500 大卡	14.95%	1.93%	5926.75 大卡	達標	達標	達標
蘇麗萍	≤16%	≤3%	≥5500 大卡	17.07%	2.23%	5500.34 大卡	超 1.07%	達標	達標
吳瑞端	≤16%	≤3%	≥5500 大卡	17.94%	5.1%	6025 大卡	超 1.94%	超 2.1%	達標
趙玉浦	≤10%	≤5%	≥6000 大卡	10.4%	8.88%	6022.85 大卡	超 0.4%	超 3.88%	達標

注：另總體含煤粉率為 13.66%，超標 0.66%。

　　六月份總進烟煤 9,412.84 噸，其中內外水分達標的有 2,551.36 噸，占總進貨量的 27.1%；其中煤矸石達標的有 8,069.39 噸，占總進貨量的 85.73%；其中熱卡達標的有 6,335.83 噸，占總進貨量的 67.3%。

烟煤品質全項達標的只有一家（許若鵬），進貨量 1,743.83 噸，占總進貨量的 18.53%，其使用效果是否最好，需研究探討，以便確定進貨比率，達成最好的生產效果。

3. 原料品質狀況明細表

原料六月份總進貨量為 16,001.99 噸，其中品質變異折扣數量 49.575 噸，占總進貨量的 0.31%，無退貨現象，情況基本正常。如此說明六月份的原料品質控制有了很大的提升，應全力保持下去。

4. 五金配件有幾項因供應商品質問題我們及時給予換貨，另外車輛的部分配件也積極進行品牌更換，效果正在跟蹤，但有些配件因市場原因暫時無法處理，後期工作中我們會繼續瞭解，盡力滿足生產的需求。

5. 釉、色料只有一種 0380 釩黃因檢驗過程中發現問題，開始準備退貨，後經過技術部確認可用後予以保留。

七、盤點盈虧分析

管理區域	盤盈金額	庫存總額	盈虧率	備注
釉料倉庫	137.4	1857461.04	0.007%	未超標

本月只有釉料倉庫出現盤點盈虧現象，這也是我們長期努力糾正仍然無法杜絕的問題，因此只能全力減小誤差。

改善措施：

1. 定期校對計量儀器；

2. 及時盤點自查；

3. 發放過程中小心謹慎，避免計量失誤。

八、呆滯處理狀況（六月份處理呆滯明細如下）

物資名稱	型號	單位	數量	金額	備　注
754#		公斤	31.9	701.8	感謝技術部今年上半年的大力支持，如此即讓庫存物資得到充分利用，又減少了資金的積壓，更利於公司的資金流通。 望能繼續加大力度減少呆滯，同時對新進物資嚴格判定，以免後期再次產生呆滯，不利於公司的良性發展。 上半年呆滯處理金額如下： 元月份：12,717.00 元； 二月份：12,590.6 元； 三月份：39,083.32 元； 四月份：37,390.89 元； 五月份：20,742.266 元； 六月份：22,017.3 元； 合計：144,541.376 元。
釩黃	202#	公斤	50	4,693	
銀灰		公斤	50	2,775	
孔雀綠	553#	公斤	50	1,900	
江西鐠黃		公斤	10.4	322.4	
913#		公斤	100	4500,	
鐵紅	010#	公斤	93.9	1,841.4	
鐵紅	190#	公斤	21.99	110	
桔黃		公斤	28	448	
金紅	2315#	公斤	67.7	1,245.7	
鐵紅	S130	公斤	725	3480	
合計		公斤	503.9	22,017.3	

九、安全庫存目標

物資類別	安全存量項次	達成項次	本月達成率	上月達成率	備注
五金	1,782	1,763	98.9%	99.4%	三角帶、網布
包材	65	57	87.7%	90.8%	紙箱
色料	26	26	100%	100%	
釉料	36	36	100%	100%	
原料	20	18	90%	80%	黑滑石　大田鉀長石

　　本月原料、包材、五金的安全存量達標率有所下降，同時亦造成幾次脫節。這說明我們對上月出現的不良現象沒有分析徹底，沒有真正花心思去改善。同時也體現直接管理人員的灌輸能力與執行力度不強。下期工作中應提高自身管理水平，積極與下屬溝通研討，達成我部的管理目標。

　　原因 1：五金配件安全庫存目標降低主要表現在皮帶類物資方面，其主要原因是天氣炎熱，磨損快而造成損耗大，用量急劇增加。

　　改善措施：在異常出現後，我部積極與需求單位溝通如何應對異常，並與供應商聯繫及時給予補貨。同時組織倉庫對庫區內受溫度影響的物資進行盤查，並要求在七月份的需求計畫當中加大此類物資的存量，以應付夏季溫度升高產生的使用異常，滿足生產的需求。

　　原因 2：包材安全存量目標低是造成脫節的主要原因，同時更體現出倉庫管理人員與採購人員的配合不融洽，沒有樹立一個共同目標的意念，確保正常生產的責任心不強。

　　改善措施：加強會議溝通與培訓，營造和諧的工作氛圍。同時分清責任界限，加大力度考核監督各崗位人員的關鍵性工作。

　　原因 3：原料安全庫存目標提高是因為設定安全存量的類別增加。本月低於安全存量而造成脫節的發生了一項（大田鉀長石），這也說明安全存量意識不強，在低於安全存量以前沒有及時採取相應的措施。

　　改善措施：要求採購人員儘快尋找替代品，在確定合格後十天內必須滿足生產的需求，同時必須累積到我們設定的安全存量以上。為保險起見應積極去尋找第二種替代品，以更能確保生產的正常。

　　安全庫存基準與計畫需求量以及超常領用和車間備用數量不明等都有一定的關係，加上現代化管理企業都在儘量減少庫存，降低庫存成本，以增加流動資金。故準確掌握公司物資的庫存數量，使資金的充分利用和防止物資的流失，是你、我、他都必須配合才能完善的事情。因此，建議相關部門對因生產需要備用在現場的物資建立台帳，並進行規範管理，以促使能準確掌握物資的存量，便於物資的申購，減少不必要的損失。同時我部也會全力去瞭解其他部門的相關作業狀況，達成相互瞭解、相互配合的目的，確保生產的正常運行。

十、安全生產目標

本月未發生安全事故。雖然無發生安全事故，但各庫區安全隱患的預防仍是我們工作的重點。

十一、人力資源目標

本月離職四人，新招聘一人，具體情況如下：

姓名	職務	原　因
陳其鬥	五金主管	工作調動後認為不適應而自動離職。
蘇東	五金倉管	回家結婚。
王天球	五金倉管	自覺不適應工作。
劉麗珍	監磅員	回家照顧母親（後招聘一人）。

七月份離職率雖然超標，但也正應對公司的瘦身計畫。我部從原有的四十人降到現有的三十八人。同時我們將工作重新調整，把空缺人員崗位的工作進行分解，增加到其他人員的工作中，達成本部的瘦身計畫。我們也知道如此必須有一個適應過程，所以後期工作中，會逐步調整並適當控制，力爭達成甚至超越前期的工作效果，達成公司瘦身計畫的目的。

資 材 部
2007 年 7 月 9 日

附件三　資材部物資採購與物資改善計畫書

○○陶瓷有限公司——資材部物資採購與物資管理改善計畫書

壹：緣由

隨著陶瓷行業競爭激烈，物資供應市場物價波動與內控物價標準差額大，產生生產成本難於控制，以及資材部存在著工作效益低，與機能、體制、不完善等因素。由此造成適應不了公司整體結構的需求，影響了公司的利益與發展。但也體現到部門與部門之間的工作配合和協調存在一些問題（作業流程支持度不夠而形成主要因素），導致資材部工作壓力加大及產生效益下降的負面影響。為了提高資材部其工作效益與管理機能得到改善，我們會進一步分析事態的不良因素，加以改善，並編制有效的改善措施與制訂實際方案，努力實現目標。

貳：事實分析

一、人力資源

資材部人力資源與人員素質，從以前人員和崗位；機能分配不合理；參與資材部採購工作人員素質；文化程度不高的因素；資材部組織機構、機能分佈、職責訴求與目標都沒有通過設計、編制、制訂與考核的緣故，產生工作效益低、職責不明確、制度不完善、執行力度不夠的問題。致使資材部工作效益未能表達與發揮機能作用的狀況。

二、儲存區域

物資庫區受到限制。庫區儲存區域，從以前公司生產規模小、生產數量少，安全庫存不重視，而設定極小的物資儲存區域，然而隨著現在公司不斷發展與擴大，生產訂量迅速增長，物資安全庫存意識受到重視，至此，目前各類物資安全庫存指標沒法達到，在良性循環中受到阻力。

三、生產與項目計畫

生產計畫與工程項目計畫、生產排程沒法穩定，因根據市場與客戶需求不斷改變生產排程，而造成生產的物資採購難以完成制訂計畫，包括需求部門對生產排程所需用物資，沒有作詳細的物資需求計畫（物資需求數量、物資需求時限、物資需求品質）。而工程項目設備增加與技改，對具體實施方案、需求物資沒有形成規範。如今，生產排程計畫物資的需求和工程項目的投入均有設定初步、具體計畫方案，但還不夠明確與規範。

四、採購計畫

物資採購計畫其常備物資，根據生產所需與機械運作耗損綜合統計，並結合物資實際庫存數量，提出申（請）購計畫方案，資材部物資原料管理課，之前是生產部各部門自行管理，及進行物資採購計時的申（請）購工作。目前，公司組織機構機能重新分配、組合。職責、任務重新安排，資材部接受了物資管理與物資採購計畫的工作分配，在此期間，一些工作經驗與工作機能及部門之間溝通與資訊尚未健全，和庫存真實數據從前到現在部分物資數量差異偏大形成無法跟蹤。

五、物資品質

物資品質要求在過去部門之間溝通與互動，沒有設定一個標準物資品

質的共同點，其中物資品質與物價控制難以控制，在物資產品優化替代過程中，浪費不少時間，也使得物價準則判斷沒有準確依據。由此可知，物資產品品質定性極其重要。物資品質不定性，它使給生產產品變異、增加生產成本、物資品質難以控制，以及作業流程受到被動狀態。

六、物資呆貨

物資庫存呆貨數量增多與存在，基於生產物資原材料、色料、五金配件、包裝材料，申（請）購與採購沒有形成規範，及制訂相關行使制度和編制物資管理相關規定，造成盲目申（請）購與採購，產生物資與實際應用嚴重不符。從另外角度再度分析，物資品質管理，自申（請）購、採購、進貨管制 。入庫過程控制機能失去職能與機能綜合性、管理機制的狀況需加以管制；同時還需出現申（請）購物資計畫與生產排程計畫的真實性、有效性，時常落空，並永久解除物資採購的訴求。

七、資金呆帳

資金支付呆帳的產生，歸屬於請款、付款、入帳、財務管制。供應商管制、作業管制的形成，沒有規範化的請款、付款、建立帳目、憑證入帳、物資入庫、帳目追蹤；編制作業程序、作業管制，導致資金呆帳的發生。

八、物資延誤

物資延誤或脫節現象，在發生物資供貨延誤或脫節過程中，其體現採購計畫，申（請）購不健全，交貨時間要求較短、物資產地偏遠、礦區開採難度高、產量低、運輸受到道路管制，天氣連續下雨、安全庫存指標偏低、庫存區域小、供應商信譽度不夠、財務支持力度薄弱，從而引發物資

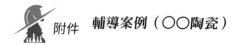

延誤或脫節現象。

九、物資應用效率

　　物資使用和應用效率比較偏低，和品質變異之大，與申（請）購應用者有直接關係，因為提供物資品質指標不正確和採購員品質意識與品質價值觀沒有得到啟發，也可能因為物資數量較大、進貨次數繁多，使得難以得到控制。五金配套部件，在安裝技術及保養方面，更應該得到有效技術性幫助、支持及保養。技術支持、保養觀念不強，同樣會產生使用和應用失去效率的主要因素。

十、物資管理

　　物資庫存、盤虧與盤贏不良因素，歸屬於物資管理者與財務監督跟蹤者，都沒有專心、專業、沒有物資管理的概念，更沒有制訂管理機制和物資跟蹤機制。盤虧與盤贏在月盤點時要作如何處置，具體方案物資數量難以控制，有幾個品種（坯體原材料、煤碳）及長期存放在公共場地的物資，致使其失去物資管制的功能。

十一、物資周轉期

　　存貨物資周轉期利用機率，得不到有效運用，產生不合理庫存現象，如物資周轉變數短，容易造成脫節；而不合理增加庫存，資金積壓多、流動資金少會使用資金動態形成負面影響，並增加物資成本上升趨勢。但生產物資周轉期較長度則有利於物資品質的穩定，有利於物資採購計畫期間，能有選擇更好供應商、更好品質的時間與機會，更有可能較大地降低生產物資成本。五金配套部件必須依據耗損與新項目需求綜合審核、編制存貨物資周期計畫，針對利與弊的關係。

十二、非常規物資採購

　　非常規物資的採購，一直困擾著資材部採購課，形成採購作業壓力。按常規作業程序，經詢、比、議綜合評估，呈報審核、審批過程中，已延誤應用需求，造成施工工程進度緩慢，或影響生產線完成設備修復的時間。從這方面考慮時間成本的延誤，比物資物價成本更嚴重、應得以重視。因此，資材部有必要編制應急措施，授權採購課的主動權利，緩解應急事項。應急採購是不得以的工作項目，會容易造成作業程序混亂。主要因素歸屬於物資管理課及應急申（請）購者，平時作業的缺陷，不按常規物資安全庫存、作業要求或非常規物資報備預算做好採購計畫，未能做好施工前期的工作事宜。

十三、物資物價

　　物資、物價成本難往下調與詢、比、議作業受到限制。目前，本地礦產資源缺乏，能爭取到的物資品質則偏低。而外地礦產資源較為豐富，但路程較遠會增加運輸成本，而運輸又受到道路運輸管制，帶來成本新一輪的增加。別外目前有色金屬物資市場和石油市場大幅度漲價，導致其他產業的成本增加，造成氧化鋁、色料、石油、氧化鋅、煤碳及金屬製品等常規物資的成本增加 15% 的幅度，氧化鋅更為驚人，以 100% 的幅度增加。

　　在市場物資緊缺又有漲價趨勢，但採購課採購員進行物資價格查詢時，供應商又是有利必圖的心理，物價和不穩定因素，一般都無法承諾查詢階段的價格標準。再者常規查詢時，有的供應商心態不好，會提出其他不合理條件和指責採購員常與其（詢、比、議價）卻都沒有成交買賣的機會，有時當面回絕（詢、比、議價）的請求，造成市場物價資訊難以瞭解掌握，導致採購作業程序不能滿足公司的規範化標準。

十四、審核供應商

　　合格供應商與一般供應商選擇、評估、審核是否符合公司的合作夥伴，偶然與勉強作為公司的合作夥伴或長期以來固定合作的供應商，如今市場經濟現實環境，大部分沒有信譽度、沒有人性、沒有長久合作的意念，而會為一時的利益產生對公司的不利。

　　例如市場物資缺乏、物價不時猛漲、資金不到位、資金支付承諾沒有及時兌現等方面，都有可能產生供應商對公司供貨改變立場，因此要掌握管理供應商現實已不能滿足，更可能造成生產物資交貨延誤、脫節及其他負面影響。

十五、管理供應商

　　資材部與供應商合作過程必須良性發展，公司利益與供應商利益的權限是同等的，市場變化往往會產生買方的市場優勢轉變成賣方的市場優勢，時常須以客戶是上帝的理念與心態掌握目前的市場經濟。「客戶便是上帝」的理念可能不存在，因為供應商自身的利益必須得到保護。

　　假如公司制度不完善、作業程序不規範、完成過程不周到，給予供應商反感心態，更能使公司形象受到質疑。因此，要建立良好的合作平台，要有服務於供應商正確心態，服務客戶等於服務公司，正確的付出與收穫是共等的。

十六、部門之間互動

　　資材部與公司各部門日常事務缺少溝通和協調，時常會產生與增加工作的不便，浪費作業時間；更容易引發一些失誤，造成物資脫節與延誤、品質不能滿足、品種規格型號不符合，導致拖延施工完成期限。

附件四　　供氣課經營會計損益表　　

供氣課每日成本詳見右頁。

供氣課每日成本統計表

核算日期：　　　統計員：　　　單位：（T）

煙煤進出庫核算

核算日期	期初庫存數量	本期進庫	通粉塊煤進庫量	煤氣站煙煤出庫數量	期末庫存數量	篩餘煤粉數量	煤氣站塊煤用量	產出煤氣總量	塊煤產氣值	本日煙煤盤存盈虧	煤渣焦油收入預算	篩餘煤粉總值
	296.48	11.25	5.04	21.52	281.16	5.10	16.42	39.8	2.427	0.0	1116	2295
累計		299.6	39.51	172.07		45.05	127.02	321	2.523	0.0	8636	20274

煤氣站燃料成本盈虧核算

核算項目	煙煤領用成本總額	通粉攤塊煤成本	煤氣總值	燃料成本盈虧	煤粉渣焦油收入	煤粉篩餘率
核算金額	19922	4096	11948	-466	3411	19.2%
累計	158688	32540	96093	-1144	28911	21.3%

供氣課項目盈虧分析

核算項目	影響通粉課塊煤價格盈虧	影響供氣課塊煤價格盈虧	每噸塊煤產氣±1.0盈虧	塊煤產氣總額	影響煤渣焦油產出盈虧
核算金額	-153	-403	299.82	33	-96
累計	-1628	-4103		3932	-973

說明：①煤氣站塊煤用量＝煤氣站煙煤出庫數量－篩餘煤粉數量　②煤粉篩餘率＝篩餘煤粉數量÷煤氣站煙煤出庫數量　③影響煤粉塊煤盈虧＝篩餘煤粉數量×300元－產出煤氣總量÷(750元－450元)×12%×88%×煤氣站煤出庫率×(750-450-57.5)　④煤粉渣焦油收入＝篩餘煤粉數量×57.5＋通粉塊煤出庫數量×7.5÷0.88　⑤通粉攤塊煤成本＝(折煙煤塊煤成本－篩餘煤粉值÷0.88＋通粉塊煤出庫數量×57.5)×0.88＋通粉課煤粉篩餘率…　⑥煤渣焦油課氣…

〔分析：a 每T塊煤產氣率±1.0 km³　盈虧＝299.822　通粉課折煙煤出庫量　b 影響供氣課塊煤價格盈虧＝煤渣塊煤課氣盈虧總額　c 影響煤渣焦油出庫量　d 影響煤渣油產量〕

二部各課燃料成本核算　　單位：（km³）

常號	A課	B課	C課	D課	E課	3課	4課	5課	6課	通粉課	合計
當日煤氣用量	2.87	2.75	2.95	5.69	3.04	7.34	7.28	5.16	2.17	0.60	39.85
當日塊煤用量	1.183	1.13	1.216	2.345	1.253	3.025	3.00	2.13	0.89	0.25	16.42
當日粉料用量	8.53	10.27	7.71	7.38	8.95	8.86	9.17	12.12	8.76		81.75
耗氣量（km³/T）	0.34	0.27	0.38	0.77	0.34	0.83	0.79	0.43	0.25		0.48
煤氣指標耗量	0.33	0.26	0.30	0.80	0.33	0.80	0.80	0.40	0.26		0.47
煤氣達標率	101.9%	103.0%	127.6%	96.4%	102.9%	103.5%	99.3%	106.4%	95.3%	97.3%	97.3%
燃料利用盈虧	-18.98	-27.63	-223.14	75.23	-30.37	-87.64	18.20	-108.94	37.43	350 元 / km³	-365.85

生產車間每日核算成本匯總表（元）

制表人：

窯號	投入成本												產值（元）	本日耗粉量（T）	燃氣耗量			各項日達標率統計		累計項目		待檢率
	原料成本	袖水成本	燃料成本	模具成本	易耗品成本	工資成本	水電成本	折舊技改	計件工資	包裝成本	墊板成本	合計成本			耗氣量（km3/T）	燃氣利用盈餘	燃氣超用率（%）	製成品達標率	產能達標率	累計製成品達標率	累計產能達標率	
A窯	3157	32	1005	215	80	233	255	700	149	438	/	6263	6265	8.5	0.336	-19	102%	100.0%	95.6%	98.5%	87.8%	4.0%
B窯	3596	39	963	218	101	277	303	1233	170	526	/	7425	7639	10.3	0.268	-28	103%	105.0%	98.2%	98.7%	97.4%	2.3%
C窯	2698	30	1033	168	76	277	227	1100	123	403	/	6134	5588	7.7	0.383	-223	128%	100.1%	75.7%	103.6%	103.2%	0.0%
D窯	2583	701	1992	610	103	287	379	1100	262	344	107	8467	591	7.4	0.771	75	96%	102.5%	103.3%	94.9%	101.7%	2.0%
E窯	2871	359	1064	281	96	257	278	867	112	495	/	6679	6294	8.9	0.340	-30	103%	95.5%	92.8%	101.5%	92.8%	29.5%
3窯	3102	201	2569	330	95	287	349	1100	153	515	111	8812	8428	8.9	0.828	-88	104%	98.8%	95.3%	96.5%	86.0%	1.6%
4窯	3208	55	2548	451	105	287	385	1100	190	496	119	8943	8876	9.2	0.794	18	99%	97.6%	105.0%	97.6%	103.7%	0.9%
5窯	2182	1641	1806	99	111	273	295	633	185	548	/	7773	8034	12.1	0.426	-109	106%	11.4%	122.2%	107.6%	114.9%	9.0%
6窯	3065	201	760	281	89	233	285	1033	84	456	/	6487	6769	8.8	0.248	37	95%	108.1%	106.7%	103.1%	104.3%	5.5%
合計	26462	3258	13738	2654	857	2410	2756	8867	1427	4222	337	66984	58565	81.8	0.480	-366	103%	101.9%	98.5%	101.4%	98.9%	6.1%

項目成本盈虧分析

窯號	原料成本	袖水成本	燃料成本	模具成本	易耗品成本	工資成本	水電成本	折舊技改	計件工資	合格品值	產品折價	其它補貼	本日盈虧	本日產量（m3）	累計耗粉量（T）	累計燃氣量（萬m3）	累計盈虧額（萬元）	累計燃氣達標率	累計製成品達標率	累計產能達標率
A窯	-1	0	37	13	0	0-10	0	-31	-5	0	-42	0	-40	526	62.2	0.386	-0.19	93.0%	98.5%	87.8%
B窯	179	0	57	2	0	1	0	-22	-4	0	-30	20	204	656	80.2	0.524	0.49	95.3%	108.7%	97.4%
C窯	4	0	-222	9	0	-69	0	-268	-3	39	0	0	-507	492	82.4	0.537	0.21	93.8%	103.6%	103.2%
D窯	64	-654	127	-59	0	8	0	37	-41	45	-21	832	331	524	65.5	0.427	-0.03	107.1%	94.9%	101.7%
E窯	-129	0	-121	-13	0	-20	0	-63	-2	0	-328	0	-669	556	71.1	0.433	-0.45	100.1%	101.5%	92.8%
3窯	-38	-149	-118	-11	0	-15	0	-52	-1	0	-18	229	-173	572	65.3	0.412	-0.21	95.7%	96.5%	86.0%
4窯	-76	0	-43	-16	0	13	0	55	-14	0	-11	27	-52	607	72.4	0.479	-0.09	99.3%	97.6%	103.7%
5窯	250	0	-104	4	0	-16	0	141	-8	101	-110	0	252	608	94.5	0.457	0.08	88.4%	107.6%	114.9%
6窯	247	-166	102	23	0	14	0	-69	-8	0	-64	169	387	587	71.8	0.459	0.27	111.3%	103.1%	104.3%
合計	501	-969	-285	-48	0	-93	0	-133	-78	185	-623	1277	-266	5127	665.4	4.1	0.1	98.0%	101.4%	98.9%

統計員：　　　審核：

部B窯　　年　月　日　本日生產產品成本統計表

產品名稱	產品規格	優等品數量	生產時間(小時)	生產時段	煙煤用量	粉料用量(T)	坯料成本	釉水成本	燃料成本	模具成本	易耗品	人員工資	水電成本	折舊技改	計件工資	包裝成本	實際成本
6005通體	60×240	162.4	5.941	00:00～06:30	0.270	2.453	5.286	0.060	1.415	0.285	0.154	0.422	0.462	1.880	0.250	0.893	11.106
62109通體	60×200	338.4	12.380	06:30～18:30	0.558	5.059	5.232	0.060	1.401	0.329	0.154	0.422	0.462	1.880	0.264	0.771	10.975
62117通體	60×200	155.2	5.678	18:30～24:00	0.305	2.762	6.228	0.060	1.667	0.388	0.154	0.422	0.462	1.880	0.259	0.771	12.291

本日生產產品盈虧統計表

產品名稱	優等品數量	合格品數量	指標成本	實際成本	盈虧(元/㎡)	合格品價格	釉水工藝折補	產品折價	其它補貼	總盈虧(元)	備注
6005通體	162.4	0.0	11.890	11.11	0.78	5	0	0.0	162.4	289.6	補頭紅
62109通體	338.4	0.0	11.564	10.97	0.59	5	0	-24.8	-142.0	32.7	映德差訂貨300㎡，多燒38.4㎡,80片
62117通體	155.2	0.0	11.564	12.29	-0.73	5	0	-5.0	0.0	-117.8	
合計	656.0	0.0				5.0	0.0	-29.8	20.4	204.5	

本日盈虧總額統計表

項目	優等品產值	合格品產值	粉料折價	產品折價	其它補貼	坯料成本	釉水成本	燃料成本	模具成本	易耗品成本	工資成本	水電成本	折舊技改	計件工資	包裝成本	合計盈餘總額	合計盈餘/收入
實際盈餘	7638.9	0.0	0.0	-29.8	20.4	-3595.7	-39.4	-962.5	-217.6	-101.0	-276.7	-303.1	-1233.3	-170.2	-525.6	204.5	7425.0
指標成本總額						3774.7	39.4	1019.6	220.0	101.0	277.5	303.1	1211.6	166.5	525.6	OK	7629.5
盈餘總額						179.0	0.0	57.1	2.4	0.0	0.8	0.0	-21.7	-3.7	0.0	204.5	204.5

成本盈虧分析
生產達標率分析

生產達標率 105%　　製成品達標率 103%　　燃氣量達標率 103.0%　　產能達標率 101%

片數　70片　　客戶　　說明

相關數據連接

	跨日0：00半成品數量	壓機成型數量	廢料產量	生坯重量
貯坯機	145.0	0	0.0	221.8
烘乾/窯上	280	0	12.4	179.0
料倉餘粉	2	0	2.5	180.5
折粉料重量(T)	0.839	0	14.9	

跨日已結束主產產品成本盈虧統計匯總表

色號	優等品數量	生產時段	生產時間(小時)	粉料用量(T)	坯料成本	釉水成本	燃料成本	模具成本	易耗品	人員工資	水電成本	折舊設改	計件工資	包裝成本	待檢率	良品率	燃氣值
6005 通體	633.6	7/06:25-8/06:30	23.872	9.551	5.276	0.060	1.473	0.284	0.154	0.434	0.462	1.936	0.255	0.893			
60×240	煙煤用量 1.095	本色號盈虧分析			合格品數量 385.9	合格品價格 0.0	釉水工藝折補 185.3	產品折價 13.8	其它補貼 0.0	總盈虧額(元) -7.2	0.0	-154.7	-3.2	0.0	生坯平均重量		累計總盈虧
產品名稱	優等品數量	指標成本	實際成本	盈虧(元/㎡)	合格品數量	合格品價格		產品折價	其它補貼	總盈虧額(元)		訂貨600㎡,多燒33.6㎡	訂貨/常規				
6005 通體	633.6	11.890	11.227	0.66	30.9	5.0	0.0	-25.6	595.6	1144.4					221.9		7393

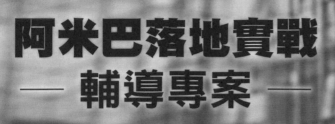

阿米巴落地實戰
— 輔導專案 —

1 實務輔導課程

| 企業文化再造 | 經營會計精準導航 | 組織變革與劃分 |
| 作業標準化 | 薪酬制度設計 | 績效管理 | 目標管理 |

7大系統
阿米巴實戰落地

30年落地輔導經驗,精準分析
讓老闆用最小成本、最短時效、最低風險,實現企業升級

2 輔導目標

| 企業動能活化 | 成本有效控管 | 獲利目標逐步達成 |
| 策略清晰掌握市場 | 財報戰略化 |

讓全體員工變成企業的資產
解放老闆獨自經營的處境,讓員工自主為公司做出貢獻!

3 企業現況分析診斷

環境數據分析
經營財報分析
商品力分析
經常收支比分析
優勢、劣勢分析

經營結構分析

經營資源分析

經營組織分析

專業數據分析 精準診斷！

客製化打造您企業的專屬計畫
各項指標清晰，精準刻劃策略，迎接專屬您的成長爆發

4 馬上聯絡，讓我們為您做出精密診斷，客製化改革計畫！

聯絡信箱：yuanchuang0930@gmail.com

企業經營是門科學
但您未必要天天拿公司做實驗
只需要專業的顧問服務！

聯絡諮詢前10
享優惠專案

LINE@

官方網站

Facebook

國家圖書館出版品預行編目資料

阿米巴稻盛經營學 / 邱東波 著. -- 初版. -- 新
北市：創見文化出版, 采舍國際有限公司發
行 2023.1 面；公分. -- (成功良品；115)

ISBN 978-986-271-950-3(平裝)

1.CST: 企業經營 2.CST: 企業管理

494.1   111016366

成功良品115

阿米巴稻盛經營學

出版者／創見文化　　　　　企劃／陳仲竑
作者／邱東波　　　　　　　編製／聞若羽
總編輯／歐綾纖　　　　　　責任編輯／Emma
總顧問／王寶玲　　　　　　美術設計／May

本書採減碳印製流程
並使用優質中性紙
（Acid & Alkali Free）
最符環保需求。

台灣出版中心／新北市中和區中山路2段366巷10號10樓
電話／（02）2248-7896
傳真／（02）2248-7758
ISBN／978-986-271-950-3
出版年度／2023年

全球華文市場總代理／采舍國際
地址／新北市中和區中山路2段366巷10號3樓
電話／（02）8245-8786
傳真／（02）8245-8718

全系列書系特約展示
新絲路網路書店
地址／新北市中和區中山路2段366巷10號10樓
電話／（02）8245-9896

本書於兩岸之行銷（營銷）活動悉由采舍國際公司圖書行銷部規畫執行。

線上總代理 ■ 全球華文聯合出版平台 www.book4u.com.tw
主題討論區 ■ http://www.silkbook.com/bookclub　　　● 新絲路讀書會
紙本書平台 ■ http://www.book4u.com.tw　　　　　　　● 華文網網路書店
電子書下載 ■ http://www.silkbook.com　　　　　　　● 電子書中心

Ｂ 華文自資出版平台
www.book4u.com.tw
elsa@mail.book4u.com.tw
iris@mail.book4u.com.tw

全球最大的華文自費出版集團
專業客製化自資出版‧發行通路全國最強！